Martin Gardner

Logik unterm Galgen

Titel der englischen Originalausgabe:
The Unexpected Hanging and Other Mathematical Diversions
Verlag Simon and Schuster, New York
Copyright © by Martin Gardner

Autorisierte Übersetzung: Carlo Karrenbauer

1. Auflage 1971
   1. Nachdruck 1975
   2. Nachdruck 1978
2. Auflage 1980

Alle Rechte an der deutschen Ausgabe vorbehalten
© Friedr. Vieweg & Sohn Verlagsgesellschaft mbH, Braunschweig 1980

Die Vervielfältigung und Übertragung einzelner Textabschnitte, Zeichnungen oder Bilder, auch für Zwecke der Unterrichtsgestaltung, gestattet das Urheberrecht nur, wenn sie mit dem Verlag vorher vereinbart wurden. Im Einzelfall muß über die Zahlung einer Gebühr für die Nutzung fremden geistigen Eigentums entschieden werden. Das gilt für die Vervielfältigung durch alle Verfahren einschließlich Speicherung und jede Übertragung auf Papier, Transparente, Filme, Bänder, Platten und andere Medien.

Satz: Aschenbroich, Stuttgart und Friedr. Vieweg & Sohn

Umschlaggestaltung: Peter Morys, Wolfenbüttel

ISBN-13: 978-3-528-18297-7   e-ISBN-13: 978-3-322-84053-0
DOI: 10.1007/978-3-322-84053-0

Martin Gardner

Logik unterm Galgen

Ein Mathematical in 20 Problemen

2. Auflage

Mit 125 Bildern

Friedr. Vieweg & Sohn   Braunschweig/Wiesbaden

Für meine Nichte
Dorothy Elise Weaver

Vorwort

Piet Hein, dessen Erfindungen auf dem Gebiet der unterhaltsamen Mathematik mir oft Stoff für meine Kolumne „Mathematische Spiele" in der Zeitschrift „Scientific American" geliefert haben, ist in seiner Heimat Dänemark wohlbekannt. Er ist Autor außerordentlich populärer und anscheinend endloser Bücherserien mit kurzen epigrammatischen Gedichten, die er „Grooks" nennt, alle in gefälligem Stil, geistreich und angefüllt mit den Kenntnissen eines Mannes, der sowohl in Wissenschaft und Mathematik als auch in Politik und Kunst zuhause ist. Der erste Band der englischen Ausgabe seiner Gedichte [1]) enthält folgenden Vers:

> Nimmst Du Spaß
> Nur als Spaß
> Und Ernstes
> Im Ernst,
> So ist kein Verlaß,
> Daß Du beides erkennst.

Ich wüßte nicht, wie man den Leitgedanken dieses Buches knapper und treffender fassen könnte. Es nähert sich der Mathematik mit sehr viel Spaß; in diesem Spaß steckt aber das ernsthafte Bemühen, den Leser in Gebiete der Mathematik einzuführen, die vom Trivialen weit entfernt sind. Es sind Gebiete, die eine wesentliche Rolle in der technischen Revolution spielen, die so explosiv die Geschichte und unser tägliches Leben verändert.

Dies ist der fünfte Band meiner Kolumnensammlung aus dem „Scientific American", bei Simon und Schuster erschienen (einschließlich eines kleinen Bandes: „The Numerology of Dr. Matrix", erschienen 1967). Wie in meinen früheren Bänden erweiterte ich jede Kolumne teils mit Material, das ich seit der ersten Kolumne zufällig fand, teils mit Material, das mir treue Leser schickten.

Da meine Korrespondenz über die Kolumne in jedem Jahr anwächst, wird es für mich immer schwieriger, jeden Brief zu beantworten, so gerne ich es auch möchte. Dies ist wohl eine gute Gelegenheit, drei Arten von Briefen zu erwähnen, die ich nicht beantworten kann:

1. Ich habe weder die Zeit noch bin ich kompetent genug, Beweisführungen über so berühmte ungelöste Probleme wie den Lehrsatz über die Vier-Farben-Karte, über den letzten Lehrsatz von Fermat und andere zu lie-

---

[1]) M. I. T.-Press, Cambridge, Mass., 1966

fern, noch sehe ich mich in der Lage, Irrtümer in der Dreiteilung des Winkels, der Quadratur des Kreises und der Verdoppelung des Würfels herauszufinden.

2. Ich habe nicht die Zeit und bin oft nicht kompetent, Studenten mit Bibliographien und Einfällen mathematischer Projekte für wissenschaftliche Ausstellungen zu versorgen, oder Antworten auf schwierige mathematische Probleme zu geben, die sie von ihren Lehrern als Aufgabe gestellt bekamen.

3. Briefe an mich werden vom "Scientific American" geöffnet und mir in wöchentlichen Packen ohne den Originalumschlag zugesandt. Es ist mir unmöglich, einem Leser zu antworten, der vergessen hat, seine Adresse auf den Brief zu schreiben oder der sie in unleserlicher Handschrift schreibt.

Tausende meiner treuen Leser in aller Welt nehmen sich die Zeit, auf Fehler hinzuweisen oder mich über ungewöhnliche Aspekte eines Themas zu informieren, die ich nicht behandelt habe (in den meisten Fällen deshalb nicht, weil ich sie bis dahin nicht kannte); ich möchte nicht den Eindruck erwecken, daß ich ihnen nicht zu großem Dank verpflichtet wäre. Ich versuche, so viele Briefe wie möglich zu beantworten — wollte ich sie alle beantworten, so bliebe mir keine Zeit mehr für irgend etwas anderes. Wenn ich aber einen Brief nicht beantworte, glauben Sie bitte nicht, ich hätte ihn nicht gelesen oder ich wäre nicht dankbar, daß ich ihn erhalten habe.

Martin Gardner

Inhaltsverzeichnis

1. Das Paradoxon der unerwarteten Hinrichtung — 1
2. Knoten und Barromäische Ringe — 13
3. Die transzendentale Zahl — 23
4. Geometrische Zerlegungen — 31
5. Über Glücksspiele — 40
6. Die Kirche der vierten Dimension — 52
7. Acht Aufgaben — 63
    1. Eine Ziffern-Lege-Aufgabe — 63
    2. Die Dame oder der Tiger — 63
    3. Ein Tennis-Match — 65
    4. Die farbigen Kegel — 65
    5. Die Aufgabe mit den sechs Zündhölzern — 65
    6. Zwei Schach-Aufgaben: Minimum- und Maximum-Angriffe — 68
    7. Wie weit fuhr die Familie Schmidt? — 69
    8. Voraussage eines Fingerzählens — 69
8. Eine Spiel-Lernmaschine aus Zündholzschachteln — 77
9. Spiralen — 90
10. Drehungen und Spiegelungen — 101
11. Patience mit Figuren — 109
12. Plattländer — 123
13. Der Zauberkongreß in Chicago — 134
14. Teilbarkeit-Proben — 147
15. Neun Aufgaben — 157
    1. Die sieben Karteikarten — 157
    2. Eine ohne-blau Graphik — 157
    3. Zwei Spiele hintereinander — 158
    4. Ein Paar Zahlenrätsel — 158
    5. Aufteilen eines Quadrats — 159
    6. Verkehrsfluß in Floyd's Knob — 160
    7. Littlewoods Fußnoten — 161
    8. Neun zu eins ist gleich 100 — 162
    9. Die gekreuzten Zylinder — 163
16. Die acht Königinnen und andere Brettspielereien — 172
17. Eine Schnurschlinge — 185
18. Geschlossene Kurven mit konstantem Durchmesser — 198
19. Rep-Tiles: Ebene Wiederholungsfiguren — 208
20. Neunundzwanzig Fangfragen — 220

1. Das Paradoxon der unerwarteten Hinrichtung

„Ein neues, wichtiges Paradoxon ist zutage getreten." Mit diesem Satz beginnt der verwirrende Beitrag von *Michael Scriven*, der im Juliheft 1951 der englischen philosophischen Zeitschrift „Mind" erschienen ist. *Scriven*, Professor für wissenschaftliche Logik an der Universität von Indiana, ist auf diesem Gebiet ernst zu nehmen. Daß dieses Paradoxon von Bedeutung ist, bewies zur Genüge die Tatsache, daß mehr als zwanzig Artikel darüber in Fachzeitschriften erschienen sind. Die Autoren – unter ihnen viele bedeutende Philosophen – wichen bei den Versuchen, das Paradoxon zu lösen, weit voneinander ab. Da bis jetzt keine Übereinstimmung erzielt werden konnte, ist das Paradoxon noch immer ein sehr strittiges Thema.

Niemand weiß, wem es zuerst eingefallen ist. Nach *W. V. Quine*, Logiker an der Harward-Universität und Verfasser eines der Aufsätze (er besprach auch Paradoxa im „Scientific American" im April 1962), zirkulierte das Paradoxon seit den frühen vierziger Jahren in mündlichen Erzählungen, oft in der Form eines Ratespiels über einen Mann, der zur Hinrichtung verurteilt war.

Das Urteil wurde an einem Samstag gesprochen. „Die Hinrichtung wird mittags an einem der sieben Tage der nächsten Woche stattfinden", sagte der Richter zu dem Gefangenen. „Aber Sie werden nicht wissen, an welchem Tage, bis Sie am Morgen des Hinrichtungstages Bescheid bekommen."

Der Richter war als Mann bekannt, der immer sein Wort hielt. Der Verurteilte ging, vom Anwalt begleitet, in seine Zelle zurück. Als die beiden allein waren, lächelte der Anwalt und meinte: „Merken Sie nichts? Das Urteil des Richters kann unmöglich vollstreckt werden."

„Das verstehe ich nicht", sagte der Gefangene.

„Ich erkläre es Ihnen. Es ist ganz offensichtlich, daß man Sie nicht am nächsten Samstag hinrichten kann. Samstag ist der letzte Tag der Woche. Am Freitag Nachmittag wären Sie noch am Leben und somit hätten Sie die absolute Gewißheit, daß man Sie am Samstag hinrichten würde. Sie wüßten es, bevor es Ihnen am Samstag Morgen mitgeteilt würde. Das liefe der Anordnung des Richters zuwider."

„Stimmt", sagte der Gefangene.

„Samstag ist damit also ausgeschlossen", fuhr der Anwalt fort. „Bleibt der Freitag als der letzte Tag, an dem man Sie hinrichten könnte. Aber am Freitag ist dies nicht möglich, weil am Donnerstag Nachmittag nur noch zwei Tage übrigbleiben: nämlich Freitag und Samstag. Da der Samstag nicht in Frage kommt, müßte es am Freitag geschehen. Da Sie das aber wissen,

Bild 1
Der Gefangene streicht alle möglichen Tage durch

würde es ebenfalls der Anordnung des Richters zuwiderlaufen. Somit ist auch der Freitag ausgeschlossen. Damit bleibt der Donnerstag als der letzte mögliche Tag. Aber Donnerstag ist auch ausgeschlossen, weil Sie am Mittwoch Nachmittag noch am Leben wären und damit wüßten, daß der Donnerstag der Tag der Hinrichtung sein müßte."

„Jetzt verstehe ich", sagte der Verurteilte und fühlte sich schon wesentlich wohler. „Auf diese Art und Weise kann ich auch den Mittwoch, Dienstag und Montag streichen. Dann bleibt nur noch morgen übrig, aber morgen kann ich nicht hingerichtet werden, weil ich es heute schon weiß!"

Kurz und gut, die Anordnung des Richters scheint sich selbst zu widerlegen. Es gibt keinen logischen Widerspruch in den beiden Urteilsergänzungen. Trotzdem kann das Urteil nicht ausgeführt werden. So sah *Donald John O'Connor*, Professor der Philosophie an der Universität von Exeter, dieses Paradoxon, als er es in der Zeitschrift „Mind" im Juli 1948 als erster zur Diskussion stellte. *O'Connor* schildert in seiner Version einen Militärbefehlshaber, der eine Totalverdunkelung für die kommende Woche ankündigt. Außerdem bestimmt er, daß diese Verdunkelung den Betroffenen erst nach sechs Uhr an dem Tage, an dem sie stattfinden soll, mitgeteilt wird.

„Es ist leicht einzusehen", schrieb *O'Connor*, „daß bereits aus der Ankündigung folgt, daß die Übung überhaupt nicht stattfinden kann". Das heißt, sie kann nicht stattfinden, ohne gegen die Anweisung zu verstoßen. Ähnliche Ansichten äußerten *L. Jonathan Cohen* in der Zeitschrift „Mind" im Januar 1950 und *Peter Alexander* ebenfalls in „Mind" im Oktober 1950. Auch *George Gamow* und *Marvin Stern* waren dieser Ansicht, als sie später das Paradoxon (am Beispiel des Mannes, der hingerichtet werden sollte) in ihrem Buch „Puzzle Math"[1]) behandelten.

Wenn nun damit alles über das Paradoxon gesagt wäre, dann könnte man *O'Connor* zustimmen, daß es ohne Bedeutung sei. Aber es ist, wie *Scriven* als erster feststellte, keineswegs nichtig, und zwar aus einem Grund, der den ersten drei Autoren völlig entging. Um dies zu klären, kehren wir zu dem Verurteilten in der Zelle zurück. Er ist durch die scheinbar unanfechtbare Logik überzeugt, daß er nicht hingerichtet werden kann, ohne daß dadurch die Bedingungen des Urteilsspruchs verletzt würden. Zu seiner größten Überraschung kam jedoch am Donnerstag Morgen der Henker. Es ist klar, daß er ihn nicht erwartet hatte. Was noch mehr überrascht: Nun ist der Urteilsspruch des Richters völlig korrekt. Das Urteil kann vollstreckt werden, genau wie es der Richter verkündet hatte. „Ich finde, daß dieser Beigeschmack einer Logik, die von der Welt negiert wird, das Paradoxon recht faszinierend erscheinen läßt", schreibt *Scriven*. „Der logisch denkende Mensch stellt sich pathetisch auf den Gang der Ereignisse ein, wie er bisher immer abgelaufen ist, aber irgendwie hat das Ungeheuer, Wirklichkeit, den gewohnten Weg verlassen und geht eigene Bahnen."

Will man die ausgesprochen realen und tiefgreifenden linguistischen Schwierigkeiten, die hier mitspielen, in den Griff bekommen, dann betrachtet man das Paradoxon am besten in zwei anderen äquivalenten Fassungen. Dabei können wir verschiedene irrelevante Faktoren ausklammern, die häufig vorgebracht werden, die die Angelegenheit jedoch nur verdunkeln. Zum Beispiel könnte der Richter seine Meinung ändern oder der Verurteilte sterben, bevor die Hinrichtung stattfinden kann, und so weiter.

Die erste Variation des Paradoxon entnehmen wir *Scrivens* Beitrag und nennen sie „das Paradoxon vom unerwarteten Ei."

Stellen Sie sich vor, Sie haben zehn Schachteln vor sich, beschriftet von 1 bis 10. Sie müssen sich umdrehen, während ein Freund ein Ei in einer der Schachteln versteckt. Sie wenden sich wieder herum und der Freund sagt: „Öffne bitte die Schachteln der Reihe nach. Ich garantiere dir, daß du in einer Schachtel völlig unerwartet ein Ei findest. Mit ‚unerwartet' meine ich, daß du nicht in der Lage bist zu ergründen, in welcher Schachtel es ist, bis du sie öffnest und es darin siehst."

[1]) Viking, New York, 1958.

Bild 2
Das Paradoxon vom unerwarteten Ei

Wenn wir annehmen, daß Ihr Freund in seinen Äußerungen absolut glaubwürdig ist, kann dann seine Voraussage zutreffen? Offenbar nicht. Mit Sicherheit wird er das Ei nicht in die zehnte Schachtel legen, denn nachdem Sie die ersten neun geöffnet und leer gefunden haben, könnten Sie mit Sicherheit folgern, daß das Ei in der einzigen noch übrigen Schachtel ist. Das würde der Behauptung Ihres Freundes widersprechen. Schachtel Nummer 10 scheidet also aus. Was würde aber geschehen, wenn er so töricht wäre und das Ei in Schachtel Nummer 9 verstecken würde? Sie finden die ersten acht Schachteln leer. Bleiben nur noch 9 und 10 übrig. Das Ei kann nicht in Schachtel Nummer 10 sein. Folglich muß es in Schachtel Nummer 9 sein. Sie öffnen 9. Natürlich, da ist es. Damit ist es aber ein erwartetes Ei und die Behauptung Ihres Freundes erwiese sich als falsch. Schachtel Nummer 9 scheidet also aus. Aber wenn Sie so weiter folgern, haben Sie endgültig den Boden der Realität verlassen. Schachtel Nummer 8 scheidet durch genau dasselbe logische Argument aus und ebenso die Schachteln 7, 6, 5, 4, 3, 2 und 1. Sie sind nun völlig überzeugt, daß alle zehn Schachteln leer sind und öffnen sie der Reihe nach. Und was finden Sie in Schachtel Nummer 5? Ein völlig unerwartetes Ei. Die Behauptung Ihres Freundes ist somit bewiesen. Wo liegt der logische Denkfehler?

Um das Paradoxon noch besser zu verdeutlichen, betrachten wir es in einer dritten Form, die wir „das Paradoxon von der unerwarteten Spielkarte" nennen. Stellen Sie sich vor, Sie sitzen an einem Spieltisch, Ihnen gegenüber ein Freund, der in seiner Hand alle dreizehn Pik-Karten hält. Er mischt sie, breitet sie fächerartig aus, die Bildseite sich zugekehrt und legt eine einzelne Karte mit der Bildseite nach unten auf den Tisch. Sie sollen nun langsam die

Bild 3
Das Paradoxon von der unerwarteten Spielkarte

dreizehn Pik-Karten aufzählen und zwar der Reihe nach vom As bis zum König. Jedesmal, wenn Sie die Karte auf dem Tisch nicht erraten, sagt er „Nein". Wenn Sie die Karte raten, sagt er „Ja".

„Ich wette tausend Mark gegen zehn Pfennig", sagt er, „daß du nicht vorhersagen kannst, um welche Karte es sich handelt, bevor ich mit ‚Ja' antworte".

Wenn wir voraussetzen, daß Ihr Freund alles daransetzen wird, um sein Geld nicht zu verlieren, ist es dann möglich, daß er den Pik-König auf den Tisch legt? Mit Sicherheit nicht. Denn wenn Sie die ersten zwölf Karten genannt haben, bleibt nur der König übrig. Sie wären also mit völliger Sicherheit in der Lage, die Identität der Karte zu bestimmen. Kann es die Dame sein? Nein, denn wenn Sie den Buben genannt haben, bleiben nur noch Dame und König übrig. Der König kann es nicht sein, folglich muß es die Dame sein. Wiederum würde Ihre korrekte Voraussage 1 000 Mark einbringen. Die gleichen Folgerungen schließen alle übrigen Karten aus. Um welche Karte es sich auch immer handelt, Sie wären auf jeden Fall in der Lage, sie genau vorauszusagen. Diese Logik erscheint unausweichlich. In Wirklichkeit starren Sie aber auf die Rückseite der Karte ohne die geringste Ahnung, um welche Pik es sich handelt!

Aber selbst wenn wir das Paradoxon vereinfachen, indem wir es auf zwei Tage, zwei Schachteln oder zwei Karten beschränken, dann bleibt die ganze Angelegenheit noch genauso merkwürdig. Nehmen wir einmal an, Ihr Freund hat nur das As und die Zwei von Pik. Sicherlich werden Sie Ihre Wette dann gewinnen, wenn die Karte die Zwei ist. Wenn Sie erst einmal das As genannt haben und diese Karte damit ausgeschieden ist, können Sie jetzt sagen: „Ich weiß mit Bestimmtheit, daß es die Zwei ist." Diese Voraussage stützt sich natürlich auf die Wahrheit der Behauptung: „Die Karte vor mir ist entweder die Pik-Zwei oder das Pik-As". (Man muß bei allen drei Paradoxa voraussetzen, daß der Mann wirklich hingerichtet wird, daß sich wirklich ein Ei in der Schachtel befindet und daß die Karten wirklich die bezeichneten Karten sind.) Diese Folgerung ist so zwingend wie ein Naturgesetz. Und genauso zwingend ist Ihr Anrecht auf die 1 000 Mark.

Nehmen wir jedoch an, Ihr Freund legt von vornherein das Pik-As auf den Tisch. Können Sie dann voraussagen, daß die Karte das Pik-As ist? Sicherlich wird er die 1 000 Mark nicht riskieren, indem er die Zwei hinlegt. Deshalb muß es das As sein. Sie äußern Ihre Überzeugung, es sei das As, und er sagt „Ja". Haben Sie die Wette jetzt auf legitime Weise gewonnen?

Kurioserweise nicht, und nun stoßen wir auf den Kern des Geheimnisses. Ihre vorhergehende Voraussage beruhte lediglich auf der Bedingung, daß die Karte entweder das As oder die Zwei ist. Die Karte ist nicht das As, deshalb muß es die Zwei sein. Aber nun beruht Ihre Voraussage auf der gleichen Voraussetzung wie vorher, plus einer zusätzlichen, nämlich der, daß Ihr Freund die Wahrheit gesagt hat. Um dies noch einmal pragmatisch auszudrücken: Sie beruht auf der Vermutung, daß er unbedingt vermeiden will, die 1 000 Mark zahlen zu müssen. Aber wenn Sie das As voraussagen können, dann verliert er genauso sicher sein Geld, wie wenn er die Zwei hinlegt. Wenn er aber in jedem Fall verliert, dann hat er keinen logischen Grund, eher die eine als die andere Karte zu ziehen. Wenn Sie das begreifen, dann steht Ihre Voraussage, daß die Karte das As ist, auf sehr wackligen Füßen. Sicherlich würden Sie auf das As tippen, weil es wahrscheinlich ist, aber um die Wette zu gewinnen, müßten Sie mehr tun als nur das: Sie müssen beweisen, daß Sie die Karte mit eiserner Logik vorausgesagt haben. Und genau das können Sie nicht.

In der Tat sind Sie in einem Circulus vitiosus von Widersprüchen gefangen. Zunächst nehmen Sie an, daß sich seine Voraussage erfüllt. Aufgrund dessen folgern Sie, daß die Karte auf dem Tisch das As ist. Doch wenn sie das As ist, dann ist seine Vorhersage falsch. Wenn seine Vorhersage angezweifelt werden muß, dann haben Sie keine rationale Grundlage, um die Karte vorauszubestimmen. Und wenn Sie den Namen der Karte nicht vorherbestimmen können, dann ist seine Vorhersage sicherlich zutreffend. Nun sind Sie genau wieder an dem Punkt, von dem Sie ausgegangen sind. Das Ganze beginnt von vorn. So gesehen entspricht die Situation dem Circulus vitiosus, den ein berühmtes Karten-Paradoxon enthält, das der englische Mathematiker *P. E. B. Jourdain* 1913 dargelegt hat (siehe Bild 4). Diese Art von Logik bringt Sie nicht weiter.

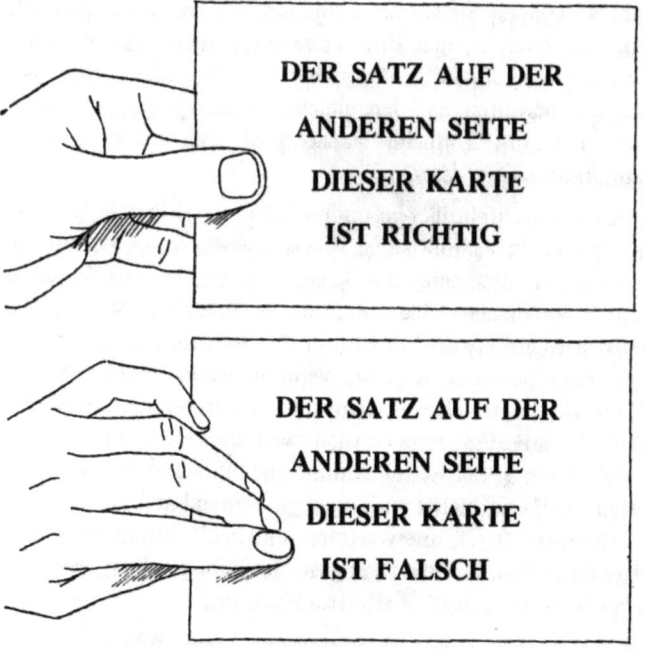

Bild 4 Das Kartenparadoxon von P. E. B. Jourdain

Der Hund beißt sich in den eigenen Schwanz. Sie haben keine logische Möglichkeit, den Namen der Karte auf dem Tisch genau zu bestimmen. Sie können zwar richtig *raten*. Da Sie Ihren Freund kennen, können Sie zu dem Schluß kommen, daß er sehr wahrscheinlich das As hingelegt hat. Aber kein ehrlicher, logisch denkender Mensch würde Ihnen bestätigen, daß Sie die Karte mit auch nur annähernd der logischen Sicherheit vorherbestimmt haben, mit der Sie vorausgesagt haben, daß es die Zwei wäre.

Auf welch schwachen Füßen Ihre Überlegungen stehen, sehen Sie vielleicht klarer, wenn wir noch einmal auf die zehn Schachteln zurückkommen. Zu Beginn sagen Sie voraus, daß das Ei in Schachtel Nummer 1 sei, aber Schachtel Nummer 1 ist leer. Dann folgern Sie, daß es in Schachtel Nummer 2 sei, aber Schachtel Nummer 2 ist ebenfalls leer. Dann folgern Sie, daß es in 3 sei usw. (Es ist genauso, als ob das Ei gerade in dem Augenblick, in dem Sie in die Schachtel schauen, von der Sie sicher sind, daß es darin sein müsse, schnell durch eine Geheimtüre in eine andere Schachtel mit einer höheren Nummer transportiert würde.) Schließlich finden Sie das erwartete Ei in der Schachtel Nummer 8. Können Sie aufrecht erhalten, daß Sie das Ei wirklich „erwartet" haben, und zwar so, daß Ihre Voraussage über jeden Vorwurf erhaben ist? Offensichtlich können Sie das nicht, denn Ihre sieben vorhergegangenen Voraussagen beruhten auf den gleichen Überlegungen und jede stellte sich als falsch heraus. Einfache Tatsache ist, daß das Ei in jeder Schachtel sein kann *inklusive der letzten*.

Selbst wenn Sie neun Schachteln leer gefunden haben, wird Ihre Folgerung, daß das Ei in der letzten Schachtel ist, in Frage gestellt. Wenn Sie nur die Voraussetzung annehmen, daß eine der Schachteln ein Ei enthält, dann können Sie natürlich voraussagen, daß ein Ei in der Schachtel Nummer 10 ist. In diesem Fall ist es ein erwartetes Ei und die Behauptung, daß es das nicht sei, kann als falsch bewiesen werden. Wenn Sie weiter annehmen, daß Ihr Freund die Wahrheit sagte, als er behauptete, das Ei werde unerwartet sein, dann kann nichts vorherbestimmt werden, weil die erste Voraussetzung zu einem erwarteten Ei in der Schachtel Nummer 10 führt und die zweite zu einem unerwarteten Ei. Wenn nichts vorhergesagt werden kann, dann ist ein Ei in Schachtel Nummer 10 ein unerwartetes und beide Voraussetzungen sind gerechtfertigt, aber diese Rechtfertigung ist nur dann gegeben, wenn die letzte Schachtel geöffnet und ein Ei dort gefunden wird.

Die Lösung des Paradoxons von der Hinrichtung kann folgendermaßen zusammengefaßt werden. Der Richter sagt die Wahrheit, und die Überlegungen des Verurteilten sind falsch. Der allererste Schritt in der Kette seiner Überlegungen, — daß er am letzten Tag nicht hingerichtet werden kann —, ist falsch. Selbst am Abend des vorletzten Tages fehlt ihm die Grundlage einer Vorausbestimmung, so wie wir es in dem vorhergehenden Abschnitt bei dem Ei in der letzten Schachtel erklärt haben. Dies ist der Hauptgesichtspunkt von *Quines* Artikel aus dem Jahre 1953. Nach *Quines* Zusammenfassung müßte der Verurteilte folgende Überlegungen anstellen: „Wir müssen vier Fälle unterscheiden: erstens, daß ich morgen Mittag hingerichtet werde und ich es jetzt schon weiß (aber ich weiß es eben nicht); zweitens, daß ich morgen Mittag nicht hingerichtet werde und ich es jetzt schon weiß (aber ich weiß es eben nicht); drittens, daß ich morgen Mittag nicht hingerichtet werde und ich es jetzt noch nicht weiß, und viertens, daß ich morgen Mittag hingerichtet werde und ich es jetzt noch nicht weiß. Die beiden letzteren Alternativen sind Möglichkeiten, bei denen alles offen ist, und die letzte erfüllt den Erlaß des Richters. Bevor ich also den Richter eines Widerspruchs beschuldige, vertage ich den Urteilsspruch und hoffe das Beste."

Der schottische Mathematiker *Thomas H. O'Beirne* hat in einem Artikel mit dem etwas paradoxen Titel „Can the Unexpected *Never* Happen? " („Kann das Unerwartete *niemals* eintreffen? ")[1]) eine, wie mir scheint, ausgezeichnete Analyse dieses Paradoxons gegeben. Der Schlüssel zur Lösung des Paradoxons liegt, wie *O'Beirne* erklärt, in der Erkenntnis, daß eine Aussage über ein zukünftiges Ereignis nur einer Person als wahrhaftige Vorhersage bekannt ist, aber jeder anderen nicht, bis das Ereignis eingetreten ist. Das läßt sich an einfachen Beispielen leicht klarmachen. Jemand gibt Ihnen eine Schachtel und sagt: „Öffne sie und du wirst ein Ei darin finden." *Er* weiß natürlich, daß seine Aussage stimmt, aber *Sie* wissen es erst, wenn Sie die Schachtel geöffnet haben.

Dasselbe gilt für das Paradoxon. Der Richter, der Mann, der das Ei in die Schachtel legt, der Freund mit den dreizehn Karten — jeder von ihnen weiß, daß seine Voraussage stimmt. Aber die Voraussage kann nicht dazu dienen, an ihr eine Kette von Argumenten aufzuhängen, die möglicherweise die Aussage selbst ins Wanken bringen. Man wird im Kreis herumgeführt und das bringt wie der Satz auf *Jourdains* Karte alle Versuche zu Fall, die Voraussage als nicht stichhaltig zu beweisen.

Wir können das Paradoxon auf seinen Grundgehalt zurückführen, wenn wir einem Wink *Scrivens* folgen. Nehmen Sie an, ein Mann sagt zu seiner Frau: „Meine Liebe, ich möchte Dich an Deinem Geburtstag überraschen und Dir ein völlig unerwartetes Geschenk machen. Du kannst es unmöglich erraten. Es ist jenes goldene Armband, das Du letzte Woche bei Tiffany im Schaufenster gesehen hast."

Wie soll die arme Frau das verstehen? Sie weiß, daß ihr Mann nicht lügt. Er hält immer seine Versprechungen. Aber wenn er ihr wirklich das goldene Armband schenkt, ist es keine Überraschung. Das würde seine Behauptung

---

[1]) The New Scientist, 25. Mai 1961

Lügen strafen. Und wenn seine Voraussage nicht stichhaltig ist, was kann sie daraus folgern? Vielleicht hält er sein Wort und schenkt ihr das Armband; dabei bricht er aber sein Wort, daß das Geschenk unerwartet sein soll. Auf der anderen Seite kann er sein Wort halten, was die Überraschung angeht, aber sein Wort brechen, was das Armband betrifft. Er kann ihr anstelle des Armbandes zum Beispiel einen neuen Staubsauger schenken. Da sich die Worte Ihres Gatten selbst widersprechen, hat sie keine rationale Möglichkeit, zwischen beiden Alternativen zu wählen; deshalb hat sie keine rationale Möglichkeit, das Goldarmband zu erwarten. Man kann leicht erraten, was geschehen wird. Sie ist überrascht, daß sie an ihrem Geburtstag ein logischerweise völlig unerwartetes Armband geschenkt bekommt.

Er wußte die ganze Zeit, daß er sein Wort halten konnte und auch würde. *Sie* konnte es nicht wissen, bis das Ereignis eintrat. Eine Aussage, die gestern noch Unsinn zu sein schien und die sie in einen endlosen Strudel logischer Widersprüche stürzte, stellt sich heute plötzlich als absolut wahr und widerspruchslos heraus, und dies dadurch, daß er das goldene Armband schenkt. Hier spüren wir sehr stark die seltsame Wortmagie, die allen Paradoxa, von denen wir gesprochen haben, ihren verwirrenden, kopfzerbrechenden Charme gibt.

Anhang

Ich erhielt eine große Anzahl teils scharfer, teils verwirrender Briefe von Lesern, die mir Ihre Ansicht mitteilten, wie man das Paradoxon von der unerwarteten Hinrichtung lösen könnte.

Lennart Ekbom, Professor für Mathematik am Östermalms College in Stockholm, schrieb mir eine Geschichte, die möglicherweise als Ursprung des Paradoxons gelten kann. Im Jahre 1943 oder 1944, schrieb er, brachte der schwedische Rundfunk einen Aufruf, daß in der folgenden Woche eine Luftschutzübung stattfinden werde. Um die Wirksamkeit der Luftschutzkader zu prüfen wurde hinzugefügt, daß niemand voraussagen könnte, wann sie stattfinden würde, selbst nicht am Morgen des Übungstages. *Ekbom* stellte fest, daß diese Ankündigung ein logisches Paradoxon enthielt, das er mit einigen Studenten für Mathematik und Philosophie an der Universität in Stockholm diskutierte. 1947 besuchte einer dieser Studenten Princeton, wo er *Kurt Gödel*, den bekannten Mathematiker, eine Variante des Paradoxons erwähnen hörte. *Ekbom* fügt hinzu, daß er ursprünglich der Ansicht war, das Paradoxon sei älter als die Ankündigung der schwedischen Luftschutzübung, aber nachdem er von *Quine* erfuhr, daß er zum ersten Mal zu Beginn der vierziger Jahre von dem Paradoxon gehört habe, war diese Ankündigung vielleicht doch der Ursprung des Paradoxons.

Die beiden folgenden Briefe geben keine Erklärung des Paradoxons, aber sie stellen recht amüsante (und verwirrende) Streiflichter dar. Sie wurden beide in der Leserbriefspalte des „Scientific American" im Mai 1963 veröffentlicht.

Sehr geehrte Herren:

Martin Gardner hat in seinem Artikel über das Paradoxon vom unerwarteten Ei scheinbar logisch die Unmöglichkeit bewiesen, daß das Ei in irgendeiner der Schachteln sein könne, und war dann verblüfft, als das Ei in Schachtel Nummer 5 auftauchte. Auf den ersten Blick scheint das wirklich verblüffend, bei einer genauen Analyse kann man jedoch beweisen, daß das Ei immer in Schachtel Nummer 5 sein muß.

Beweis:

Wir setzen A für alle Aussagen.
Wir setzen W für alle wahren Aussagen.

Jedes Element von A (also jede Aussage) ist entweder in der Reihe von W oder in der Reihe von E = A - W, welche die Ergänzung von W ist, aber es kann nicht in beiden sein.

Überlegen wir:

| (1) Jede Aussage in diesem Rechteck ist ein Element von E. |
| (2) Das Ei ist immer in Schachtel Nummer 5. |

Die Aussage (1) ist entweder in W oder in E enthalten, aber nicht in beiden.

Wenn (1) in W enthalten ist, dann ist sie wahr. Aber wenn (1) wahr ist, dann ist korrekt erhärtet, daß jede Aussage in dem Rechteck einschließlich (1) unbedingt in E ist. Auf diese Weise impliziert die Behauptung, daß (1) in W ist, auch die Behauptung, daß (1) in E sein muß.

Gegenbeweis:

Wenn (1) in E enthalten ist, müssen wir zwei Fälle betrachten: nämlich daß die Aussage (2) in E enthalten ist und daß (2) in W enthalten ist.

Wenn (2) in E enthalten ist, dann sind beide, das heißt jede Aussage in dem Rechteck, ein Element von E. Genau das behauptet (1), folglich ist (1) wahr und in W enthalten. Auf diese Weise impliziert die Behauptung, daß beide, nämlich (1) und (2) in E enthalten sind, auch, daß (1) in W enthalten ist.

Gegenbeweis:
Wenn (2) in W enthalten ist (und (1) in E), dann wird die Behauptung von (1), daß jede Aussage in dem Rechteck in E enthalten ist, ausgeschlossen durch die Tatsache, daß (2) in W enthalten ist. Folglich ist (1) nicht wahr und in E enthalten, was völlig folgerichtig ist.

Der einzig folgerichtige Fall ist der, daß Aussage (1) in E enthalten und Aussage (2) in W enthalten ist. Aussage (2) muß wahr sein.

Deshalb ist das Ei immer in der Schachtel Nummer 5.

Sie sehen also, daß die Entdeckung des Eies in der Schachtel Nummer 5 nach alledem gar nicht so überraschend ist.

George Varian
Stanford Universität   Stanford, Kalifornien   *David S. Birkes*

Sehr geehrte Herren:
Martin Gardners Paradoxon von dem Mann, der zur Hinrichtung verurteilt war, habe ich mit großem Interesse gelesen. Ich kann nicht umhin, Ihnen mitzuteilen, daß es unser Verurteilter vorgezogen hätte, am Mittwoch, also dem vierten Tag, hingerichtet zu werden, wenn er ein eingefleischter Statistiker gewesen wäre. Denn wenn der Richter willkürlich einen der sieben Tage herausgegriffen hätte, dann ist die Wahrscheinlichkeit gegeben, daß der Verurteilte x Tage warten muß, um den genauen Termin seiner einen Hinrichtung zu erfahren: $p(x) = \frac{1}{7}$. Das heißt, jede Zahl von Wartetagen zwischen 1 und 7 ist gleichermaßen wahrscheinlich. Diese Beobachtung stellt einen einfachen Fall der allgemeineren hypergeometrischen Wartezeit-Verteilung dar

$$p(x) = \frac{\frac{(x-1)!}{(X-k)!(k-1)!} \cdot \frac{(N-x)!}{(N-x-h+k)!(h-k)!}}{\frac{N!}{(N-h)!(h!)}}$$

in der p(x) die Wahrscheinlichkeit darstellt, daß x unabhängige Proben gemacht werden müssen, um k Erfolge zu erzielen, wenn dabei h günstige Ereignisse zufällig mit N gemischt sind. In unserem Fall haben wir N = 7 (unter der Voraussetzung, daß eine Hinrichtung mehr als ausreichend ist) und h = k = 1. Auf diese Weise ist das „Erwartete" oder sagen wir besser, der mittlere Wert von $x = \frac{1}{7} \cdot (1 + 2 + ... + 7) = 4$ Tage. Wir müssen jedoch gewärtig sein, daß ein besonders hartnäckiger Leser den Mittwoch mit der Begründung streichen wird, daß er „erwartet" war.

Worthington, Ohio   *Milton R. Seiler*

2. Knoten und Borromäische Ringe

Drei merkwürdig verschlungene Ringe, vielen Leuten hierzulande als Firmenzeichen einer beliebten Bierbrauerei bekannt, zeigt Bild 5. Da sie im Wappen der berühmten italienischen Renaissance-Familie der Borromäer zu sehen sind, heißen sie manchmal die Borromäischen Ringe. Obwohl man die drei Ringe nicht trennen kann, sind keine zwei von ihnen miteinander verbunden. Wenn man einen Ring herausnimmt, kann man leicht erkennen, daß die restlichen zwei nicht miteinander verbunden sind.

Bild 5
Die drei Borromäischen Ringe

In einem Kapitel über Papiermodelle topologischer Flächen, das im ersten „Scientific American Book of Mathematical Puzzles & Diversions" („Mathematische Rätsel und Unterhaltungsspiele aus dem Scientific American") erscheint, erwähnte ich, daß ich kein Papiermodell einer einzigen, sich nicht selbst schneidenden Fläche kenne, das drei verschlungene Ränder nach Art der Borromäischen Ringe hätte. „Vielleicht", so schrieb ich, „gelingt es einem geschickten Leser, ein solches zu konstruieren".
David A. Huffman, assoziierter Professor für Elektrotechnik am Technologischen Institut in Massachusetts, nahm als erster diese Herausforderung an. Huffman gelang es nicht nur, Modelle herzustellen, die einige verschiedenartige Flächen mit Borromäischen Rändern aufweisen; er fand auch hübsche einfache Methoden, Papiermodelle zu bauen, deren Fläche Ränder aufweist, die mit jeder Art von Knoten oder Knotengruppen übereinstimmen – wie auch immer verflochten, verwoben oder verbunden. Später entdeckte er, daß die gleichen Methoden den Topologen schon seit Anfang der dreißiger Jahre bekannt waren; da sie aber nur in deutschen Publikationen beschrieben wurden, waren sie der allgemeinen Aufmerksamkeit entgangen.
Bevor wir eine dieser Methoden auf die Borromäischen Ringe anwenden, wollen wir sie bei einer weniger komplizierten Struktur untersuchen. Die einfachste geschlossene Kurve im Raum ist natürlich eine Kurve, die nicht verknotet ist. Mathematiker nennen sie manchmal einen Knoten mit null

Schnittpunkten, genauso wie sie manchmal eine Gerade eine Kurve mit der Krümmung Null nennen. Zeichnung 1 in Bild 6 zeigt eine solche Kurve. Die schattierte Fläche in der Zeichnung stellt eine zweiseitige Fläche dar, deren Rand mit der Kurve übereinstimmt. Man kann die Fläche leicht aus einem Blatt Papier ausschneiden. Welche Form das ausgeschnittene Stück Papier hat, spielt keine Rolle. Für uns ist nur die Tatsache von Interesse, daß ihr Rand eine einfache geschlossene Kurve darstellt. Man kann die Zeichnung jedoch auch in einer anderen Art schattieren. Wir können die Außenseite der Kurve schattieren (Zeichnung 2 in Bild 6) und uns vorstellen, daß sich das Bild auf der Oberfläche einer Kugel befindet. In diesem Fall umschließt die geschlossene Kurve ein *Loch* in der Kugel. Die beiden Modelle — der erste Ausschnitt und die Kugel mit dem Loch — sind topologisch gleichwertig. Wenn wir Rand an Rand legen, dann bilden sie die geschlossene, zweiseitige Oberfläche einer Kugel.

Nun wollen wir die gleiche Methode bei einem etwas komplizierteren Diagramm (Zeichnung 3) mit derselben Raumkurve anwenden. Stellen Sie sich diese Kurve aus einem Stück Schnur vor. Beim Schnitt zeigen wir an, indem wir die Linie wie gezeigt unterbrechen, daß ein Teil der Schnur unter dem anderen hindurchgeht wie eine Straßenunterführung. Diese Kurve ist auch ein Knoten mit null Schnittpunkten, da man sie so herstellen kann, daß kein Schnittpunkt vorhanden ist. (Die Ordnung eines Knotens wird

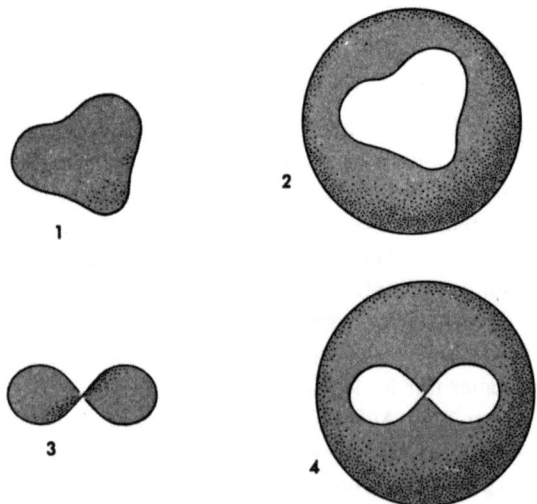

Bild 6 Flächenmodelle mit nicht-verknoteter Kante

durch die kleinstmögliche Anzahl von Schnittpunkten bestimmt, auf die der Knoten durch Verformen reduziert werden kann.) Wir schattieren nun wie vorhin das Diagramm mit zwei Farben so, daß keine zwei Teile mit gemeinsamer Begrenzung die gleiche Farbe haben. Das läßt sich immer auf zwei Arten machen, so daß die eine einen Negativdruck der anderen darstellt.

Wenn man die Zeichnung 3 wie im oberen Bild schattiert, erscheint das Modell eher wie ein Stück Papier mit einer halben Drehung. Es ist zweiseitig und topologisch jedem der vorhergehenden Modelle gleichwertig. Aber wenn man das Diagramm in der Alternativform schattiert (Zeichnung 4) und die weißen Stellen als Löcher in einer Kugel betrachtet, erhält man eine Fläche in der Art des Möbius-Bandes. Es hat ebenfalls einen Rand, der einen Knoten mit null Schnittpunkten darstellt (das heißt: keinen Knoten). Aber nun ist die Fläche einseitig und topologisch unterschieden vom vorhergehenden Modell. Wenn man die beiden Modelle zusammenfügt, stellt die geschlossene randlose Fläche eine „Kreuzkappe" oder eine projektive Ebene dar: eine einseitige Fläche, die nicht ohne Selbstüberschneidung konstruiert werden kann.

Dasselbe Verfahren kann auf das Diagramm mit beliebigen Knoten oder Reihen von Knoten, die in irgendeiner Weise verbunden sind, angewendet werden. Wir wollen es nun auf die Borromäischen Ringe anwenden. Zunächst werden die Ringe als ein System von Straßenunterführungen gezeichnet; dabei dürfen sich nicht mehr als zwei Straßen an jeder Kreuzung begegnen. Dann wird die Zeichnung in den zwei möglichen Arten schattiert (Zeichnung 1 und 2 in Bild 7). Jeder Schnittpunkt stellt eine Stelle dar, wo

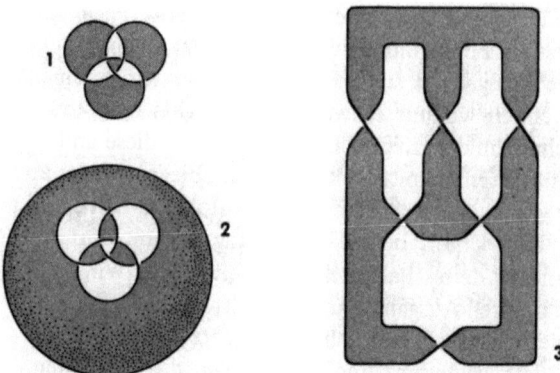

Bild 7 Topologisch äquivalente einseitige Flächen mit Rändern nach Art der Borromäischen Ringe

man der Papierfläche (den schattierten Teilen) eine halbe Drehung in der angezeigten Richtung gibt. Die einseitige Fläche, siehe Zeichnung 1, ist leicht aus Papier herzustellen, entweder in der gezeigten eleganten symmetrischen Form oder in topologisch gleichwertigen Formen wie etwa in Zeichnung 3. Das Modell der Zeichnung 2 mit den Borromäischen Ringen, die die Löcher in einer Kugel umreißen, scheint sich auf den ersten Blick sehr vom vorhergehenden Modell zu unterscheiden. Tatsächlich ist es topologisch genau dasselbe. Manchmal ergeben die beiden Methoden des Schattierens gleichwertige Modelle, manchmal aber auch nicht.

Man kann beweisen, daß sich dieses doppelte Verfahren auf jeden gewünschten Knoten oder jede Gruppe von Knoten, (die in irgendeiner Anordnung stehen und in beliebiger Weise miteinander verbunden sind), anwenden läßt. Die meisten Modelle, die man auf diese Weise erhält, stellen sich jedoch als einseitig heraus. Manchmal kann man die Schnittpunkte des Diagramms neu zusammenstellen, so daß eine zweiseitige Fläche herauskommt, aber normalerweise ist es äußerst schwierig, einen Weg für diese Modifikation zu finden. Die folgende Methode, die ebenfalls *Huffman* wieder aufgegriffen hat, garantiert ein zweiseitiges Modell.

Zur Verdeutlichung wenden wir das Verfahren zunächst auf die Borromäischen Ringe an. Dazu zeichnen wir zuerst das Diagramm, aber nur mit leichten Strichen. Dann setzen wir den Bleistift auf irgendeine der Kurven und zeichnen sie in beliebiger Richtung ganz nach bis zum Ausgangspunkt. Bei jedem Schnittpunkt machen wir einen kleinen Pfeil, um die Richtung anzugeben, in der wir uns bewegen. Dasselbe machen wir mit jeder der anderen beiden Kurven. Das ergibt Zeichnung 1 in Bild 8.

Wir zeichnen nun dieses Diagramm mit einem stärkeren Stift nach und beginnen dabei an irgendeinem Punkt und bewegen uns in der Richtung der Pfeile, die für diese Kurve maßgebend sind. Jedesmal, wenn wir an einen Schnittpunkt kommen, wenden wir uns entweder nach rechts oder links, wie die Pfeile auf der Schnittlinie anzeigen. Dann fahren wir diese andere Linie entlang, bis wir den nächsten Schnittpunkt erreichen, biegen wieder ab usw. Das ist genau so, wie wenn man auf einer Autobahn fährt und jedesmal, wenn man an eine Unter- oder Überführung kommt, auf die andere Straße wechselt und in deren Fahrtrichtung weiterfährt. Wir kommen ganz sicher wieder an unseren Ausgangspunkt zurück, nachdem wir eine einfache geschlossene Linie nachgezeichnet haben. Nun setzen wir den Stift auf einen anderen Punkt des Diagramms und wiederholen das Verfahren. Dies machen wir jetzt mit dem gesamten Diagramm. Interessant dabei ist, daß sich die geschlossenen Bahnen, die wir auf diese Weise erhalten, nie überschneiden. In diesem Fall erhalten wir Zeichnung 2 in Bild 8.

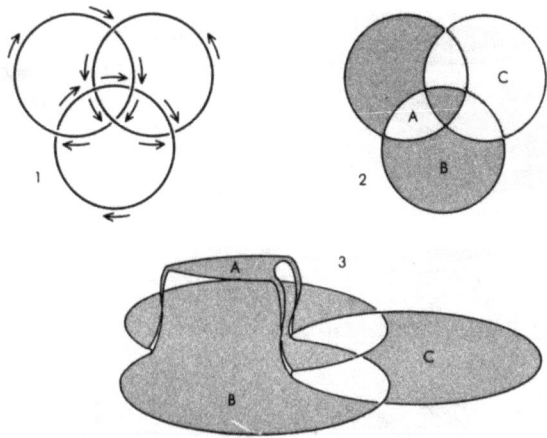

Bild 8 Entstehungsphasen zweiseitiger Flächen mit Rändern nach Art der Borromäischen Ringe

Jede geschlossene Kurve stellt eine Papierfläche dar. Wo zwei Flächen längsseits aneinanderstoßen, stellen die Berührungspunkte Halbdrehungen dar (in der Richtung, die auf dem Originaldiagramm angegeben ist), die die Flächen verbinden. Wo eine Fläche in der anderen liegt, wird die kleinere Fläche so betrachtet, als liege sie über der größeren, ungefähr wie zwei Etagen in einem Parkhaus. Die Berührungspunkte stellen Halbdrehungen dar, aber diesmal muß man die Drehungen als gedrehte Rampen sehen, die die beiden Stockwerke verbinden. Zeichnung 3 in Bild 8 zeigt das Endmodell; es ist zweiseitig; seine drei Ränder sind Borromäisch. Es kann bewiesen werden, daß jedes Modell, das man mit diesem Verfahren erstellt, zweiseitig sein wird. Das heißt, daß es in zwei kontrastierenden Farben gemalt oder aus Papier, das auf beiden Seiten unterschiedlich gefärbt ist, hergestellt werden kann, ohne daß eine Farbe in die andere übergeht. Bild 9, das von *Huffman* beigesteuert wurde, zeigt eine ansprechende symmetrische Art, eine solche Fläche darzustellen.

Es wird dem Leser sicher Spaß machen, einige Modelle mit anderen Knoten und Verknüpfungen herzustellen. Die Achtknoten-Figur zum Beispiel führt zu sehr hübschen symmetrischen Flächen. Die erste Zeichnung in Bild 10 zeigt eine Möglichkeit, diesen bekannten Knoten zu zeichnen. Übrigens werden Diagramme dieser Art in der Knoten-Theorie verwendet, um den algebraischen Ausdruck für einen gegebenen Knoten zu bestimmen. Gleichartige Knoten in dem Sinn, daß einer in den anderen umgewandelt werden kann, haben dieselbe algebraische Formel, aber nicht alle Knoten mit

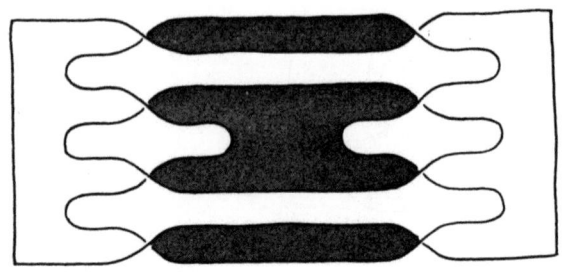

Bild 9 Eine zweiseitige Fläche mit Rändern nach Art der Borromäischen Ringe

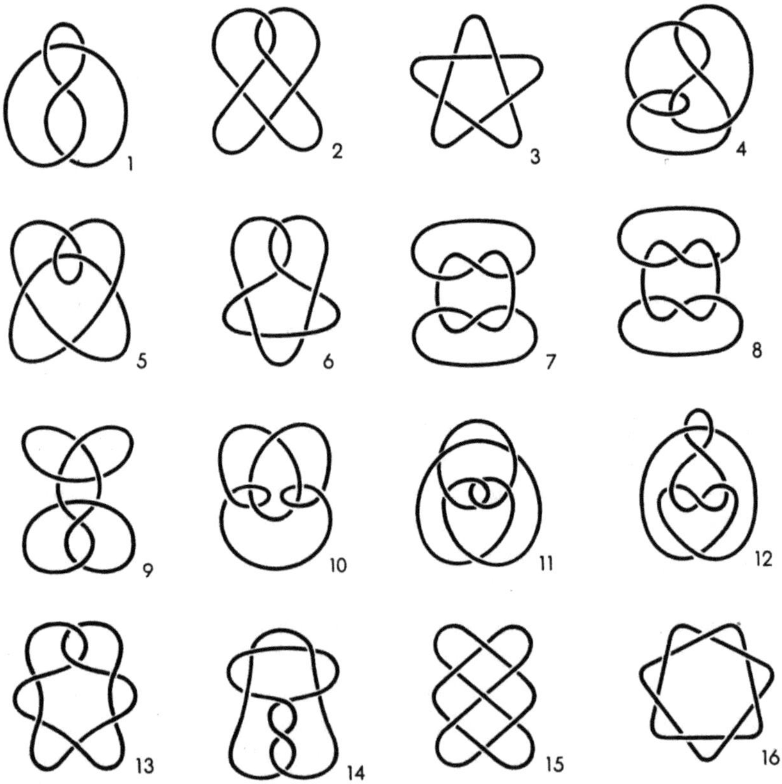

Bild 10 Knoten mit vier Schnittpunkten (1), mit fünf Schnittpunkten (2, 3), mit sechs Schnittpunkten (4–8) und mit sieben Schnittpunkten (9–16)

derselben Formel sind äquivalent. Man muß matürlich immer voraussetzen, daß die Knoten zu geschlossenen Kurven im dreidimensionalen Raum verbunden sind. Knoten aus Schnüren, die an den Enden offen sind, oder Knoten in geschlossenen Kurven im vierdimensionalen Raum können alle unverbunden sein, sie sind daher überhaupt keinen Knoten äquivalent.

Der Achtknoten ist der einzige Knoten, der sich auf ein Minimum von vier Kreuzungen beschränkt, genauso, wie sich der einfache oder Kleeblatt-Knoten auf ein Minimum von drei Schnittpunkten beschränkt. Im Gegensatz zum Kleeblatt-Knoten jedoch hat der Achtknoten kein Spiegelbild oder besser gesagt, er kann in sein Spiegelbild umgeformt werden. Solche Knoten nennt man „beidhändig" und meint damit, daß sie „sowohl an der rechten wie an der linken Hand passen", wie man einen Gummihandschuh von innen nach außen stülpen kann.

Knoten mit einem oder zwei Schnittpunkten sind nicht möglich. Es gibt zwei mit fünf Schnittpunkten, fünf mit sechs Schnittpunkten, acht mit sieben Schnittpunkten (siehe Bild 10). Diese Tafel berücksichtigt keine Spiegelbild-Knoten, führt jedoch solche Knoten mit auf, die man in zwei einfache, Seite an Seite liegende Knoten umwandeln kann. So ist der Viereck-Knoten (Knoten 7 im Bild) das „Produkt" des Kleeblatt-Knotens und seines Spiegelbildes. Der Altweiberknoten (Knoten 8) ist das „Produkt" aus zwei Kleeblatt-Knoten derselben Schlingrichtung. Knoten 3 und 16 sind sehr einfache Modelle. Man braucht einer Schnur nur fünf Halbdrehungen zu geben und die Enden so zu verbinden, daß ihre Ränder den Knoten 3 bilden. Für Knoten 16 muß man der Schnur sieben Halbdrehungen geben.

Jeder dieser 16 Knoten kann so gezeichnet werden, daß seine Schnittpunkte abwechselnd oben oder unten liegen. (Nur Knoten 7, der Viereck-Knoten, wurde in der nicht-alternierenden Form gezeichnet.) Erst wenn acht Schnittpunkte erreicht sind, ist es möglich, Knoten zu konstruieren (es gibt deren drei), die nicht in alternierender Form graphisch dargestellt werden können.

Der Leser mag sich vielleicht darüber wundern, warum Knoten 9 — eine Kombination von einem Kleeblatt-Knoten mit einem Achtknoten — nicht zwei verschiedene Formen hat wie der Viereck-Knoten, der Altweiberknoten und die Knoten 7 und 8, die beide eine Kombination aus zwei Kleeblatt-Knoten darstellen. Das rührt daher, daß der Achtknoten-Teil des Knotens 9 in sein Spiegelbild umgewandelt werden kann, ohne daß man die Schlingrichtung des Kleeblatt-Teils ändern muß. Deshalb wird nur der Knoten und sein Spiegelbild gezeigt.

Einen Knoten, den man nicht in einfachere, nebeneinanderliegende Knoten umwandeln kann, nennt man Prim-Knoten. Alle Knoten in unserem Bild sind Prim-Knoten mit Ausnahme der Knoten 7, 8 und 9. Man hat Knoten mit bis zu zehn Schnittpunkten sorgfältig tabellarisch geordnet, aber bis jetzt ist noch keine Formel bekannt, mit der man bei einer vorgegebenen Zahl von n Schnittpunkten die Anzahl der verschiedenen Knoten bestimmen kann. Man nimmt an, daß es 167 Prim-Knoten mit 10 Schnittpunkten gibt. Über die Anzahl von Prim-Knoten mit 11 und 12 Schnittpunkten können nur wilde Vermutungen angestellt werden.

Die Theorie der Knoten ist wie die Topologie, mit der sie offensichtlich nahe verwandt ist, mit ungelösten, knotigen Problemen angefüllt. Es ist keine generelle Methode bekannt, um zu bestimmen, ob zwei gegebene Knoten äquivalent sind oder nicht, oder ob sie miteinander verknüpft sind; ja man kann nicht einmal etwas darüber aussage, ob eine verschlungene Raumkurve geknotet ist oder nicht. Ich will Ihnen diese letztgenannte Schwierigkeit näher erklären und habe mir deshalb das Rätsel ausgedacht, das in Bild 11 aufgezeichnet ist. Diese merkwürdige Fläche ist einseitig und

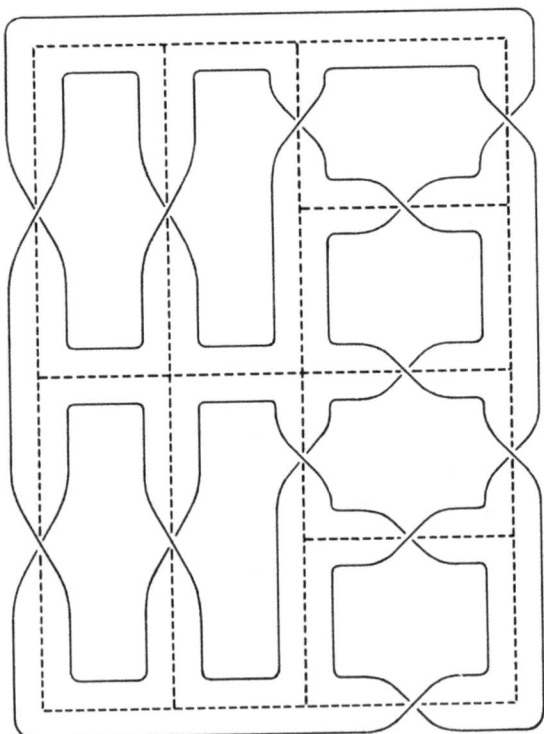

Bild 11 Eine einseitige Fläche mit einem Rand. Ist der Rand geknotet?

einkantig wie ein Möbius-Band; aber ist der Rand geknotet? Wenn ja, um welche Art von Knoten handelt es sich? Schauen Sie sich das Bild bitte an, raten Sie dann und überprüfen Sie Ihre Antwort anhand der folgenden empirischen Methode. Stellen Sie die Fläche aus Papier her und schneiden Sie sie entlang der unterbrochenen Linie aus. Es entsteht ein einfaches Band, das durch die gleiche Art Knoten verbunden ist wie der Rand der Original-Fläche. Wenn Sie mit dem Band vorsichtig umgehen, damit das Papier nicht zerreißt, dann können Sie es auf seine einfachste Form zurückführen und sehen, ob Sie richtig geraten haben. Das Ergebnis wird Sie vielleicht überraschen.

In den sechziger Jahren des vorigen Jahrhunderts entwickelte der britische Physiker *William Thomson* (der spätere *Lord Kelvin*) eine Theorie, nach der die Atome Wirbelringe in einem nicht komprimierbaren, reibungslosen und alles durchdringenden Äther sind. Später nahm *J. J. Thomson*, ebenfalls ein britischer Physiker, an, daß Moleküle das Ergebnis verschiedener Knoten und Verbindungen von *Lord Kelvins* Wirbelringen seien. Dies führt zu einem stark ansteigenden Interesse an der Topologie von Seiten der Physiker (insbesondere des schottischen Physikers *Peter Guthrie Tait*). Als aber die Wirbel-Theorie fallengelassen wurde, schwand das Interesse wieder. Vielleicht lebt es jetzt wieder auf, da Chemiker der Bell Telephone Laboratorien völlig neue Verbindungen hergestellt haben, sogenannte Catenane[1]), die aus Kohlenstoffmolekülen in Ringform bestehen, die tatsächlich ineinander eingehängt sind. Theoretisch ist es nun möglich, Verbindungen synthetisch herzustellen, die aus geschlossenen Ketten bestehen, die auf bizarre Weise verknotet und miteinander verbunden werden können.[2]) Wer kann sich vorstellen, welch ausgefallene Eigenschaften eine Kohlenstoffverbindung haben mag, wenn deren Moleküle alle, nun sagen wir einmal, Achtknoten wären? Oder wenn ihre Moleküle in Dreiergruppen verbunden wären und jede Dreiergruppe wie eine Reihe Borromäischer Ringe miteinander verknüpft wäre?

Man sollte annehmen, daß lebende Organismen frei von Knoten seien, aber das ist nicht der Fall. *Thomas D. Brock*, ein Mikrobiologe an der Universität in Indiana, berichtete in „Science"[3]) über seine Entdeckung einer schnurähnlichen Mikrobe, die sich dadurch vermehrt, daß sie sich selbst zu einem Knoten bindet (das kann ein einfacher Knoten, ein Achter, ein Altweiber-

---

[1]) lat.: Catena = Kette, A.d.Ü.
[2]) siehe *Edel Wasserman*, „Chemical Topology", im Scientific American, November 1962, pp. 94–102.
[3]) Band 144, Nummer 1620 vom 15. Mai 1964, pp. 870–72.

knoten oder irgendein anderer einfacher Knoten sein), der sich enger und enger zusammenzieht, bis der Knoten zu einer winzigen Knolle verschmilzt, die freien Fadenenden abbrechen und neue Mikroben bilden. *David Jensen* berichtete in einem faszinierenden Artikel[1]) über den „Hexenfisch", einen aalähnlichen Fisch, der sich von Schlamm reinigt und andere merkwürdige Dinge tut, indem er sich zu einem einfachen Knoten zusammenschlingt.
Wie ist es bei den Menschen? Binden sie jemals Teile ihrer Anatomie zu Knoten zusammen? Vielleicht können Sie einmal Ihre Arme überkreuzen und darüber nachdenken.

Antworten

Wenn man die Fläche, die in Bild 11 gezeigt ist, aus Papier herstellt und nach Vorschrift ausschneidet, dann ist das endlose Band, das daraus entsteht, frei von jedem Knoten. Dies beweist, daß der einzelne Rand der Fläche gleicherweise nicht geknotet ist. Die Fläche war so gezeichnet, daß ihr Rand mit einem Pseudo-Knoten übereinstimmt, der Taschenspielern als der Chefalo-Knoten bekannt ist. Er entsteht, wenn man zuerst einen Viereck-Knoten bildet, dann ein Ende zweimal durch den Knoten schlingt; zieht man an beiden Enden, verschwindet der Knoten.

[1]) „Scientific American" vom Februar 1966, pp. 82–90.

3. Die transzendentale Zahl e

Das Verhalten von e
Ist mir abscheulich.
Es ist – ohne mich über seine Schande zu verbreiten –
Mehr als nur ein wenig niederträchtig.

                                Ein Scherzvers von *J. A. Lindon*

Die unterhaltsamen Aspekte von π und dem Goldenen Schnitt, zwei Grundkonstanten der Mathematik, erörterte ich in früheren Buchsammlungen meiner Kolumne im „Scientific American". Das Thema dieses Kapitels ist die Zahl e, die dritte große Konstante. Sie ist dem Laien weit weniger ein Begriff als die beiden anderen Konstanten, Studenten der Höheren Mathematik dagegen ist sie weit geläufiger und wesentlicher.

Die Grundfunktion von e läßt sich am besten am Wachstum einer Menge erklären. Stellen Sie sich vor, Sie legen einen Dollar bei einer Bank ein, zu 4 % Zinsen jährlich. Die Bank zahlt Ihnen jedes Jahr 4 Cents zu Ihrem Dollar hinzu. Nach 25 Jahren ist Ihr Dollar auf zwei Dollars angewachsen. Zahlt die Bank jedoch Zinseszinsen, dann wächst Ihr Dollar schneller, weil jede Zinszahlung dem Kapital zugeschlagen und somit die nächste Zahlung etwas größer wird. Je häufiger die Zinsen zugeschlagen werden, desto schneller das Anwachsen. Wird ein Dollar jährlich mit Zinseszinsen verzinst, so wächst er in 25 Jahren auf $(1 + \frac{1}{25})^{25}$ = rund 2 Dollar 66 Cents. Wird der Dollar halbjährlich verzinst (jährlich beträgt der Zins 4 %, halbjährlich also nur 2 %), dann wächst er in 25 Jahren auf $(1 + \frac{1}{50})^{50}$ oder ca. 2 Dollars 69 Cents.

Banken betonen gern in ihren Werbeschriften, wie häufig sie den Zins zuschlagen. Das könnte zu der Annahme verleiten, daß ein Dollar in 25 Jahren zu einem ansehnlichen Vermögen anwachsend würde, wenn man nur häufig genug – sagen wir eine Million mal pro Jahr – den Zins zuschlägt. Weit gefehlt. In 25 Jahren wächst ein Dollar auf $(1 + \frac{1}{n})^n$, wobei n die Häufigkeit der Zinszahlungen angibt. In dem Maße, wie n sich der Unendlichkeit nähert, nähert sich dieser Ausdruck einem Grenzwert, der lediglich 2 Dollars 71,8... Cents ausmacht, also keine drei Cents mehr als bei einer halbjährlichen Verzinsung. Dieser Gegenwert von 2,718..., das ist die Zahl e. Es spielt keine Rolle, welchen Zinssatz die Bank zahlt; in derselben Zeit, in der ein Dollar bei einfacher Verzinsung seinen Wert verdoppelt, erreicht der Dollar einen Wert von e, wenn das Kapital kontinuierlich zu jedem Zeitpunkt der Periode verzinst wird. Ist die Periode jedoch sehr lang, dann kann das Kapital selbst bei einem geringen Zinssatz zu einer abenteuerlichen Höhe anwachsen. Ein Dollar, der im Jahre 1 zu 4 % Zinsen angelegt wurde, hätte im Jahre 1960, wenn jährlich die Zinsen dazugeschlagen werden, einen Wert von $1{,}04^{1960}$ $, eine Zahl mit ungefähr 35 Stellen.

Diese Art des Wachstums ist einmalig: Die Rate ist zu jedem Zeitpunkt proportional zur Größe der anwachsenden Menge. Anders ausgedrückt, die Wachstumsrate ist zu jedem Zeitpunkt der gleiche Bruch des Mengenwertes zu diesem Zeitpunkt. Sie ist einem Schneeball vergleichbar, der einen Hügel abwärts rollt; je größer er wird, desto schneller wächst er zur Lawine an. Dies bezeichnet man oft als organisches Wachstum, weil viele organische Vorgänge so verlaufen. Das gegenwärtige Anwachsen der Weltbevölkerung ist ein dramatisches Beispiel dafür. Tausende anderer natürlicher Phänomene in Physik, Chemie, Biologie und den Sozialwissenschaften laufen nach einem ähnlichen Prinzip ab.

Alle diese Vorgänge kann man in Formeln fassen, die auf der Grundformel $y = e^x$ basieren. Diese Funktion ist so wichtig, daß man sie *die* exponentiale Funktion nennt, um sie von anderen exponentialen Funktionen zu unterscheiden, wie z. B. $y = 2^x$. Sie ist die Funktion, die ihrer eigenen Ableitung genau gleich ist, was allein schon ausreicht, um die Allgegenwart von e in der höheren Mathematik zu erklären. Natürliche Logarithmen, die fast ausschließlich in der Analysis benutzt werden (im Gegensatz zum Zehner-Logarithmus der Technik), basieren auf e.

Hält man die beiden beweglichen Enden einer Kette so, daß sich eine Schlinge bildet, dann nimmt diese die Form einer Kettenlinie an (siehe Bild 12). Die Gleichung für diese Kurve in rechtwinkligen Koordinaten enthält die Zahl e. Der Querschnitt eines Segels, das sich im Wind bläht, ist ebenfalls eine Kettenlinie, da der horizontale Wind auf das Segel die gleiche Wirkung ausübt wie die Schwerkraft auf die Kette. Die Gilbert-, Marschall- und Karolineninseln sind Gipfel vulkanischer Berge im Meer: riesige Massen Basalt, die auf dem Meeresgrund liegen. Der Querschnitt dieser Berge stellt gewöhnlich ebenfalls eine Kettenlinie dar. Sie ist kein Kegelschnitt, obwohl sie mit der Parabel eng verwandt ist. Schneidet man eine Parabel aus einem Stück Karton aus und rollt sie an einer Geraden entlang, so zeichnet ihr Brennpunkt eine Kettenlinie.

Bisher hat niemand die Erscheinung der Kettenlinie in der Natur mit besseren Worten beschrieben als der französische Entomologe *Jean Henri Fabre* in seinem Buch „Das Leben der Spinne". „Hier", schreibt er, „erscheint wieder einmal die magische Zahl e auf einem Spinnfaden eingeschrieben. Wir wollen einmal an einem nebligen Morgen das Netzwerk untersu-

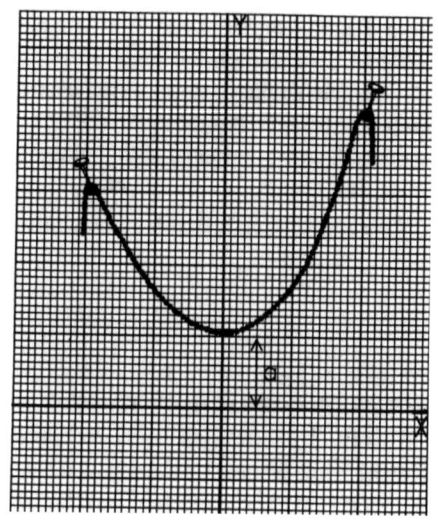

Bild 12
Eine Kette hängt in einer Kettenlinie. Ihre Gleichung lautet: $y = \frac{a}{2}(e^{\frac{x}{a}} + e^{\frac{-x}{a}})$

chen, das in der Nacht gesponnen wurde. Durch ihre hygroskopische Natur sind die klebrigen Fäden mit winzigen Tropfen beladen und, unter der Last sich beugend, zu ebenso vielen Kettenlinien geworden, Perlenschnüren in wunderschöner Anordnung, der Kurve einer Schaukel folgend. Wenn die Sonne den Nebel durchdringt, erstrahlt das Gebilde in irisierendem Feuer und wird zu einer strahlenden Anhäufung von Diamanten. Die Zahl e erscheint in all ihrer Herrlichkeit."

Wie π ist e eine transzendentale Zahl; sie kann nicht durch die Wurzel irgendeiner algebraischen Gleichung rationaler Koeffizienten ausgedrückt werden. So wie es keine Methode gibt, eine Strecke mit Zirkel und Lineal zu konstruieren, die genau gleich π wäre (bezogen auf eine Einheitsstrecke), so gibt es keinen Weg, eine Strecke zu konstruieren, die gleich e ist, ohne die klassischen Gesetze zu verletzen.

Wie π kann e nur durch einen endlosen Kettenbruch oder den Grenzwert einer unendlichen Reihe ausgedrückt werden. Eine einfache Art, e als einen Kettenbruch zu schreiben, ist:

$$e = 2 + \cfrac{1}{1 + \cfrac{1}{2 + \cfrac{2}{3 + \cfrac{3}{4 + \cfrac{4}{\cdots}}}}}$$

Dieser Kettenbruch wurde von *Leonhard Euler*, dem Schweizer Mathematiker des achtzehnten Jahrhunderts, entdeckt; er war auch der erste, der das Symbol e benutzte. (*Euler* wählte e wahrscheinlich, weil es der nächste Vokal nach a ist, das er für eine andere Zahl benützte; aber er machte so viele Entdeckungen über e, daß e schließlich als „Eulers Zahl" bekannt wurde.)

Entwickelt man die Formel $(1 + \frac{1}{n})^n$, so erhält man diese wohlbekannte endlose Reihe, die zu e konvergiert:

$$e = 1 + \frac{1}{1!} + \frac{1}{2!} + \frac{1}{3!} + \frac{1}{4!} + \frac{1}{5!} \dots$$

Das Ausrufungszeichen ist das Zeichen für die „Fakultät". (3! = 1 x 2 x 3 = 6; 4! = 1 x 2 x 3 x 4 = 24; usw.). Die Reihe konvergiert schnell, so daß es leicht ist, e auf jede gewünschte Dezimalstelle zu berechnen. 1952 rechnete ein elektronischer Computer der Universität von Illinois unter den wachsamen Augen von *D. J. Wheeler* e bis auf 60 000 Dezimalstellen aus; 1961 erhöhten *Daniel Shanks* und *John W. Wrench Jr.* am IBM Datenzentrum in New York das Ergebnis bis auf 100 265 Dezimalstellen! (Hier ist das Ausrufungszeichen *kein* Fakultätssymbol.) Wie bei π hat der Dezimalbruch nie ein Ende, auch hat bis jetzt noch niemand ein geordnetes Muster in seiner Reihenfolge entdeckt.

Gibt es eine Beziehung zwischen e und π, den beiden berühmtesten transzendentalen Zahlen? Ja, viele einfache Formeln verbinden sie. Am bekanntesten ist die folgende Formel, die *Euler* aus einer früheren Entdeckung von *Abraham de Moivre* ableitete:

$$e^{i\pi} + 1 = 0.$$

„Elegant, kompakt und voller Bedeutung", schrieben *Edward Kasner* und *James R. Newman* in ihrem Buch „Mathematics and the Imagination". „Wir können sie nur wiedergeben, ohne nach ihren Folgerungen zu fragen. Sie appelliert gleicherweise an den Mystiker, den Wissenschaftler, den Philosophen und den Mathematiker." Die Formel vereinigt fünf Grundgrößen: 1, 0, π e und i (die Quadratwurzel von -1). *Kasner* und *Newman* erzählen weiter, wie diese Formel *Benjamin Peirce*[1]) mit der Macht einer Offenbarung getroffen habe. „Meine Herren", sagte er eines Tages zu seinen Studenten, nachdem er die Formel mit Kreide an die Tafel geschrieben hatte, „dies ist gewiß wahr, es ist absolut paradox; wir können es nicht verstehen, und wir wissen nicht, was es bedeutet, aber wir haben es bewiesen und darum wissen wir, daß es die Wahrheit sein muß".

[1]) Mathematiker an der Harvard Universität und Vater des Philosophen *Charles Sanders Peirce*

Da der Ausdruck n! angibt, auf wievielerlei Arten Objekte vertauscht werden können, ist es nicht überraschend, daß uns e in Wahrscheinlichkeitsaufgaben, die Vertauschungen enthalten, entgegenspringt. Das klassische Beispiel ist die Aufgabe der vertauschten Hüte. Zehn Männer geben ihre Hüte ab. Eine unachtsame Garderobenfrau verwechselt die Billets, bevor sie sie an die Herren verteilt. Später verlangen die Männer ihre Hüte zurück. Wie hoch ist die Wahrscheinlichkeit, daß wenigstens ein Mann seinen eigenen Hut zurückerhält? (Dieselbe Aufgabe trifft man auch in anderen Fassungen an. Eine gedankenlose Sekretärin steckt eine Anzahl Briefe willkürlich in adressierte Umschläge. Wie hoch ist die Wahrscheinlichkeit, daß wenigstens ein Brief den richtigen Empfänger erreicht? Alle Matrosen eines Schiffes gehen an Land, kommen angeheitert zurück und fallen wahllos in ihre Kojen. Wie groß sind die Chancen, daß wenigstens ein Matrose in seiner eigenen Koje schläft?)

Um diese Aufgabe zu lösen, müssen wir zwei Größen wissen: die Anzahl der Möglichkeiten, zehn Hüte zu vertauschen, und wie oft dabei jeder Mann einen falschen Hut erhält. Die erste Größe ist einfach 10! oder 3 628 800. Aber wer vermöchte alle diese Vertauschungen aufzuschreiben und dann all jene abzuhaken, die zehn falsche Hüte enthalten? Glücklicherweise gibt es eine einfache, wenn auch ausgefallene Methode, diese Zahl zu finden. Die Anzahl der „alle-falsch-Vertauschungen" von n Gegenständen ist die ganze Zahl, die n! geteilt durch e am nächsten liegt. In diesem Fall ist diese Größe 1 334 961. Daher ist die genaue Wahrscheinlichkeit, daß kein Mann seinen Hut zurückerhält, $\frac{1\,334\,961}{3\,628\,800}$ oder 0,367 879... Diese Zahl liegt sehr nahe an $\frac{10!}{10!\,e}$. Die beiden 10! heben sich auf, was die Wahrscheinlichkeit außerordentlich nahe an $\frac{1}{e}$ rückt. Dies ist die Wahrscheinlichkeit, daß alle Hüte falsch sind. Nachdem es sicher ist, daß die Hüte entweder alle falsch sind oder wenigstens einer richtig ist, ziehen wir $\frac{1}{e}$ von 1 (Gewißheit) ab und erhalten 0,6321... für die Wahrscheinlichkeit, daß wenigstens ein Mann seinen Hut zurückbekommt. Sie beträgt fast $\frac{2}{3}$.

Die Eigenartigkeit dieser Aufgabe liegt darin, daß über sechs oder sieben Hüte hinaus die Zunahme der Hüte praktisch keinen Einfluß auf die Antwort hat. Die Wahrscheinlichkeit, daß ein Mann seinen Hut oder mehrere Männer ihre Hüte zurückbekommen, ist 0,6321..., unabhängig davon, ob es 10 oder 10 000 000 Männer sind. Die Übersicht in Bild 13 zeigt, wie schnell die Wahrscheinlichkeit, daß kein Mann seinen Hut zurückbekommt, sich der Grenze des $\frac{1}{e}$ oder 0,3678794411... nähert. Der Dezimalbruch in der letzten Spalte ist abwechselnd immer ein wenig größer oder ein wenig kleiner.

Anzahl der Hüte	Anzahl der Vertauschungen	Anzahl der Vertauschungen, in denen kein Mann seinen Hut zurückbekommt	Wahrscheinlichkeit, daß kein Mann seinen Hut zurückbekommt
1	1	0	0
2	2	1	0,5
3	6	2	0,333 333
4	24	9	0,375 000
5	120	44	0,366 666
6	720	265	0,368 055
7	5 040	1 854	0,367 857
8	40 320	14 833	0,367 881
9	362 880	133 496	0,367 879
10	3 628 800	1 334 961	0,367 879
11	39 916 800	14 684 570	0,367 879
12	479 001 600	176 214 841	0,367 879

Bild 13 Die Aufgabe über die Männer und ihre Hüte

Auf angenehme Art läßt sich die Genauigkeit alles vorher Gesagten prüfen, wenn man die folgende Patience spielt. Mischen Sie ein Kartenspiel und legen Sie dann nacheinander, Bild nach oben, die Karten ab. Während Sie ablegen, nennen Sie die Namen aller 52 Karten in einer vorher festgelegten Reihenfolge. (Z. B. Pik As bis König, danach Herz As bis König, dasselbe in Karo und Kreuz.) Sie gewinnen das Spiel, wenn Sie mindestens eine Karte treffen, die mit der genannten Karte beim Ablegen übereinstimmt. Welches sind die Chancen für Gewinn oder Verlust?

Es ist leicht erkennbar, daß diese Frage mit der nach den Hüten identisch ist. Gefühlsmäßig meint man, daß die Wahrscheinlichkeit zu gewinnen gering wäre — vielleicht höchstens $\frac{1}{2}$. In Wirklichkeit ist sie, wie wir gesehen haben, $1 - \frac{1}{e}$ oder fast $\frac{2}{3}$. Das bedeutet, daß man auf die Dauer gesehen in etwa zwei von drei Spielen einen Glückstreffer erwarten kann.

Auf 20 Dezimalstellen ausgedehnt, ist e gleich 2,71828182845904523536. Verschiedene Sprüche zur Gedächtnisstütze sind ausgedacht worden, um sich e zu merken, wobei die Anzahl der Buchstaben in jedem Wort mit der entsprechenden Ziffer übereinstimmt. Seit ich einige dieser Sprüche veröffentlicht habe[1]), hat mir eine Reihe von Lesern weitere zugesandt.

---

[1]) im ersten „Scientific American Book of Mathematical Puzzles and Diversions" im Kapitel über das Merken von Zahlen; Titel der deutschen Ausgabe „Unterhaltsame Mathematik", Verlag Friedr. Vieweg & Sohn, Braunschweig, 1961/1965, A.d.Ü.

Es gibt einen bemerkenswerten Bruch: $\frac{355}{113}$, der π bis auf sechs Dezimalstellen genau ausdrückt. Um e bis auf sechs Dezimalstellen genau auszudrücken, muß ein Bruch mindestens vier Ziffern über dem Strich und vier unter dem Strich haben, z. B. $\frac{2721}{1001}$. Es ist jedoch möglich, unechte Brüche für e zu bilden mit nicht mehr als drei Ziffern über und unter dem Strich, die e mit vier Dezimalstellen wiedergeben. Auf solche Brüche kommt man nicht so leicht, wie der Leser schnell entdecken wird, wenn er sich auf die Suche macht. Für diejenigen, denen Ziffernaufgaben Spaß machen: Welcher Bruch mit nicht mehr als drei Ziffern über dem Strich und drei darunter ist die bestmögliche Annäherung an e?

Anhang

Viele Leser lenkten meine Aufmerksamkeit auf Aufgaben, in denen e unerwartet als Antwort oder Teil der Antwort auftaucht. Ich erwähne nur zwei: Welcher Wert von n gibt den höchsten Wert der n-ten Wurzel von n? Die Antwort ist e.[1] Wenn man aus der Gruppe 0 bis 1 reale Zahlen auswählt und zwar so lange, bis die Summe der ausgewählten Zahlen 1 überschreitet, wieviele Zahlen werden dann voraussichtlich gewählt? Wieder ist die Antwort e.[2]

Vor Jahren, als ich *Eulers* berühmter Formel bezüglich π, e und der imaginären Zahl i das erstemal begegnete, dachte ich darüber nach, ob es wohl einen Weg gibt, diese bemerkenswerte Gleichung zu zeichnen. Ich konnte aber keinen Lösungsweg finden. Als *L. W. Hull* über „Convergence on the Argand Diagram" schrieb[3], zeigte er, wie einfach und elegant die Gleichung wiedergegeben werden kann. *Hull* verwandelte zuerst die Formel $e^{i\pi} = -1$ in eine unendliche Reihe, die dann in der komplexen Zahlenebene in einem Diagramm als Summe einer unendlichen Reihe von Vektoren dargestellt wird. Das i in jedem Glied der Reihe gibt jedem Vektor eine Vierteldrehung, was eine Spirale mit immer kürzeren Streckenabschnitten ergibt, die den Punkt -1 schließlich einengen. Eine Abbildung der graphischen Darstellung ist im „Scientific American" vom September 1964 auf Seite 59 wiedergegeben.

Bezüglich π und e gibt es eine nette kleine Aufgabe, die nicht sehr bekannt ist. Man soll sie ohne Benützung von Tabellen und ohne praktische Schät-

---

[1] siehe *Heinrich Dörrie* „100 Great Problems of Elementary Mathematics", Dover Publications, New York, 1965, p. 359
[2] siehe „American Mathematical Monthly", Januar 1961, p. 18, Aufgabe 3
[3] siehe „Mathematical Gazette", Band 43, Nr. 345, Oktober 1959, pp. 205–207.

zungen lösen. Was ist größer: e^π oder π^e? Man kann sie auf vielerlei Wegen angehen, einer davon wird von *Phil Huneke* in der Zeitschrift „The Pentagon", Herbst 1963 auf Seite 46 gegeben.

Antworten
Welcher unechte Bruch, mit nicht mehr als drei Ziffern über dem Strich und drei darunter, gibt die bestmögliche Annäherung an die mathematische Konstante e? Die Antwort ist $\frac{878}{323}$. In Dezimalform ist die 2,71826..., der genaue Wert für e bis zu vier Dezimalstellen. (Bemerkung für Zahlenspezialisten: Beide, Zähler und Nenner des Bruches, sind Palindrome, und wenn man die kleinere von der größeren Zahl abzieht, ist der Unterschied 555.) Nimmt man die letzte Ziffer jeder Zahl weg, verbleibt $\frac{87}{32}$, die beste Annäherung an e mit nicht mehr als zwei Ziffern in Zähler und Nenner.
Ich hatte gehofft, die genaue Technik erklären zu können (mir wurde sie das erstemal von *Jack Gilbert* aus White Plains, New York, nähergebracht), wie man solche Brüche aufspürt − Brüche, die die beste Annäherung an irgendeine irrationale Zahl angeben −, aber die Prozedur kann man unmöglich klarmachen, ohne ihr viele Seiten zu widmen. Der interessierte Leser wird die Einzelheiten in Kapitel 32 des zweiten Bandes von *George Chrystal's* „Algebra" finden, einer klassischen Abhandlung, die von Dover Publications 1961 wieder aufgelegt wurde, und in *Paul D. Thomas* „Approximations to Incommensurable Numbers by Ratios of Positive Integers", im „Mathematics Magazine", Band 36, Nr. 5 vom November 1963, pp. 281−289.

4. Geometrische Zerlegungen

Vor vielen tausend Jahren stand wohl ein primitiver Mensch zum erstenmal in der Geschichte vor einer rätselvollen Aufgabe, nämlich der geometrischen Zerlegung. Vielleicht hatte er ein Tierfell vor sich, das zwar groß genug für einen bestimmten Zweck war, aber nicht die richtige Form hatte. Es mußte zerschnitten und in der richtigen Form wieder zusammengenäht werden. Wie konnte er das mit dem geringsten Aufwand an Schneiden und Nähen bewerkstelligen? Die Lösung gerade solcher Aufgaben bietet der Freizeit-Geometrie endlose anregende Betätigung.

Viele einfache Zerlegungen wurden von den Griechen entdeckt, aber die erste systematische Abhandlung über dieses Thema war wohl ein Buch von *Abul-Wefa*, einem bekannten persischen Astronomen, der im zehnten Jahrhundert in Bagdad lebte. Es sind nur einzelne Fragmente dieses Buches auf uns überkommen, aber sie enthalten Kostbarkeiten. Bild 14 zeigt, wie *Abul-Wefa* drei gleiche Quadrate in neun Teile zerlegte und sie dann wieder zu einem einzigen Quadrat zusammensetzte. Zwei Quadrate werden entlang ihren Diagonalen zerschnitten und die vier daraus entstehenden Dreiecke um das ungeschnittene Quadrat wie gezeigt angeordnet. Die gestrichelten Linien zeigen, wie vier weitere Schnitte das Werk vollenden.

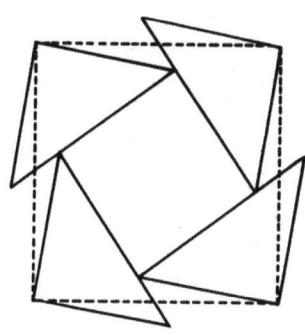

Bild 14
Abul-Wefas Lösung der Aufgabe
mit neun Teilen

Erst in diesem Jahrhundert jedoch begannen Geometer den ernsthaften Versuch, solche Zerlegungen in die geringstmögliche Anzahl von Teilen durchzuführen. Der englische Rätselerfinder *Henry Ernest Dudeney* war einer der großen Pioniere auf diesem eigenartigen Gebiet. Bild 15 zeigt, wie er *Abul-Wefas* Drei-Quadrate-Aufgabe löste und zwar mit nur sechs Teilen, einem Rekord, der bis heute nicht gebrochen ist.

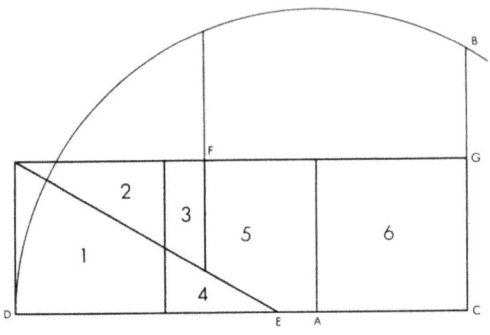

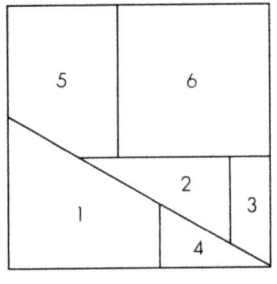

Bild 15
Die Lösung der gleichen Aufgabe mit sechs Teilen. Der Kreis ist mit dem Mittelpunkt in A zu zeichnen.
BC = DE = FG

Moderne Rätselerfinder fasziniert das Gebiet der Zerlegungen aus den verschiedensten Gründen. Erstens gibt es keine allgemeine Regel, um mit Sicherheit alle Aufgaben dieser Art bewältigen zu können, und darum sind der Intuition und der Erfindungsgabe des Einzelnen keine Grenzen gesetzt. Da keine großen Geometriekenntnisse erforderlich sind, übertreffen häufig Amateure die Fachleute auf diesem Gebiet. Zweitens war es in den meisten Fällen bisher nicht möglich, einen Beweis zu erbringen, daß das Minimum einer Zerlegung wirklich erreicht wurde. Deshalb werden alte Rekorde ständig durch neuere und einfachere Konstruktionen zu Fall gebracht.

Der Mann, der bisher die meisten Rekorde in der Zerlegung gebrochen hat, — er ist in der Welt führender Experte auf diesem Gebiet — ist *Harry Lindgren*, Patentprüfer der australischen Regierung. Er hat alle Arten der Zerlegung erforscht, einschließlich der Zerlegung von Flächen mit gebogenem Umriß und von dreidimensionalen Körpern (soviel ich weiß, hat bisher noch niemand die Zerlegung in höheren Dimensionen erforscht!); seine größte Aufmerksamkeit konzentrierte er jedoch auf die Vielecke. Man kann unschwer beweisen, daß sich jedes Vieleck in eine endliche Anzahl von Teilen zerschneiden läßt, aus denen sich wieder ein anderes Vieleck mit demselben Flächeninhalt bilden läßt. Der besondere Kniff dabei ist natürlich, die Zahl der erforderlichen Teile auf ein Minimum zu beschränken.

Die Tabelle in Bild 16, die von *Lindgren* aufgestellt wurde, zeigt den Stand der Rekorde im Jahre 1961 hinsichtlich sieben der regelmäßigen Vielecke und sechs anderer Vielecke mit unregelmäßigen, aber bekannten Formen. Das Kästchen, in dem sich eine Reihe und eine Spalte schneiden, gibt die kleinste bekannte Anzahl Teile an, die die beiden jeweils genannten Vielecke bilden. Asymmetrische Teile können, wenn nötig, immer umgeklappt werden, aber eine Zerlegung wird als eleganter betrachtet, wenn das nicht erforderlich ist. Bild 17 zeigt fünf der hervorragendsten Zerlegungen. Vier sind Entdeckungen von *Lindgren*; die fünfte, eine Zerlegung des Malteserkreuzes in ein Quadrat, schreibt *Dudeney* einem gewissen *A. E. Hill* zu. *Lindgrens* Zerlegung eines Sechsecks in ein Quadrat unterscheidet sich von einer bekannteren Zerlegung in fünf Teile, die *Dudeney* im Jahre 1901 publizierte. In solchen Fällen, wo es mehrere Möglichkeiten gibt, ein Minimum an Teilen zu erreichen, sind die wahlweisen Zerlegungen fast immer einander völlig unähnlich. Die Zerlegung eines Zwölfecks in ein gleicharmiges Kreuz, die *Lindgren* in der Zeitschrift „American Mathematical Monthly" im Mai 1957 veröffentlichte, ist eine seiner bemerkenswertesten Leistungen. Es wird sicherlich interessant sein, wie sich die Tabelle in den folgenden Jahren verändert, wenn die leeren Kästchen aufgefüllt und frühere Rekorde gebrochen werden.

	Dreieck	Quadrat	Fünfeck	Sechseck	Siebeneck	Achteck	Zwölfeck	Gl. Kreuz	Lat. Kreuz	Malteserkreuz
Quadrat	4									
Fünfeck	6	6								
Sechseck	5	5	7							
Siebeneck	10	9	11	11						
Achteck	8	5	9	9	13					
Zwölfeck	8	6								
Gleicharmiges Kreuz	5	4	7	7	12	9	6			
Lateinisches Kreuz	5	5	8	7	12	8	7	7		
Malteserkreuz	7					9				
Hakenkreuz	6				8		9			
Fünfzackiger Stern	8									
Sechszackiger Stern	5	5								

Bild 16
Stand der Rekorde bei Zerlegungen im Jahre 1961

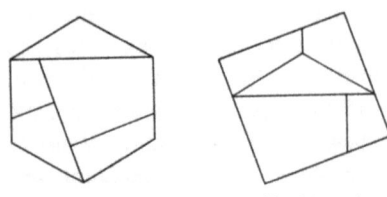

Sechseck in Quadrat (fünf Teile)

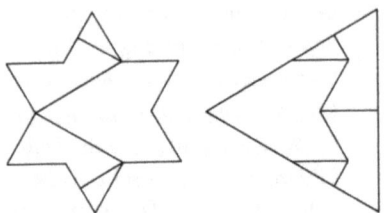

Sechszackiger Stern in gleichseitiges Dreieck (fünf Teile)

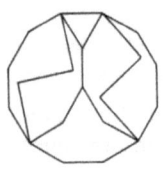

Zwölfeck in gleicharmiges Kreuz (sechs Teile)

Malteserkreuz in Quadrat (sieben Teile)

Hakenkreuz in Quadrat (sechs Teile)

Bild 17
Einige überraschende Zerlegungen

Wie geht man am besten vor, wenn man eine Zerlegungsaufgabe lösen will? Es ist unmöglich, dies hier in voller Breite zu besprechen, aber *Lindgren* hat seine eigenen Methoden in zwei Artikeln („Geometric Dissections") dargelegt, die in der Zeitschrift „The Australian Mathematics Teacher" (Band 7, 1951, pp. 7–10 und Band 9, 1953, pp. 17–21) und kürzlich erneut in einer Abhandlung mit der Überschrift „Going One Better in Geometric Dissections" in der britischen „Mathematical Gazette" im Mai 1961 erschienen sind.

Bild 18 zeigt eine von *Lindgrens* Methoden hinsichtlich eines lateinischen Kreuzes und eines Quadrates. Jede Figur (beide müssen natürlich den gleichen Flächeninhalt haben) wird auf einfache Art zuerst so zerschnitten, daß die Teile als parallelseitige Figur angeordnet werden können, wobei drei oder vier davon aneinandergelegt einen Streifen mit parallelen Seiten ergeben. Man braucht nicht zu schneiden, um diesen Streifen auf das Quadrat zu

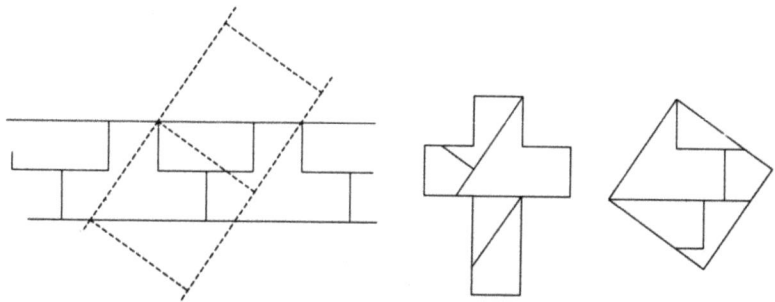

Bild 18. Eine fünfteilige Zerlegung eines lateinischen Kreuzes in ein Quadrat nach Lindgrens Streifen-Methode

übertragen (dies ist durch einen Streifen mit gestrichelten Linien angedeutet), und das Kreuz bedarf nur eines Schnittes, um den Streifen zu bilden, der mit dicken Strichen gezeichnet ist. Beide Streifen sollten auf Pauspapier gezeichnet werden. Der eine Streifen wird nun auf den anderen gelegt und in verschiedenen Richtungen gedreht, aber immer so, daß die Kanten eines jeden Streifens durch Punkte gehen, die *Lindgren* die „Kongruenz-Punkte" im Muster des anderen Streifens nennt. Die Linien, die auf der Fläche liegen, die beiden Streifen gemeinsam ist, ergeben eine Zerlegung von einer Figur in die andere. Die Streifen werden so lange in verschiedenen Stellungen hin- und hergeschoben, bis die beste Zerlegung erreicht ist. Im vorliegenden Fall führt diese Methode zu der gezeigten wunderschönen fünfteiligen Zerlegung, durch die *Lindgren* um ein Teil besser war als der vorherige Rekord der sechsteiligen Zerlegung.

Eine andere Methode *Lindgrens* kann dann angewendet werden, wenn es möglich ist, jedes Vieleck zu einem Element in einem Mosaik zu machen, das die gesamte Fläche ausfüllt. Wenn man ein kleines Quadrat einem Achteck hinzufügt, so erhält man zum Beispiel das Mosaik, das in Bild 19 mit festen Linien dargestellt ist. Darübergepaust ist ein Mosaik (in gestrichelten Linien), das durch die Kombination eines großen Quadrates, dessen Flächeninhalt gleich dem des Achtecks ist, mit einem kleinen Quadrat in der Größe des vorherigen entsteht. Diese Methode führt zu der Zerlegung eines Achtecks in ein Quadrat mit fünf Teilen. Diese Zerlegung entdeckte der englische Rätselerfinder *James Travers* als erster und publizierte sie im Jahre 1933.

Weitere Beispiele, die einen Eindruck von *Lindgrens* Virtuosität vermitteln: Er zerlegte ein Quadrat in neun Teile und bildete daraus sowohl ein lateinisches Kreuz als auch ein gleichseitiges Dreieck; er zerlegte ein Quadrat in neun Teile und bildete daraus ein Sechseck oder ein gleichseitiges Dreieck; er zerlegte ein Quadrat in neun Teile und bildete daraus ein Achteck

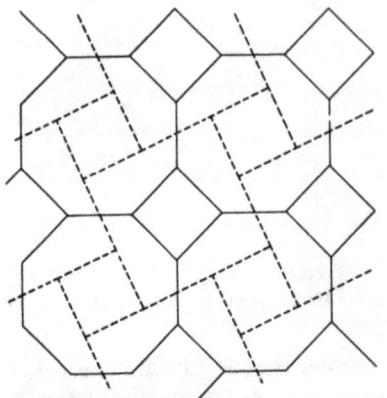

Bild 19
Eine fünfteilige Zerlegung
eines Achtecks in ein Quadrat
nach Lindgrens Mosaik-Methode

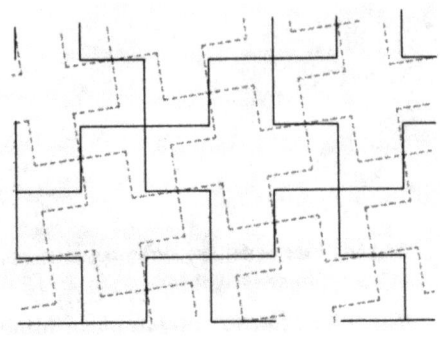

Bild 20
Gleicharmige Kreuze werden
nach der Mosaik-Methode in
kleinere gleicharmige Kreuze zerlegt

oder ein gleicharmiges Kreuz. Außerdem fand er heraus, wie man ein gleicharmiges Kreuz in zwölf Teile so zerlegt, daß man daraus drei kleinere, völlig gleiche gleicharmige Kreuze bilden kann. „Noch um ein Teil besser zu werden, war in diesem Fall nicht leicht", schrieb er mit leiser Untertreibung, wobei er sich auf den früheren dreizehnteiligen Rekord von *Dudeney* bezog. Ein gleicharmiges Kreuz in zwei kleinere Kreuze gleicher Größe zu zerlegen, ist viel einfacher und gelang *Dudeney* mit fünf Teilen. Ob er dies nach *Lindgrens* Methode der übereinander gepausten Mosaike machte, ist nicht bekannt. Jedenfalls, so bemerkt *Lindgren*, ist das gleicharmige Kreuz für eine Zerlegung mit dieser Methode besonders gut geeignet. Durch das Übereinanderpausen von zwei solchen Mosaiken, wie in Bild 20 geschehen – ein Mosaik wird durch Wiederholungen des großen Kreuzes, das andere durch Wiederholungen des kleinen Kreuzes gebildet – wird *Dudeneys* Lösung sofort sichtbar.

Nur wenige können eine derartige Zerlegung ausführen, schrieb *Dudeney* einmal, „ohne von einem Gefühl der Schönheit erfaßt zu werden. Gesetz und Ordnung in der Natur betrachtet man immer mit Gefallen, aber sieht man einmal genauer hin, treffen sie uns besonders stark. Selbst ein Mensch ohne irgendwelche geometrischen Kenntnisse wird, wenn er solche Dinge betrachtet, oft ausrufen: Oh, wie hübsch! Tatsächlich habe ich mehr als einen kennengelernt, der durch Ausschneiderätsel zum Studium der Geometrie angeregt wurde."

Anhang

Seit dieses Kapitel im November 1961 im „Scientific American" erschien, war *Harry Lindgrens* herrliches Buch „Geometric Dissections"[1]) das bedeutendste Ereignis in der Geschichte der Zerlegungen. Es ist die einzige zusammenfassende Studie über Zerlegungen, die es in irgendeiner Sprache gibt und wird wohl für viele Jahrzehnte als klassisches Nachschlagewerk dienen.

Bild 21 zeigt die vorherige Tabelle noch einmal, diesmal aber von *Lindgren* auf den neuesten Stand gebracht (1968) und auf neun- und zehnseitige regelmäßige Vielecke erweitert. *Lindgrens* Buch enthält alle diese Zerlegungen mit Ausnahme der dreizehnteiligen Zerlegung eines Zehnecks in ein Siebeneck, die neu ist. Fast alle Veränderungen und Zusätze gegenüber der

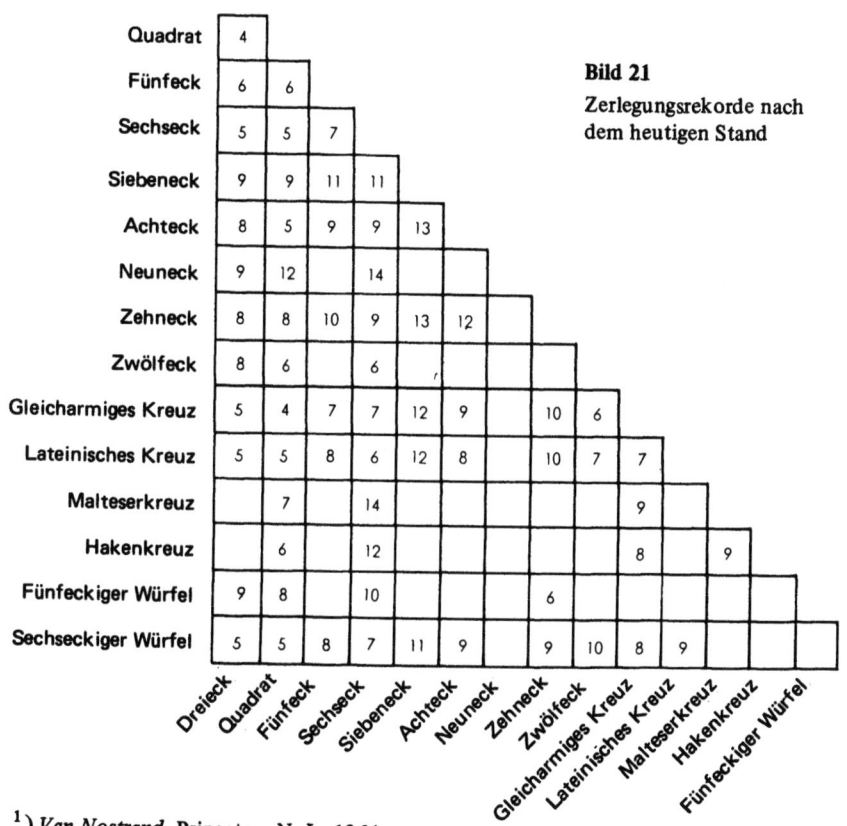

Bild 21
Zerlegungsrekorde nach dem heutigen Stand

[1]) *Van Nostrand*, Princeton, N. J., 1964

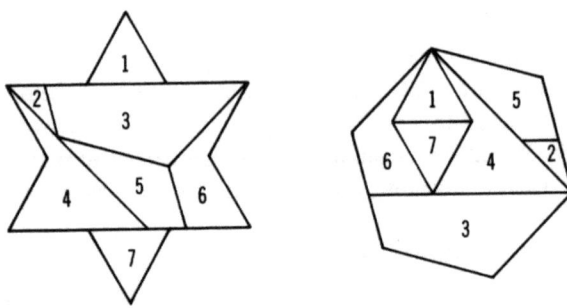

Bild 22 Bruce Gilsons Zerlegung eines sechszackigen Sterns in ein Sechseck in sieben Teilen

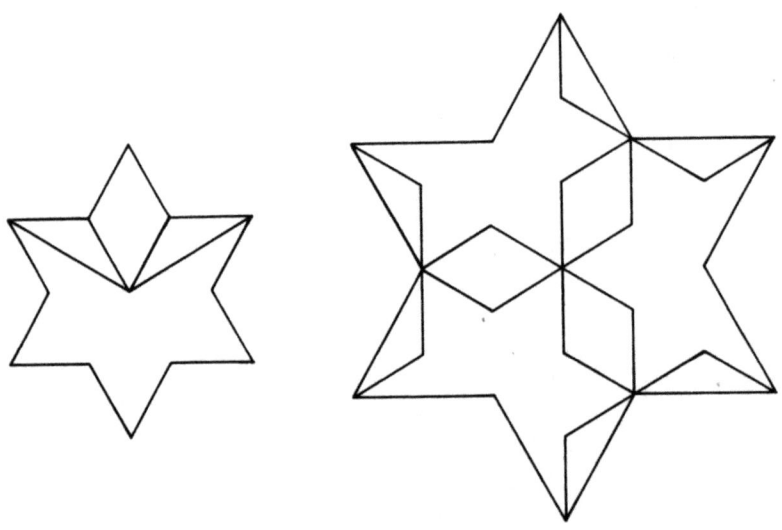

Bild 23 Lindgrens zwölfteilige Zerlegung von drei sechszackigen Sternen in einen großen Stern

älteren Tabelle (1961) sind den ständigen Bemühungen *Lindgrens* zu verdanken, seine eigenen früheren Resultate zu verbessern. Es ist sehr amüsant, daß bei einer Tabelle ähnlich der unseren, die *Lindgren* in seinem Artikel in der „Mathematical Gazette" (1961) veröffentlichte, durch einen Druckfehler die Zahl sechs (statt sieben) als Minimum angegeben wurde, mit der man ein Lateinisches Kreuz in ein Sechseck zerlegen könnte. Ich verbesserte diesen Fehler auf der Tabelle, die meiner Kolumne beigefügt war, aber *Lindgren* bestätigte bald die gedruckte Angabe, indem er die Zerlegung in sechs Teile fand, die er in seinem Buch auf Seite 20 erklärt.

Die Zerlegung eines sechszackigen Sterns in ein Sechseck in sieben Teilen (siehe Bild 22) gelang zuerst *Bruce R. Gilson*, New York City, im Jahre 1961 und unabhängig davon auch *Lindgren*, der seine wenig unterschiedliche Zerlegung in seinem Buch auf Seite 20 vorführt. Bild 23 zeigt eine bemerkenswerte neuere Entdeckung *Lindgrens*, nämlich eine zwölfteilige Zerlegung von drei sechszackigen Sternen in einen großen Stern. Das ist um ein Teil weniger als die dreizehnteilige Zerlegung, die er in seinem Buch anführt.

5. Über Glücksspiele

> Über das Baccarat der Prinzen, Roulette und Trente-et-Quarante von Monte Carlo bis zu Krone-und-Anker der Soldaten und Kopf-oder-Zahl der Laufburschen ist es eine lange Geschichte verlorener Spieleinsätze, nur gemildert durch gelegentliche irrationale Gewinne. Es ist ein Bild flitzender Karten, tanzender Würfel, sich drehender Rouletteschiben, farbiger Spielfiguren und gekritzelter Berechnungen, alles auf dem Hintergrund des grünen Filzes. Es ist eine Welt, die von der allgemeinen Wirtschaft schmarotzt – eher schwammig und ziellos in ihrem Charakter als krebsartig und zerstörend. Eine straffere, glücklicher organisierte Gesellschaft würde sie wieder absorbieren oder völlig abstoßen.
>
> *H. G. Wells*
> The Work, Wealth and Happiness of Mankind

Zauberei ist eine Unterhaltung, bei der Kunststücke vollbracht werden, die gegen die Naturgesetze zu verstoßen scheinen. Die Täuschung wird durch eine ungeheure Mannigfaltigkeit spitzfindiger Techniken hervorgerufen, natürlich nur zum Spaß, denn die eigentliche Absicht der Vorführung besteht darin, die Zuschauer zu entzücken. Es gibt jedoch zwei große Gebiete öffentlicher Täuschung, in denen viele magische Grundregeln zu weniger heilsamen Zwecken angewendet werden: Glücksspiele und psychologische Forschung. Ein bestimmtes falsches Kartenmischen kann gleichermaßen einem Kartenzauberer wie einem Falschspieler von Nutzen sein. Die Technik, auf ein Stück Papier geschriebene Geheimbotschaften zu erhalten, kann ebenso einem Zauberer, der „Geistermagie" vollbringt, von Nutzen sein, wie einem unehrlichen Medium. Aus mathematischer Sicht betrachtet bilden die Grundregeln in den drei Gebieten Magie, Glücksspiel und psychologische Phänomene drei sich gegenseitig überschneidende Gruppen.

Der Verstoß gegen jedes Naturgesetz, einschließlich der mathematischen Gesetze der Wahrscheinlichkeit, kann als Grundlage für einen Zaubertrick dienen. Einer der bekanntesten heutigen Kartentricks, der Zauberern als „Out of this World"[1]) bekannt ist, sieht folgendermaßen aus: ein gemischtes Kartenspiel wird von einem Zuschauer beliebig in zwei Haufen geteilt. Werden die Haufen umgedreht, so enthält der eine nur rote, der andere nur schwarze Karten. Die Gesetze der Wahrscheinlichkeit sind klar umgangen

---

[1]) „Außerhalb dieser Welt", A.d.Ü.; von dem Amateur *Paul Curry*, New York City, erfunden.

worden und jedermann ist angenehm erstaunt. Die Beziehung zwischen einem Trick dieser Art und der Täuschung auf den Gebieten der Psychologie und des Glücksspiels wird sofort offensichtlich. Wenn ein Zuschauer ein solches Kunststück mit Hellseherei ausführen würde, fiele es in den Bereich übersinnlicher Wahrnehmung. Wenn andererseits der Zauberer die Ergebnisse durch Taschenspielerei erzielte, wer würde dann noch Poker mit ihm spielen?

Täuschungstechniken in der modernen psychologischen Forschung, die sich fast ausschließlich auf Experimenten aufbauen, die den Gesetzen der Wahrscheinlichkeit zuwiderlaufen, wurden ausführlich von *Mark Hansel*, einem britischen Psychologen, in seinem aufsehenerregenden Buch „ESP[1]): A Scientific Evaluation"[2]) behandelt. Die Täuschungstechniken beim modernen Glücksspiel, auch diese mit starker Betonung der Wahrscheinlichkeitsgesetze, erhalten ihre umfassendste Erläuterung in dem 713 Seiten starken Werk „Scarne's Complete Guide to Gambling"[3]). Das Buch kam zur rechten Zeit. Ein Unterausschuß des amerikanischen Senats, für den *Scarne* als Kronzeuge der Regierung fungierte, führte damals eine nationale Untersuchung über illegales Glücksspiel durch, die neue Kontrollgesetze[4]) nach sich zog.

Keiner wäre für ein solches Buch besser qualifiziert als *John Scarne*. In Fairview, New Jersey, geboren, interessierte er sich schon sehr früh leidenschaftlich für die Zauberei — insbesondere für Kartentricks — und wurde in kurzer Zeit einer der geschicktesten Kartenspieler Amerikas. Die Zeitschriften vor zwanzig oder dreißig Jahren, die sich mit Zauberei befassen, sind voll von Hinweisen auf *Scarnes* Erfindungen und originelle Zaubertricks. In den letzten zwanzig Jahren betrieb er intensive Studien über das Glücksspiel in allen seinen vielfältigen und verderbten Erscheinungsformen.

Über sein universales Wissen über Glücksspiele hinaus — er hat selbst die schwierigsten Karten- und Würfeltricks beherrscht — gelangte *Scarne* zu einer bemerkenswerten Kenntnis der Grundlagen der Wahrscheinlichkeitsrechnung. Dieser blühende Zweig der Mathematik hat nämlich seinen Ursprung in den Berechnungen des Glücksspiels. *Scarne* wiederholt in seinem Buch die Geschichte, wie *Galilei* dazu kam, sich für die Wahrscheinlichkeits-

---

[1]) ESP = Extrasensory Perception = übersinnliche Wahrnehmung A.d.Ü.
[2]) „Eine wissenschaftliche Bewertung", A.d.Ü.; New York 1966
[3]) „Scarne's Vollständiger Führer für das Glücksspiel", A.d.Ü.; *Simon und Schuster*, 1961
[4]) siehe „Time" vom 1. September 1961, Seite 16

rechnung zu interessieren. Ihm stellte ein italienischer Edelmann die Frage: „Warum ist die Gesamtzahl der Augen häufiger 10 als 9, wenn man mit drei Würfeln spielt?" Als Antwort fertigte *Galilei* eine Tabelle mit den 216 Möglichkeiten an, auf die drei Würfel fallen können. *Scarne* erzählt auch die bekanntere Geschichte, wie *Blaise Pascal* 1654 einmal von *Antoine Chevalier de Méré* (ein französischer Höfling und Schriftsteller, aber nicht unbedingt der professionelle Spieler, als der er üblicherweise hingestellt wird) gefragt wurde, warum er ständig verliere, wenn er gleichmäßig darauf setze, daß mindestens einmal bei 24 Würfen mit zwei Würfeln eine Doppelsechs erscheine. Pascal konnte ihm beweisen, daß die Chancen bei 24 Würfen eher gegen den Spieler, bei 25 Würfen jedoch eher zu seinen Gunsten stehen. (Pascals Beweis können Sie in Oystein Ore's Abhandlung „Pascal and the Invention of Probability Theory" nachlesen[1].)

Scarne erzählt eine amüsante Geschichte von einem New Yorker Glücksspieler, „Fat the Butch" genannt, der einmal 49 000 Dollars verlor, als er wiederholt gleichmäßig darauf setzte, daß er bei 21 Würfen eine Doppelsechs wefen würde. Da es 36 Kombinationen mit zwei Würfeln gibt und eine Doppelsechs nur auf eine Weise erzielt werden kann, rechnete sich Fat the Butch aus (was viele Spieler zu Pascals Zeiten taten), daß auf die Dauer die Aussicht bestände, bei 18 Würfen genauso oft eine Sechs zu werfen wie keine Sechs zu werfen. Wenn die Wette schon bei 18 Würfen aussichtsreich schien, konnte er dann bei 21 Würfen verlieren?

Scarnes Buch enthält eine umfassende Analyse über Blackjack, das einzige Casino-Spiel, bei dem die Chancen für den Spieler zu gewissen Zeiten günstig stehen. Scarne nennt Einzelheiten einer vernünftigen Methode, um die Bank zu sprengen; es erfordert jedoch Zeit, die mathematischen Berechnungen des Spiels zu erlernen, mit den Praktiken des Casinos vertraut zu werden und vor allem, sich jede ausgeteilte oder aufgedeckte Karte zu merken. Wissen Sie übrigens, warum es von Vorteil ist, wenn der Kartengeber bei Blackjack Linkshänder ist? Die asymmetrische Anordnung der Namen auf den Karten macht es für einen Linkshänder leichter, einen unauffälligen Blick auf die jeweils oberste Karte zu werfen, bevor er sie austeilt. Ein weiteres Kapitel des Buches enthält die ganze bislang unveröffentlichte Geschichte der berühmten Rhythmus-Methode, mit der Spielautomaten in den Vereinigten Staaten in den späten vierziger Jahren um Millionen Dollars erleichtert wurden. Schließlich merkten die Hersteller, was vor sich ging und bauten in die Automaten einen Phasenwechsler ein.

---

[1]) in der Zeitschrift „The Colorado College Studies", Nummer 3, Frühjahr 1959

Das Buch enthält meisterliche Analysen der mathematischen Berechnungen für Bingo, Poker, Gin Rummy, das Nummernspiel, Graps, Pferderennen und viele andere bekannte Arten des Glücksspiels. Ein ganzes Kapitel ist dem Match-Spiel, einem Ratespiel, gewidmet. Es war viele Jahre lang ein beliebter Zeitvertreib im „Bleek", einem Restaurant in New York, in dem vorwiegend Künstler und Schriftsteller verkehrten. Selbst Jahrmarktspiele, einschließlich des letzten Schwindels, einer rollenden Kugel, Razzle Dazzle genannt, werden darin beschrieben. Bestimmt haben schon viele von Ihnen Tennisbälle auf Pyramiden aus Dosen geworfen. Der Betrug ist denkbar einfach. Drei Dosen sind schwer, drei sind leicht. Befinden sich die schweren Dosen an der Spitze der Pyramide, so fegt ein Ballwurf sie von dem kleinen Tisch, auf dem sie stehen. Mit den schweren Dosen am Boden der Pyramide jedoch kann sie nicht einmal ein guter Ligaspieler abräumen. Man kann die Dosen also für den Spieler so setzen, daß er gewinnt, oder so, daß er verliert. Eines der besten Kapitel des Buches behandelt das Roulette, wohl das schillerndste aller Casinospiele. „Ein Großteil der Faszination, die vom Roulette ausgeht", schreibt *Scarne* fast poesievoll, „liegt sicherlich in der Schönheit und der Farbenfreudigkeit des Spiels. Die Fläche des hübschen Mahagonitisches ist mit einem Tuch in leuchtendem Grün bespannt, auf dem die Bezeichnungen in strahlendem Gold, Rot und Schwarz stehen. Die Chromteile zwischen den numerierten Feldern auf dem Rand der Scheibe glitzern und tanzen im strahlenden Licht, wenn sich die Scheibe dreht. Die bunten Farben der Chips, die vor dem Croupier aufgestapelt sind und auf den einzelnen Zahlen liegen, die Abendkleider der Damen, die Abendanzüge der Herren, die Höflichkeit der Croupiers — all das trägt zu dem verlockenden Bild bei."

So verlockend in der Tat, daß jedes Jahr Tausende von Spielern mit ihrer begrenzten Kenntnis der Wahrscheinlichkeiten zu Roulette-Süchtigen werden, wie *Scarne* sie nennt. Viele von ihnen verschwenden ihre Zeit und ihr Vermögen an nutzlose Systeme, mit denen sie die Bank zu sprengen hoffen, um für den Rest des Lebens ausgesorgt zu haben. Wie wohl jeder weiß, sind am Rand der Roulettescheibe die Zahlen von 1 bis 36 eingraviert, dazu eine Null und eine Doppelnull (in Europa und Südamerika enthält die Scheibe nur die Null). Diese Zahlen sind nicht wahllos angeordnet, sondern nach einem geschickten Muster, um ein Maximum an Balance zwischen hoch — niedrig, pair — impair, rot — schwarz zu erreichen. Die Bank zahlt einem Gewinner, der auf Zahl setzte, das 35-fache seines Einsatzes. Das würde das Roulette zu einem einträglichen Spiel machen, wenn es nicht die Null und die Doppelnull gäbe. Diese zwei Zahlen geben der Bank $5\frac{5}{19}$ Prozent aller Einsätze (mit einer Ausnahme) oder ungefähr 26 Cents je 5 Dollar Einsatz.

Die einzige Ausnahme ist der Einsatz auf der Fünf-Zahlen-Reihe: Dabei liegen die Chips am Ende der Reihe, die 1, 2 und 3 von der Null und Doppelnull trennt (siehe Bild 24); mit anderen Worten, ein Einsatz, der auf eine der fünf Zahlen setzte. In diesem Fall zahlt die Bank das 6-fache vom Einsatz, wobei sie einen Prozentsatz von $7\frac{17}{19}$ erhält oder ungefähr 30 Cents je 5 Dollar Einsatz. Dieser Einsatz ist offensichtlich schlecht gesetzt und sollte vermieden werden.

Wie auch immer man setzt, es geht zugunsten der Bank aus; und das beweist, daß jedes Roulette-System, wie *Scarne* es so schön ausdrückt, nicht mehr wert ist als die Zeitung von gestern. „Wenn Sie ein Spiel zu geringeren als den gewöhnlichen Chancen machen, und das ist bei jeder systematisierten Spieloperation der Fall, zahlen Sie dem Veranstalter einen Prozentsatz für das Vorrecht, spielen zu dürfen. Ihre Gewinnchance ist, wie die Mathematiker es ausdrücken, eine ‚Minus-Erwartung'. Wenn Sie nach einem System spielen, machen Sie eine starre Folge von Spielen, deren jedes eine Minus-Erwartung hat. Es gibt keinen Weg, Minus zu addieren, so daß ein Plus herauskommt." Für den, der dies begreift, ist es so feststehend und unangreifbar wie der Beweis, daß die Dreiteilung des Winkels, die Quadratur des Kreises und die Verdoppelung des Würfels unmöglich sind.

Das bekannteste aller Systeme, meint *Scarne*, ist das *d'Alembert-System*. Es besteht darin, auf Rot oder Schwarz zu setzen (oder auf Gerade oder Ungerade), dann nach jedem verlorenen Spiel den Einsatz zu erhöhen und nach jedem Gewinn den Einsatz zu verringern. Man nimmt dabei an, daß die kleine Elfenbeinkugel sich daran erinnert, daß sie einige Male auf Rot gefallen war und das nächstemal Rot zu vermeiden sucht. Mathematiker bezeichnen dies als Trugschluß des Spielers; natürlich bietet das System dem Spieler keinerlei Vorteile.

Das *Martingale-System*, bei dem die Einsätze so lange verdoppelt werden, bis man gewinnt, könnte in gewissem Sinn Erfolg haben, wenn die Bank nicht ein Limit setzte. Das Limit ist meist so hoch wie die Summe, die man durch etwa siebenmaliges Verdoppeln des kleinsten Einsatzes erreicht. Es stimmt, der Spieler des Martingale-Systems hat eine gute Chance, Pfennigbeträge zu gewinnen (bei einfachen Einsätzen, 1 Dollar für jede Kette von Verdoppelungen, die mit 1 Dollar beginnt und endet, bevor das Limit erreicht ist), aber dies wird ausgeglichen durch die Wahrscheinlichkeit, einen ansehnlichen Betrag zu verlieren. Wenn Sie, sagen wir, mit 180 Dollar anfangen und die Bank für Rot- oder Schwarz-Spiele ein Limit von 180 Dollar setzt, dann haben Sie eine gute Chance, mit dem Martingale-System anfänglich zu gewinnen. Aber wenn Sie weiterspielen, dann können Sie darauf warten —

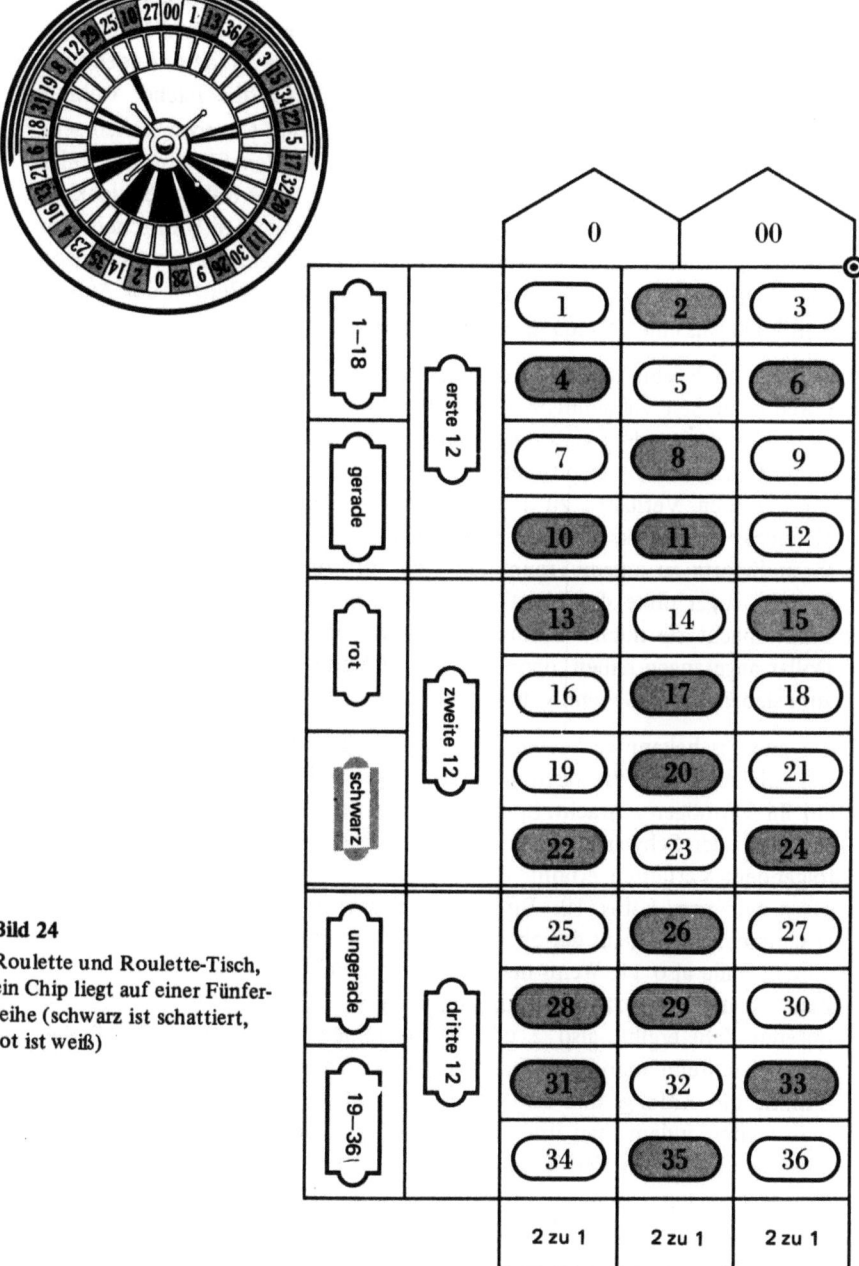

Bild 24

Roulette und Roulette-Tisch, ein Chip liegt auf einer Fünferreihe (schwarz ist schattiert, rot ist weiß)

und es kommt meist eher, als Sie erwartet haben –, daß Sie sieben oder acht Spiele hintereinander verlieren und damit Ihr Kapital verbrauchen. Das ist, wie wenn Sie vor tausend Fächern stehen: jedes enthält einen Dollar mit Ausnahme von einem, das eine Bombe enthält, die in dem Augenblick explodiert, in dem Sie das Fach öffnen. Sie dürfen die Fächer wahllos öffnen und alles behalten, was Sie darin finden. Ihre Chancen stehen sehr gut, denn wenn Sie zehn Fächer öffnen, dann werden Sie um 10 Dollar reicher. Aber ist das ein kluger Einsatz? Gegen die hohe Wahrscheinlichkeit, jedesmal einen Dollar zu gewinnen, müssen Sie die geringe Wahrscheinlichkeit setzen, sich in die Luft zu sprengen. Die meisten würden diese Situation (die übrigens eine grimmige Analogie zu vielen Entscheidungen der Außenpolitik hat) als eine „Minus-Erwartung" betrachten.

Es gibt noch eine umgekehrte Version des Martingale-Systems, in den Vereinigten Staaten nennt man es *Parlay-System* (in Europa paroli). Dabei setzen Sie nach jedem verlorenen Spiel wieder einen Dollar und verdoppeln Ihren Einsatz nach jedem Gewinn. Statt kleine Gewinne bei dem Risiko eines großen Verlustes zu erzielen, opfern Sie kleine Gewinne für die Möglichkeit jenes ekstatischen Augenblicks, wo eine glückliche Gewinnserie Ihren Einsatz zu einem Traumvermögen auftürmt. Aber auch hier hat das System, sogar ohne das Limit der Bank, eine Minus-Erwartung, doch das Limit macht sie noch schlimmer. Wenn Sie Ihr Parlay-System mit einem Dollar angefangen haben, dann könnte Ihr Verdoppelungsverfahren nur bis zum siebenfachen Gewinn von 128 Dollar gehen.

Ein anderes bekanntes System, das *Streichungssystem* genannt, hat schon viele kleine Spieler, die dachten, sie hätten ein todsicheres System gefunden, um ihr Vermögen gebracht. Spiele mit einfachen Chancen werden (sagen wir auf Rot oder Schwarz) gemacht und der Betrag nach jedem Verlust nach folgendem Verfahren erhöht. Zuerst schreibt man eine Zahlenreihe nieder, sagen wir von 1 bis 10. Ihr erster Einsatz setzt sich aus der Summe zusammen, die sich aus der oberen und der unteren Zahl der Reihe ergibt, in diesem Falle also 11. Wenn man gewinnt, streicht man die erste und letzte Zahl aus und setzt dann die Summe, die sich aus der nunmehr oberen und unteren Zahl ergibt, also 2 und 9, zusammen wiederum 11. Wenn man verliert, schreibt man den Verlust (11) ans Ende der Reihe und setzt die Summe des Anfangs und Endes der Reihe, also 1 und 11. Und so verfährt man weiter, indem man immer zwei Zahlen beim Gewinn ausstreicht und eine Zahl bei jedem Verlust addiert. Nachdem sich Verlust und Gewinn bei den Spielen mit einfachen Chancen die Wage halten, wird man fast sicher alle Zahlen ausstreichen. Wenn dies eintrifft, hat man 55 Chips gewonnen.

„Auf dem Papier sieht das sehr gut aus", meint *Scarne* dazu, aber Vorsicht, dieses System ist nur eine der vielen wertlosen Variationen des Martingale-Systems. Der Spieler riskiert nur immer größere Verluste, um geringe Beträge zu gewinnen. In diesem Fall sind jedoch die Einsätze kleiner, deshalb dauert es länger, bis man das Limit der Bank erreicht hat. Indessen fordert die Bank ihren Tribut von $5 \frac{5}{19}$ %, und der Croupier ärgert sich nur, wenn er sich mit so vielen kleinen Einsätzen abgeben muß.

Eine der besten Glücksspiel-Geschichten *Scarnes* (das Buch ist voll davon) erzählt von einem älteren betrunkenen Mann, der jammerte, daß er einen „gedachten Einsatz" von 10 Dollar auf Nummer 26 verloren hätte. Er hatte keine Chips auf den Tisch gelegt, aber da er im Geiste gesetzt hatte, bestand er darauf, dem Croupier 10 Dollar zu zahlen; dann verschwand er in der Bar. Später wankte er wieder herein, schaute zu, bis die Kugel stillstand, dann schrie er voll Freude: „Das ist meine Nummer. Ich habe gewonnen." Der Betrunkene machte einen solchen Aufruhr, verlangte sein Geld für seinen Einsatz, den er im Geiste gesetzt hatte, daß der Manager gerufen werden mußte. Der Manager entschied, daß der Croupier, wenn er zehn Dollar bei einem Verlust eines gedachten Einsatzes akzeptiert hatte, jetzt bei einem Gewinn auch auszahlen müßte. Der Betrunkene wurde plötzlich wieder sehr nüchtern und entschwand mit 350 Dollar. „Probieren Sie es aber nicht", fügt *Scarne* hinzu, „jeder Casino-Angestellte kennt diese Geschichte."

Das jüngste Roulette-System, das großes Aufsehen erregte, erschien im Jahre 1959 in „Bohemia", einer kubanischen Monatszeitschrift. Monate hindurch spielte man in ganz Südamerika danach. Das System basiert auf der Tatsache, daß die dritte Spalte des Tableaus (siehe Bild 24) acht rote und nur vier schwarze Zahlen enthält — eine Tatsache, die der Erfinder des Systems als einen fatalen Fehler in der Anordnung des Tableaus ansieht.

So beschreibt *Scarne*, wie das System funktioniert:

Man macht zwei Einsätze bei jeder Drehung der Scheibe. Man setzt einmal einen 1-Dollar Chip auf Schwarz, was einen einfachen Gewinn bringt. Und einen 1-Dollar Chip setzt man auf die dritte Spalte, die acht rote Zahlen enthält, 3, 9, 12, 18, 21, 27, 30 und 36 und die schwarzen Zahlen 6, 15, 24 und 33. Bei diesem Einsatz stehen die Chancen 2 zu 1.

Es gibt 36 Zahlen plus der Null und der Doppelnull auf dem Tableau. Angenommen, man macht 38 Einsätze von zwei Chips im Gesamtwert von 76 Dollar. Auf die Dauer gesehen passiert dann folgendes:

1. Die Null oder Doppelnull wird zweimal in 38 Spielen erscheinen, dabei verliert man jedesmal zwei Chips, also zusammen ein Verlust von 4 Chips.

2. Rot wird 18 mal in 38 Spielen erscheinen. Jedesmal, wenn eine der zehn roten Zahlen in der ersten und zweiten Spalte erscheint, verliert man 2 Chips, ein Gesamtverlust von 20 Chips bei diesen zehn Zahlen. Wenn aber die acht roten Zahlen in der dritten Spalte erscheinen, gewinnt man zwei Chips für jede, ein Gesamtgewinn von 16 Chips. Der Reinverlust bei Rot beträgt also 4 Chips.

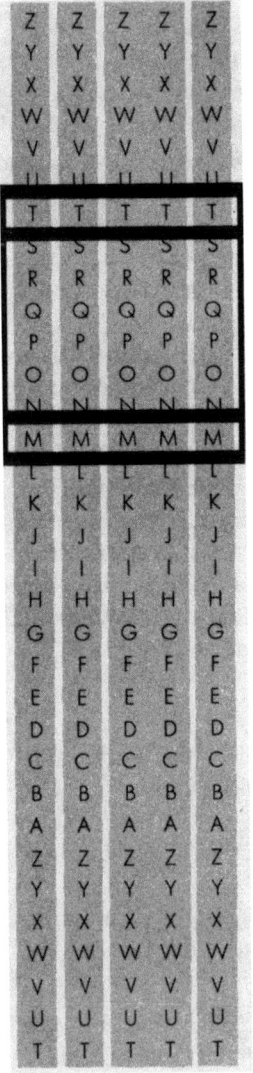

3. Schwarz wird ebenfalls 18 mal in 38 Spielen erscheinen. Jedesmal wenn eine der vierzehn schwarzen Zahlen in der ersten und zweiten Spalte erscheint, verliert man einen Chip, also zusammen 14 Chips. Aber da man auch auf Schwarz gesetzt hat, gewinnt man 14 dazu. Verlust und Gewinn gleichen sich aus und man kommt 14 mal gleich. Aber wenn die vier schwarzen Zahlen in der dritten Spalte erscheinen (6, 15, 24 und 33), gewinnt man jedesmal 3 Chips (2 Chips auf Zahl und 1 Chip auf Farbe). Das ergibt einen Profit von 12 Chips bei Schwarz.

Bild 25
Finden Sie den Weihnachtswunsch heraus!

Da man 4 Chips bei Null und Doppelnull und 4 Chips bei Rot verloren und 12 Chips bei Schwarz gewonnen hat, beträgt der Endprofit 4 Chips. Teilt man den Gesamteinsatz von 76 Dollar durch den Profit von 4 Dollar, stellt sich heraus, daß man nicht nur den Bankvorteil bei Null und Doppelnull von $5\frac{5}{19}$ % überwunden hat, sondern ihn tatsächlich ersetzt durch einen Vorteil zu eigenen Gunsten von $5\frac{5}{19}$ %."

Es wird eine anregende Übung bei der Analyse der elementaren Wahrscheinlichkeitsrechnung sein, die Täuschung in dem System aufzudecken.

Gelegentlich habe ich gern einen verschlüsselten Weihnachtsgruß erdacht. Schauen Sie sich diesmal bitte Bild 25 an. Die Aufgabe besteht darin, die vier vertikalen Buchstabenstreifen so lange auf- und abzuschieben, bis zwei Worte entstehen, die dem Glückwunsch entsprechen; jedes der beiden horizontalen Fenster enthält ein Wort. Dieses Rätselspiel erfand *Leigh Mercer* aus London.

Anhang

Seit *Scarnes* Buch „Complete Guide to Gambling" erschien, brachte *Edward O. Thorp*, Mathematiker an der Staatsuniversität in New Mexico, ein Buch „Beat the Dealer"[1]) heraus, in dem eine genaue Strategie, Blackjack zu gewinnen, in faszinierender Weise erklärt ist. Ebenso enthält das Buch einen enthüllenden Bericht über Erfahrungen, die *Thorp* sammelte, als er nach seinem System in den Casinos in Reno und Las Vegas spielte. Wie zu erwarten war, haben die Casinos seitdem ihre Vorschriften geändert, um einige der Löcher zu stopfen, die *Thorp* ausgenützt hatte.[2])

Thorps Kapitel 7 behandelt Betrügereien und sollte von jedem naiven Laien gelesen werden, der an den weitverbreiteten Mythos glaubt, daß die Croupiers in den größeren Clubs in Nevada niemals betrügen. Da der Club schon am ehrenhaften Spiel einen guten Satz verdient und Betrügereien, würden sie bekannt, nur die Besucher verscheuchen würden, haben die Clubs von Nevada den Ruf, die ehrlichsten der Welt zu sein. In Wirklichkeit aber kommen Betrügereien selbst in den besten Casinos ständig vor. Die üblichste Tour dabei ist, daß ein unehrlicher Croupier den Club betrügt und den Gewinn später mit einem Partner teilt. Um im Tagesdurchschnitt ehrlich zu erscheinen, läßt er den übrigen Besuchern kleinere Gewinne zukommen. Da die Clubs ständig nach solchen Heuchlertypen Ausschau halten, bewahrt ein Croupier den Club manchmal vor einem großen Verlust, damit er ja nicht

[1]) „Schlage den Croupier", A.d.Ü.; *Blaisdell*, New York, 1962
[2]) siehe „The New York Times" vom 3. April 1964, erste Seite des zweiten Teils

verdächtigt werde, einem Partner Geld zuzuschieben. Ein guter Croupier ist auch stolz auf seine Geschicklichkeit und wird schon um der Übung willen und natürlich aus Spaß an der Sache betrügen. Wie *Thorps* Kapitel über das Betrügen klarstellt, geben schließlich viele Clubs ihren Croupiers Anweisung, jedesmal zu betrügen, wenn die Einsätze in die Höhe schnellen. Nevada hat zwar eine Gruppe von Inspektoren, aber sie ist klein und unwirksam. Trotzdem werden die Clubs in Nevada oft bei Betrügereien ertappt, die jedoch selten bekannt werden. Die „New York Times" berichtete am 12. April 1964 von der Schließung eines Spitzencasinos in Las Vegas, dem „Strip". Bei einer unerwarteten Würfelkontrolle war ein Satz von fünf „Provisionswürfeln" entdeckt worden, das sind Würfel, deren Kanten so abgerundet sind, daß sie die Chancen des Würfelspielers beim Rollen verringern. Dasselbe Casino hatte im Jahr vorher einen Croupier hinausgeworfen, nachdem ein Staatsdetektiv ihn beim Betrügen bei Blackjack ertappt hatte. Am 17. Oktober 1967 berichtete die „New York Times" über die Schließung eines größeren Casinos, nachdem die Staatsaufsicht einen Würfelausgeber schnappte, der einen echten Würfel (mit Hilfe einer doppelten Schürze) gegen „mis-spot"-Würfel vertauschte, denen bestimmte Zahlen fehlen. Dies war das zweite große Casino, das innerhalb eines Monats aus ähnlichen Gründen geschlossen wurde. Als ich 1961 *Scarnes* Buch in meiner Columne im „Scientific American" besprach, wurden daraufhin zwei weitere Clubs in Las Vegas wegen Betrügereien geschlossen.

Thomas H. O'Beirne aus Glasgow machte mich auf ein interessantes Paradoxon des Roulette-Tableaus aufmerksam; er hatte es von einem polnischen Mathematiker namens *Hugo Steinhaus* erfahren. Da es die gleiche Anzahl roter und schwarzer Zahlen, hoher und niedriger Zahlen, gerader und ungerader Zahlen gibt, sind die Chancen, ein einfaches Spiel dieser Art zu gewinnen, offensichtlich gleich. Die Bank erhält ihren Prozentsatz auf Null und Doppelnull, aber davon abgesehen fällt die Kugel mit gleicher Wahrscheinlichkeit auf ungerade oder hoch wie auf rot. Wenn Sie einen erlaubten Doppeleinsatz machen, sagen wir ungerade-schwarz oder gerade-rot, sind Ihre Chancen bei jedem Einsatz die gleichen, unabhängig davon, welches Paar Sie gewählt haben. Man kann keinen dreifachen Einsatz machen, wie etwa niedrig-rot-ungerade. Aber nehmen wir einmal an, man könnte einen solchen Einsatz machen. Anstatt unabhängig für jeden Teil des Einsatzes auszuzahlen, zahlt die Bank nur aus, wenn die Kugel auf eine Zahl fällt, die niedrig, rot und ungerade ist. Sie verlieren, wenn das nicht der Fall ist. Wären Ihre Gewinnchancen die gleichen, wenn Sie, sagen wir auf niedrig-rot-gerade gesetzt hätten? Erstaunlicherweise nicht. Dies ist sehr leicht zu erkennen, wenn man das Tableau genau betrachtet. Es gibt fünf niedrige, rote, gerade Zahlen, aber nur vier niedrige, rote ungerade Zahlen. Von den acht möglichen Dreifacheinsätzen hat die Hälfte eine Gewinnerwartung von 4:38, die andere Hälfte aber eine Gewinnerwartung von 5:38.

Antworten

Die Leser waren aufgefordert, die Täuschung eines Roulette-Systems, das in den Casinos Südamerikas grassierte, herauszufinden. Hier ist die Antwort aus *Scarnes* "Complete Guide to Gambling".

„Der Fehler liegt in der Behauptung, daß man, ‚wenn die acht roten Zahlen in der dritten Spalte erscheinen, 2 Chips bei jeder Zahl gewinnt, zusammen 16 Chips'. Das ist unvollständig. Wenn diese 8 Zahlen gewinnen und 16 Chips bringen, dann *verlieren Sie andererseits 8 Chips auf Schwarz*, der Netto-Gewinn beträgt also nur 8 Chips. Da Sie 20 Chips auf den roten Zahlen in der ersten und zweiten Spalte verloren haben, beträgt Ihr Reinverlust auf Rot nicht, wie dargelegt, 4 Chips, sondern 12 Chips. Da Sie 12 Chips auf Rot verloren, 12 Chips auf Schwarz gewonnen und 4 Chips auf Null und Doppelnull verloren haben, haben Sie im Endeffekt einen Verlust von 4 Chips. Damit kann man dieses System vollständig ausschließen. Die Bank hat natürlich ihren günstigen Gewinnanteil von $5\frac{5}{19}$% wie üblich, reich wird hier also das Casino − nicht Sie."

Folgende Verse des Lesers *John Stout* aus New York City zeigen, wie er darüber denkt:

Die Täuschung, das sei hiermit nun gesagt,
Liegt im Gewinn auf Rot in Spalte drei,
Da jede Zahl doch nur ein Chip gewinnt,
Ging andrerseits Gewinn auf Schwarz verloren.
Versenkt man sich in diese Frage recht,
Erkennt den Netto-Rot-Verlust als 12 man klar.
Vier Dollar also ist Gesamtverlust.
Die Bank bekommt noch ihre fünf Prozent,
Die Null-Verluste reißen auch ihr Loch,
Und Rechnen ist noch immer Boß der Spieler.

Die beschriebenen vier Papierstreifen können so manipuliert werden, daß man „DOLLS WHEEL" („Puppenrand", A. d. Ü.) buchstabieren kann, aber das ist kein Weihnachtswunsch. Die richtige Antwort lautet: „JOLLY CHEER" („Fröhliche Stimmung", „Fröhliche Weihnachten", A. d. Ü.)

6. Die Kirche der vierten Dimension

> „Könnte ich nur meinen Arm hinausstoßen über die Grenzen, die ihm gesetzt sind", hatte einer der Utopisten zu ihm gesagt, „so könnte ich in tausend Dimensionen reichen".
>
> *H. G. Wells*, Menschen wie Götter

Alexander Pope hat London einmal als eine „liebe, drollige, unterhaltsame Stadt" beschrieben. Wer wollte das bestreiten? Das gilt auch in Bezug auf die heitere Mathematik. Ich muß noch einen Phantasiebesuch in London machen. Im vergangenen Herbst zum Beispiel las ich die „Times" in meinem Hotelzimmer, nur wenige Blocks vom Picadilly Circus entfernt, als mir eine kleine Anzeige in die Augen sprang:
„Der dreidimensionalen Welt überdrüssig? Kommen Sie und beten Sie mit uns am Sonntag in der Kirche zur vierten Dimension. Gottesdienst genau um 11 Uhr vormittags in Platos Grotte.
Reverend *Arthur Slade*, Pfarrer."

Die Adresse war angegeben. Ich schnitt die Anzeige aus, und am folgenden Sonntag fuhr ich mit der Untergrundbahn zu einer Haltestelle, von der aus ich die Kirche zu Fuß erreichen konnte. Die Luft war feucht und kühl, und von der See trieb leichter Nebel herein. Ich bog um die letzte Ecke — völlig unvorbereitet auf das seltsame Bauwerk, das vor mir auftauchte. Vier riesige Würfel waren zu einer Säule aufgetürmt, mit vier freitragenden Würfeln, die in vier Richtungen aus den äußeren Flächen des dritten Würfels herausragten. Ich erkannte in dem Gebilde sofort einen entfalteten Hyperwürfel. So wie man die sechs quadratischen Flächen eines Würfels an sieben Seiten entlang aufschneiden und zu einem zweidimensionalen lateinischen Kreuz entfalten kann (dem üblichen Grundriß für mittelalterliche Kirchen), so können die acht würfelförmigen Hyperflächen eines vierdimensionalen Würfels an siebzehn Quadraten entlang aufgeschnitten und zu einem dreidimensionalen lateinischen Kreuz auseinandergefaltet werden.

Eine lächelnde junge Dame stand im Portal und wies mich zu einer Wendeltreppe, die zu einem Auditorium im Keller hinunterführte, das ich nur als Kombination eines Kinosaals mit einer Tropfsteinhöhle beschreiben kann. Die Vorderwand war völlig weiß. Gruppen durchscheinender rosafarbener Stalaktiten schimmerten hell von der Decke und überfluteten die Grotte mit rosigem Licht. Riesige Stalagmiten umgaben den Raum an beiden Seiten und der Rückwand. Elektronische Orgelmusik — ähnlich der Begleitung in einem Science-fiction-Film — drang von überall her in den Raum. Ich berührte einen der Stalagmiten. Er vibrierte unter meinen Fingern wie die kalte Platte eines steinernen Xylophons.

Die seltsame Musik dauerte noch zehn Minuten oder mehr, nachdem ich Platz genommen hatte, dann wurde sie langsam leiser, während sich die Deckenbeleuchtung abschwächte. Zur gleichen Zeit bemerkte ich ein bläuliches Licht an der Rückseite der Grotte. Es wurde greller und warf scharfe Schattenbilder der Köpfe der Versammlung auf den unteren Teil der weißen Wand im Vordergrund. Ich wandte mich um und sah einen fast blendenden Lichtpunkt, der aus weiter Ferne zu kommen schien.

Die Musik verklang, es war ganz still, die Grotte lag bis auf die schimmernd erleuchtete Vorderwand völlig im Dunkel. Der Schatten des Pfarrers erhob sich vor uns. Er kündigte den Text aus dem Epheser-Brief, Kapitel 3, Vers 17 und 18, an und begann mit lauter, hallender Stimme, die unmittelbar aus dem Kopf des Schattens zu kommen schien, zu lesen:

„... daß Ihr, die Ihr in der Liebe festgewurzelt und festgegründet seid, mit allen Heiligen die Breite und Länge, und Tiefe und Höhe zu erfassen vermöget ..."

Es war zu dunkel, um mitzuschreiben, aber ich denke, die folgenden Absätze fassen den Inhalt der bemerkenswerten Predigt *Slades* genau zusammen.

Unser Kosmos — die Welt, die wir sehen, hören, fühlen — ist die dreidimensionale „Oberfläche" eines weiten, vierdimensionalen Meeres. Die Fähigkeit, sich diese „ganz andere" Welt des höheren Raumes vorzustellen, sie intuitiv zu begreifen, ist in jedem Jahrhundert nur wenigen auserwählten Sehern gegeben. Wir anderen müssen uns dem Hyper-Raum indirekt nähern, auf dem Umweg der Analogie. Stellen Sie sich ein Plattland vor, eine Schattenwelt in zwei Dimensionen, ähnlich den Schatten an der Wand von Platos berühmter Grotte („Der Staat" Kapitel 7). Da aber Schatten nicht aus Material bestehen, stellt man sich am besten ein Plattland vor, das eine so geringe Dicke hat, daß sie gleich dem Durchmesser eines ihrer Elementarteilchen ist. Stellen Sie sich vor, daß diese Elementarteilchen auf der glatten Oberfläche einer Flüssigkeit schwimmen. Sie tanzen gehorsam nach zweidimensionalen Gesetzmäßigkeiten. Die Einwohner von Plattland, die aus diesen Teilchen geformt sind, können sich keine dritte Richtung senkrecht zu den beiden ihnen bekannten Richtungen vorstellen.

Wir jedoch, die wir im dreidimensionalen Raum leben, können jedes Teilchen von Plattland wahrnehmen. Wir sehen in die Häuser hinein, in den

Körper eines jeden Plattländers. Wir können jeden Bestandteil ihrer Welt berühren, ohne mit unseren Fingern ihren Raum zu durchstoßen. Wenn wir einen Plattländer aus einem verschlossenen Raum herausheben, erscheint es ihm wie ein Wunder.

In analoger Weise — fuhr *Slade* fort — treibt unsere Welt der drei Dimensionen auf der ruhigen Oberfläche eines gigantischen Hyper-Ozeans; vielleicht, wie Einstein einmal annahm, auf einer unendlichen Hyperkugel. Die vierdimensionale Dicke unserer Welt entspricht annähernd dem Durchmesser eines Elementarteilchens. Die Gesetze unserer Welt sind die „Oberflächenspannungen" des Hyper-Ozeans. Die Oberfläche dieses Ozeans ist einheitlich, sonst wären unsere Gesetze nicht einheitlich. Eine leichte Krümmung der Oberfläche des Ozeans verursacht die leichte konstante Krümmung unserer Raum-Zeit. Zeit existiert also im Hyper-Raum. Wenn wir Zeit als unsere vierte Koordinate betrachten, dann ist die Hyper-Welt eine Welt von fünf Dimensionen. Elektromagnetische Wellen sind Vibrationen auf der Oberfläche des Hyper-Ozeans. Nur auf diesem Wege, betonte *Slade*, kann die Wissenschaft dem Paradoxon eines leeren Raumes mit der Fähigkeit der Energieübertragung entkommen.

Was liegt außerhalb der Oberfläche des Ozeans? Die gesamte andere Welt Gottes! Die Theologie ist nicht länger in Verlegenheit wegen des Widerspruchs zwischen Immanenz und Transzendenz Gottes. Der Hyper-Raum berührt jeden Punkt des dreidimensionalen Raums. Gott ist näher bei uns als unser Atem. Er kann jeden Teil unserer Welt sehen, jeden Teil berühren, ohne einen Finger durch unseren Raum zu bewegen. Dennoch ist das Reich Gottes vollkommen „außerhalb" unserer dreidimensionalen Welt, in einer Richtung, in die wir nicht einmal deuten können!

Der Kosmos wurde vor Milliarden von Jahren geschaffen — *Slade* hielt ein um zu sagen, daß er in Metaphern sprechen wolle —, als Gott auf der Oberfläche des Hyper-Ozeans eine riesige Menge Hyper-Teilchen mit asymetrischen dreidimensionalen Querschnitten ausschüttete. Einige dieser Teilchen fielen in den dreidimensionalen Raum in Rechtshänder-Form und wurden Neutronen, die anderen in Linkshänder-Form und wurden Antineutronen. Paare entgegengesetzter Wertigkeit hoben sich in einer großen Urexplosion gegenseitig auf, aber ein kleines Übergewicht an Hyper-Teilchen fiel zufällig als Neutronen und dieses Mehr blieb erhalten. Die meisten dieser Neutronen spalteten sich in Protonen und Elektronen und bildeten Wasserstoff. So begann die Entwicklung unserer „einseitigen" materiellen Welt. Die Explosion verursachte eine allseitige Ausbreitung von Teilchen. Um dieses sich ausdehnende Universum in einem vernünftigen Dauerzustand zu halten, erneuerte Gott von Zeit zu Zeit seine Materie, indem er seine Finger in seinen Vorrat an Hyper-Teilchen steckt und diese auf den Ozean schleudert. Diejenigen, die als Antineutronen fallen, werden vernichtet, diejenigen, die als Neutronen fallen, bleiben erhalten. Wann immer im Laboratorium ein Antiteilchen geschaffen wird, sind wir Zeuge der gerade stattfindenden „Umwandlung" eines asymetrischen Teilchens, die auf die gleiche Weise stattfindet, wie man im dreidimensionalen Raum ein asymetrisches zweidimensionales Kartonblatt entfaltet. So stellt also die Produktion von Antiteilchen einen empirischen Beweis für die Wirklichkeit des vierdimensionalen Raumes dar.

Slade beendete seine Predigt mit der Lesung aus dem jüngst entdeckten Gnostischen Thomas-Evangelium: „So die, die Euch führen, Euch sagen: Sehet, das Reich ist im Himmel, so werden Euch die Vögel voranfliegen. Wenn sie Euch sagen, es ist im Meere, so werden Euch die Fische voranschwimmen. Aber das Reich ist in Euch und es ist außer Euch."
Wieder die überirdische Orgelmusik. Das blaue Licht erlosch, die Grotte tauchte in völlige Finsternis. Langsam begannen die rosafarbenen Stalaktiten an der Decke zu glimmen, und ich zwinkerte mit den Augen – verblüfft, mich im dreidimensionalen Raum wiederzufinden.

Slade, ein großer Mann mit eisgrauem Haar und einem dunklen Bärtchen auf der Oberlippe, stand am Eingang der Grotte, um die Mitglieder seiner Gemeinde zu begrüßen. Als wir uns die Hände schüttelten, stellte ich mich vor und erwähnte meine Artikelserie. „Natürlich", rief er aus, „ich besitze einige Ihrer Bücher. Sind Sie in Eile? Wenn Sie etwas warten, haben wir Gelegenheit zu plaudern".

Nach dem letzten Händeschütteln führte mich *Slade* zu einer zweiten Wendeltreppe mit entgegengesetzter Windung als die, auf der ich vorher herabgekommen war. Sie brachte uns in des Pfarrers Studierstube im obersten Würfel der Kirche. Ausgedehnte Modelle, dreidimensionale Projektionen von Hyper-Strukturen verschiedener Art, waren überall im Raum ausgestellt. An einer Wand hing eine große Reproduktion von *Salvador Dali's* Gemälde „Corpus Hypercubus". Auf dem Bild schwebt über der flachen Oberfläche von karierten Quadraten ein dreidimensionales Kreuz aus acht Würfeln; ein entfalteter Hyper-Würfel, im Aufbau identisch mit der Kirche, in der ich stand.

„Erklären Sie mir, *Slade*", sagte ich, nachdem wir uns gesetzt hatten, „ist Ihre Doktrin neu oder führen Sie eine lange Tradition fort?"
„Sie ist keineswegs neu", erwiderte er, „obwohl ich beanspruchen kann, die erste Kirche gegründet zu haben, in der Hyper-Glaube als Eckpfeiler dient.

Natürlich hatte Plato keine Vorstellung von einer geometrischen vierten Dimension, obgleich seine Grottenanalogie es gewiß nahelegt. In der Tat ist jede Art von Platonischem Dualismus, der das Sein in natürliches und übernatürliches einteilt, ein klarer nichtmathematischer Weg, um über höheren Raum zu sprechen. *Henry More*, der Cambridge Platoniker des siebzehnten Jahrhunderts, war der erste, der die geistige Welt als eine räumlich vierdimensionale betrachtete. Dann kam *Immanuel Kant* mit seiner Erkenntnis, daß Raum und Zeit sozusagen subjektive Linsen seien, durch die wir nur eine dünne Schnitte der transzendenten Wirklichkeit erblicken. Daraus ist leicht zu erkennen, wie die Vorstellung des höheren Raumes das vielgesuchte Verbindungsglied zwischen moderner Wissenschaft und traditionellen Religionen darstellt."

„Sie sagen ‚Religionen'", warf ich ein. „Bedeutet dies, daß Ihre Kirche nicht christlich ist?"

„Nur in dem Sinn, daß wir Grundwahrheit in jedem großen Glauben der Welt finden. Ich möchte hinzufügen, daß in den letzten Jahrzehnten die kontinentalen protestantischen Theologen schließlich den vierdimensionalen Raum entdeckten. Wenn *Karl Barth* über „vertikale" oder „senkrechte" Dimension spricht, dann meint er es offensichtlich in einem vierdimensionalen Sinn. Und natürlich liegt in der Theologie *Karl Heims* eine volle ausdrückliche Erkenntnis der Bedeutung des höheren Raums."

„Ja," sagte ich, „ich habe kürzlich ein interessantes Buch gelesen, Physicist and Christian, von *William G. Pollard*[1]). Er bezieht sich weitgehend auf Heims Vorstellung vom Hyper-Raum."

Slade schrieb den Buchtitel auf einen Notizblock. „Ich muß das nachsehen. Ich möchte wissen, ob *Pollard* sich bewußt ist, daß eine ganze Anzahl von Protestanten des späten neunzehnten Jahrhunderts Bücher über die vierte Dimension geschrieben haben. *A. T. Schofields* „Another World"[2]) zum Beispiel und *Arthur Willinks* „The World of the Unseen"[3]). Freilich haben moderne Okkultisten und Spiritisten sich mit dem Komplex abgegeben. *Peter D. Ouspensky* zum Beispiel hat in seinen Büchern eine Menge darüber zu sagen, obwohl die meisten seiner Ansichten aus den Spekulationen des *Charles Howard Hinton* stammen, eines amerikanischen Mathematikers.

---

[1]) „Physiker und Christ", A.d.Ü.; *Pollard* ist leitender Direktor des Oak Ridge Instituts für Atomwissenschaften und Episcopal-Geistlicher
[2]) „Eine andere Welt", A.d.Ü.; es erschien 1888
[3]) „Die Welt des Unsichtbaren", A.d.Ü.; mit dem Untertitel: „Eine Abhandlung über die Beziehung des Höheren Raums zu den Ewigen Dingen"; veröffentlicht 1893

Whately Carington, der englische Parapsychologe, schrieb 1920 ein ungewöhnliches Buch — er veröffentlichte es unter dem Pseudonym *W. Whately Smith* — über „A Theory of the Mechanism of Survival"[1]).
„Weiterleben nach dem Tode?"
Slade nickte. „Ich kann mich nicht anfreunden mit Caringtons Glauben. Er ist überzeugt, daß zum Beispiel das Tischrücken von einem unsichtbaren vierdimensionalen Urheber ausgeführt wird, oder daß das Zweite Gesicht Erkenntnis ist von einem Standpunkt im höheren Raume aus, seine Grundhypothese aber betrachte ich als gesund. Unsere Körper sind einfach dreidimensionale Schnitte unseres höheren vierdimensionalen Selbst. Offensichtlich ist der Mensch allen Gesetzen dieser Welt unterworfen, aber gleichzeitig werden seine Erfahrungen auf Dauer festgehalten — als Information aufbewahrt sozusagen — im vierdimensionalen Teil seines höheren Selbst. Wenn sein dreidimensionaler Körper zu funktionieren aufhört, verbleibt die dauernde Information, bis sie auf einen neuen Körper übertragen werden kann für einen neuen Lebenskreislauf in einem anderen dreidimensionalen Kontinuum."

„Das gefällt mir", sagte ich. „Es erklärt die völlige Abhängigkeit des Geistes vom Körper in dieser Welt und erlaubt doch gleichzeitig eine ungebrochene Stetigkeit zwischen diesem Leben und dem nächsten. Liegt dies nicht nahe an dem, was *William James* in seinem kleinen Buch über Unsterblichkeit zu sagen versuchte?"

„Genau. Nur war *James* leider kein Mathematiker, und so mußte er seine Vorstellungen in nichtgeometrischen Metaphern ausdrücken."

„Wie war das mit den sogenannten Demonstrationen der vierten Dimension durch gewisse Medien", fragte ich. „War da nicht ein Professor der Astrophysik in Leipzig, der ein Buch darüber schrieb?"

Ich meinte einen Klang von Verlegenheit in *Slades* Lachen zu entdecken. „Ja, das war der arme *Johann Karl Friedrich Zöllner*. Sein Buch „Transzendentale Physik" wurde 1881 ins Englische übersetzt, aber auch die englischen Exemplare sind jetzt ganz selten geworden. *Zöllner* leistete ganz gute Arbeit in der Spektralanalyse, aber er war außerordentlich unwissend hinsichtlich der Methoden der Zauberei. Folglich wurde er, fürchte ich, von *Henry Slade*, dem amerikanischen Medium, schrecklich hinters Licht geführt."

„*Slade?*" sagte ich überrascht.

---

[1]) „Eine Theorie des Mechanismus des Weiterlebens", A.d.Ü.

„Ja, ich schäme mich zu sagen, daß wir verwandt sind. Er war mein Großonkel. Als er starb, hinterließ er ein Dutzend dicke Notizbücher, in denen er seine Methoden niedergeschrieben hatte. Diese Notizbücher wurden von der englischen Seite meiner Familie erworben und kamen schließlich auf mich."

„Das erregt mich sehr", sagte ich. „Können Sie mir einige der Tricks vorführen?"

Die Bitte schien ihm zu gefallen. Zaubern, erklärte er, sei eines seiner Hobbies, und er glaube, daß die mathematische Seite einiger Tricks von *Henry* meine Leser interessieren könnte.

Aus einer Schublade seines Schreibtisches nahm *Slade* einen Streifen Leder, der, wie in Bild 26 links gezeigt, so eingeschnitten war, daß er drei parallele Streifen ergab. Er reichte mir einen Kugelschreiber mit der Bitte, das Leder irgendwie zu kennzeichnen, um eine spätere Unterschiebung zu verhindern. Ich schrieb meinen Namenszug auf eine Ecke, wie zu erkennen ist. Wir saßen auf entgegengesetzten Seiten an einem kleinen Tisch. *Slade* hielt das Leder ein paar Augenblicke unter den Tisch, dann brachte er es wieder zum Vorschein. Es war zu einem Zopf geflochten, genau wie rechts in der Illustration gezeigt! Solches Zopfflechten könnte leicht vonstatten gehen, wenn man die Streifen durch den Hyper-Raum bewegen könnte. Im dreidimensionalen Raum schien es unmöglich.

Slades zweiter Trick war noch erstaunlicher. Er zeigte mir ein breites, flaches Gummiband, (Bild 27, links). Es wurde in eine Streichholzschachtel gelegt und die Schachtel an beiden Enden mit Klebestreifen verschlossen. Als *Slade* sie unter den Tisch nehmen wollte, erinnerte er sich, daß er vergessen hatte, mich die Schachtel zur späteren Identifikation markieren zu lassen. Ich zeichnete ein dickes Kreuz auf die Oberfläche.

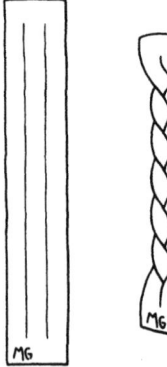

Bild 26
Slades Lederstreifen – im Hyperraum geflochten?

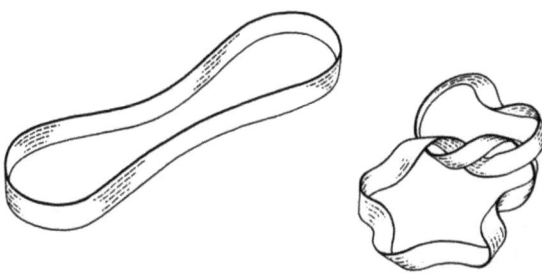

Bild 27 Slades Gummiband – im Hyperraum geknotet?

„Wenn Sie wollen", sagte er, „können Sie die Schachtel unter dem Tisch selbst festhalten".

Ich griff zu. *Slade* faßte hinunter und nahm die Schachtel an ihrem anderen Ende. Es gab ein kleines Bewegungsgeräusch und ich konnte fühlen, daß die Schachtel leicht zu vibrieren schien. *Slade* ließ los. „Bitte öffnen Sie die Schachtel."

Zuerst inspizierte ich die Schachtel sorgfältig. Der Klebstreifen war noch an derselben Stelle. Meine Markierung war auf dem Deckel. Ich trennte den Klebstreifen mit meinem Daumennagel und zog die Schachtel auf. Das Gummiband – o Wunder – war in einen einfachen Knoten gebunden (Bild 27, rechts).

„Selbst wenn es Ihnen irgendwie gelungen wäre, die Schachtel zu öffnen und die Bänder zu tauschen", sagte ich, „wie zum Teufel können Sie ein Gummiband so verschlingen?"

Slade kicherte. „Mein Großonkel war ein schlauer Fuchs."

Es gelang mir nicht, *Slade* zu überreden, mir die Tricks zu erklären. Der Leser möge über sie nachdenken, bevor er den Antwortteil zu diesem Kapitel liest.

Wir sprachen noch über viele andere Dinge. Als ich schließlich die Kirche der vierten Dimension verließ, trieb ein schwerer Nebel durch die nassen Straßen Londons. Ich war wieder in Platos Grotte. Die schattenhaften Formen der fahrenden Wagen, deren Scheinwerfer flache elliptische Lichtkleckse bildeten, ließen mich an die bekannten Zeilen aus den Rubáiyát eines großen persischen Mathematikers denken:

Wir sind nichts als eine wandelnde Reihe
Magischer Schattenfiguren, die kommen und gehen
Rund mit der sonnenerleuchteten Laterne,
Die der Meister der Schau in Mitternacht hochhält.

Anhang

Obgleich ich im ersten Absatz dieses Kapitels von einem „imaginären Besuch" in London sprach, schrieben mir mehrere Leser, als das Kapitel das erstemal im „Scientific American" erschienen war, um nach der Anschrift der Kirche *Slades* zu fragen. Der *Reverend Slade* ist reine Erfindung, aber *Henry Slade* das Medium war einer der farbigsten und erfolgreichsten Abenteurer in der Geschichte des amerikanischen Spiritismus. Ich habe kurz über ihn geschrieben und die wichtigsten Hinweise gegeben in einem Kapitel über die vierte Dimension in meinem Buch „The Ambidextrous Universe"[1]).

Antworten

Slades Methode, den Lederstreifen zu flechten, ist den Boy Scouts in England bekannt wie auch allen, die sich mit Lederarbeiten als Hobby beschäftigen. Viele Leser schrieben und nannten mir Bücher, in denen diese Art des Flechtens beschrieben ist.

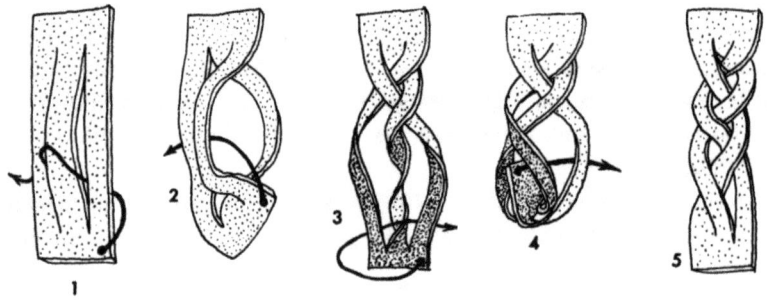

Bild 28 Slades erster Trick

Es gibt mehrere Wege, wie man den Zopf machen kann. Bild 28 wurde von dem Leser *George R. Rab* aus Dayton, Ohio, gezeichnet. Durch Wiederholung dieses Vorgehens kann man den Zopf auf jedes Mehrfache von sechs Kreuzungen ausdehnen. Ein anderes Vorgehen ist, einfach in der oberen Hälfte des Streifens die sechsfach gekreuzte Platte durch gewöhnliches Flechten zu formen. Dies ergibt ein Spiegelbild der Platte in der unteren Hälfte. Die untere Platte kann mit einer Hand leicht aufgelöst werden, während die obere Platte mit der anderen Hand ganz festgehalten wird.

[1]) Basic Books, New York und London, 1964; Titel der deutschen Übersetzung: „Das gespiegelte Universum", Friedr. Vieweg + Sohn, Braunschweig, 1967

Beide Arten des Vorgehens können auch auf Lederstreifen mit mehr als drei Bändern übertragen werden. Wenn steifes Leder verwendet wird, kann es durch Einweichen in warmem Wasser flechtbar gemacht werden.

Slades Trick, einen Knoten in einem flachen Gummiband zu produzieren, verlangt zuerst die Vorbereitung eines geknoteten Bandes. Man nimmt einen Gummiring mit kreisrundem Durchmesser und schneidet ihn sorgfältig zu einem Teil flach (Bild 29). Sodann macht man drei halbe Drehungen im flachen Teil (mittlere Zeichnung) und schneidet den Rest des Ringes zu einem flachen Band mit drei halben Drehungen (letzte Zeichnung). *Mel Stover* aus Winnipeg, Kanada, schlägt vor, daß dies am besten ausgeführt werden kann, wenn man den Ring über ein Rundholz spannt, einfriert und dann mit einem Heim-Schleifwerkzeug flachschleift. Schneidet man schließlich das Band rundherum mittig auseinander, wird es ein zweimal so langes Band, das in einem einfachen Knoten gebunden ist.

Bild 29 Slades zweiter Trick

Ein zweites Band der gleichen Größe, aber nicht geknotet, muß man sich auch vorbereiten. Das geknotete Band legt man in eine Streichholzschachtel und die Enden der Schachtel werden mit Klebstreifen verschlossen. Nun muß man diese Schachtel mit der, die das nicht geknotete Band enthält, vertauschen. Ich vermute, daß *Slade* dies tat, als er die Schachtel anfänglich unter den Tisch nahm und sich dann „erinnerte", daß ich sie nicht gekennzeichnet hatte. Die vorbereitete Schachtel konnte an der Unterseite des Tisches mit Klebwachs befestigt worden sein. Man braucht nur einen Augenblick, die unvorbereitete Schachtel gegen einen weiteren Wachspfropfen zu drücken und die vorbereitete abzunehmen. Auf diese Weise gelang der Austausch, bevor ich die Schachtel markierte. Die Vibrationen, die ich fühlte, als *Slade* und ich die Schachtel unter dem Tisch festhielten, entstanden wahrscheinlich dadurch, daß *Slade* einen Finger fest dagegendrückte und entlangstrich.

Fitch Cheney, Mathematiker und Zauberer, schrieb und erklärte mir einen zweiten und einfacheren Weg, um ein geknotetes Gummiband zu schaffen. Man nimmt einen hohlen Gummiring – sie werden oft als Zahnbeißringe für

Babies verkauft — und schneidet ihn entlang der gepunkteten Linie (Bild 30). Das Resultat ist ein weites endloses Band, das in einem einfachen Knoten geknüpft ist. Das Band kann natürlich auf geringere Weite zugeschnitten werden.

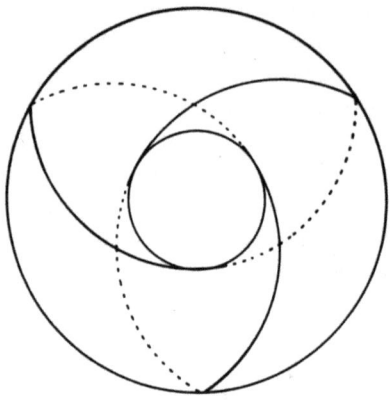

Bild 30
Ein anderer Weg, ein geknotetes Gummiband herzustellen

Es war übrigens *Stover*, der mir als erster die Aufgabe, ein Gummiband zu knoten, vorschlug. Er hatte ein solches geknotetes Band bei dem Zauberer *Winston Freer* gesehen. *Freer* sagte, er wisse drei Wege, es zu knoten.

7. Acht Aufgaben

1. Eine Ziffern-Lege-Aufgabe

Diese verblüffende Ziffern-Aufgabe, Erfinder unbekannt, wurde mit von *L. Vosburgh Lyons* aus New York zugeschickt. Die Ziffern von 1 bis 8 sind in die acht Kreise des Bildes 31 zu setzen, mit einer Vorbedingung: Keine zwei Ziffern, die in der Zahlenreihe unmittelbar benachbart sind, dürfen in Kreise gesetzt werden, die direkt mit einer Linie verbunden sind. Zum Beispiel, wenn 5 in den obersten Kreis gesetzt wird, darf weder 4 noch 6 in einen der drei Kreise gesetzt werden, die die darunterliegende waagrechte Reihe bilden, weil jeder dieser Kreise direkt mit dem obersten Kreis durch eine gerade Linie verbunden ist.

Es gibt nur eine Lösung (eine Verschiebung in der Runde oder ein Spiegelbild wird nicht als verschieden gewertet), wenn man aber versucht, sie ohne logische Überlegung zu finden, ist die Aufgabe schwer.

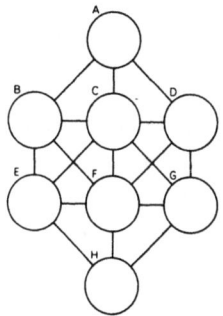

Bild 31
Eine schwierige Zahlenaufgabe

2. Die Dame oder der Tiger?

Frank Stocktons berühmte Kurzgeschichte „Die Dame oder der Tiger?" erzählt von einem halbbarbarischen König, der gern eine seltsame Art von Rechtssprechung anwandte. Der König saß auf einem hohen Thron auf einer Seite seiner Arena. Auf der gegenüberliegenden Seite waren zwei gleiche Türen. Der Gefangene, dem der Prozeß gemacht wurde, durfte nur eine der beiden Türen öffnen, wobei ihn der „unparteiische und unbestechliche Zufall" leiten sollte. Hinter der einen Tür war ein hungriger Tiger; hinter der anderen eine begehrenswerte junge Dame. Wenn der Tiger durch die Tür sprang, wurde das Schicksal des Mannes als gerechte Strafe für sein Verbrechen betrachtet. Wenn die Dame heraustrat, wurde die Unschuld des Mannes mit einer Heiratszeremonie auf der Stelle belohnt.

Der König hat ein Verhältnis seiner Tochter mit einem Höfling entdeckt und macht dem unglücklichen jungen Mann den Prozeß. Die Prinzessin weiß, welche Tür den Tiger verbirgt. Sie weiß auch, daß hinter der anderen Tür die schönste Hofdame wartet, die sie dabei beobachtet hat, wie sie ihrem Liebhaber schöne Augen machte. Der Höfling weiß, daß die Prinzessin es weiß. Sie macht eine „leichte, schnelle Bewegung" zur Rechten. Er öffnet die Tür zu Rechten. Die Geschichte schließt mit der quälenden Frage: „Wer kam aus der geöffneten Tür — die Dame oder der Tiger?"

Nach ausführlichen Nachforschungen über diesen Vorfall vermag ich den ersten vollen Bericht darüber zu geben, was anschließend geschah. Die zwei Türen waren nahe nebeneinander und so in den Angeln, daß sie gegeneinander öffneten. Nachdem er die rechte Tür geöffnet hatte, riß der Höfling schnell die andere Tür auf und verbarrikadierte sich in dem Dreieck, das die Türen mit der Mauer bildeten. Der Tiger kam aus der einen Tür, schritt durch die andere und fraß die Dame.

Der König war ein wenig verblüfft, aber da er Geistesgegenwart schätzte, gewährte er dem Höfling einen zweiten Prozeß. Da er dem durchtriebenen jungen Mann nicht noch eine 50 zu 50 Chance geben wollte, ließ er die Arena umbauen, so daß statt des einen Türenpaares nun drei Paar Türen da waren. Hinter ein Paar brachte er zwei hungrige Tiger. Hinter das zweite Paar brachte er einen Tiger und eine Dame. Hinter das dritte Paar brachte er zwei Damen, die eineiige Zwillinge und genau gleich gekleidet waren.

Der grausame Plan war wie folgt: Der Höfling muß zuerst ein Türenpaar wählen. Dann muß er eine der beiden Türen wählen; ein Schlüssel wird ihm zugeworfen, um sie zu öffnen. Wenn der Tiger herauskommt, dann wäre es vorbei. Erscheint die Dame, dann würde die Türe sofort wieder zugeworfen. Die Dame und ihr unbekannter Partner (entweder ihre Zwillingsschwester oder ein Tiger) werden heimlich in den gleichen beiden Räumen ausgetauscht, je nachdem wie eine besonders geprägte Goldmünze fällt, ob mit einer Dame oder einem Tiger obenauf. Der Höfling muß ein zweites Mal zwischen den zwei Türen wählen, ohne zu wissen, ob die Einteilung verschieden oder gleich wie vorher ist. Wenn er einen Tiger wählt, dann wäre es diesmal vorbei; wenn eine Dame, würde die Türe wieder zugeworfen; das Münze-Werfen wird dann wiederholt, um festzulegen, wer in welchen Raum kommt, und der Höfling muß zum dritten und letzten Mal eine der beiden Türen wählen. Ist er bei seiner letzten Wahl erfolgreich, darf er die Dame heiraten und die Quälerei ist vorüber.

Der Tag des Gerichts kam und alles ging nach Plan. Zweimal wählte der Höfling eine Dame. Er versuchte sein Bestes, um herauszubekommen, ob die zweite Dame dieselbe sei wie die erste, aber er konnte sich nicht entscheiden. Schweißperlen glitzerten auf seiner Stirn. Das Gesicht der Prinzessin — sie wußte diesmal nicht, wer wohin gegangen war — war bleich wie weißer Marmor.

Mit welcher genauen Wahrscheinlichkeit konnte der Höfling bei seinem dritten Raten eine Dame finden?

3. Ein Tennis-Match

Miranda schlug Rosemarie beim Tennis in einem Satz, wobei sie sechs Spiele, Rosemarie drei gewann. Fünf Spiele wurden von der Spielerin gewonnen, die nicht aufschlug. Wer schlug zuerst auf?

4. Die farbigen Kegel

Ein reicher Mann hatte zwei Kegelbahnen in seinem Keller. Auf einer Kegelbahn wurden zehn dunkelfarbige Kegel benützt; auf der anderen zehn hellfarbige Kegel. Der Mann hatte eine Vorliebe für Mathematik, und die folgende Aufgabe fiel ihm eines Abends ein, als er seinen Wurf übte:

Ist es möglich, die Kegel der beiden Farben zu mischen, dann zehn Kegel auszusuchen, die in der gewöhnlichen Dreiecksform so aufgestellt werden, daß keine drei Kegel derselben Farbe die Ecken eines dazwischenliegenden Dreieckes markieren?

Wenn es möglich ist, zeigen Sie, wie man es macht. Andernfalls beweisen Sie, daß es nicht geht. Ein Satz Damesteine kann benützt werden, um die Aufgabe auszuarbeiten.

5. Die Aufgabe mit den sechs Zündhölzern

Professor *Lucius S. Wilsun* ist ein glänzender, wenn auch etwas exzentrischer Topologe. Sein Name war früher Wilson. Als Student höherer Semesters fiel ihm auf, daß, wenn sein voller Name — Lucius Sims Wilson — in großen Buchstaben geschrieben wurde, alle Buchstaben außer dem O topologisch äquivalent waren. Dies störte ihn so sehr, daß er seinen Namen standesamtlich ändern ließ.

Als ich ihn neulich zum Mittagessen traf, fand ich ihn, wie er auf dem Tischtuch Muster mit sechs Zündhölzern legte. „Ein neues topologisches Rätsel?" fragte ich hoffnungsvoll.

„Gewissermaßen", erwiderte er. „Ich versuche herauszufinden, wieviele topologisch verschiedene Muster ich mit sechs Zündhölzern machen kann, wenn ich sie flach auf den Tisch lege, ohne daß ein Zündholz ein anderes kreuzt, und sie sich nur an den Enden berühren."

„Das sollte nicht schwierig sein", sagte ich.

„Na ja, es ist umständlicher, als Sie wohl denken. Ich habe gerade alle Muster für kleinere Mengen von Zündhölzern ausgearbeitet." Er reichte mir einen Umschlag, auf dessen Rückseite er die Zeichnung von Bild 32 entworfen hatte.

„Haben Sie nicht ein Fünf-Zündhölzer-Muster übersehen?" sagte ich. „Sehen Sie diese dritte Figur an – das Quadrat mit dem Schwanz. Legen Sie einmal den Schwanz in das Quadrat hinein. Wenn die Zündhölzer auf der Ebene verbleiben, kann offensichtlich kein Muster in ein anderes verformt werden."

Wilsun schüttelte den Kopf. „Das ist eine allgemein falsche Auffassung über topologische Äquivalenz. Es ist wahr, daß, falls eine Figur durch Ziehen und Strecken, ohne Brechen und Zerreißen, in eine andere verwandelt werden

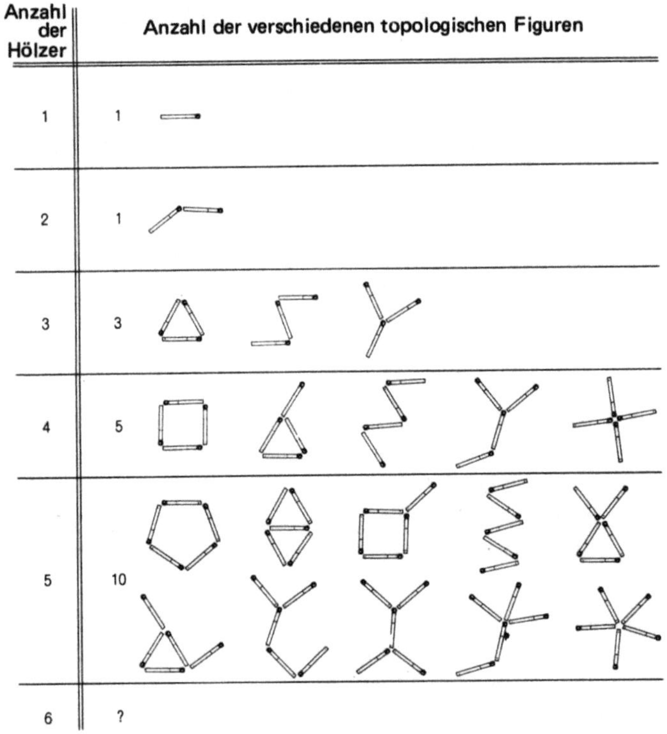

Anzahl der Hölzer	Anzahl der verschiedenen topologischen Figuren
1	1
2	1
3	3
4	5
5	10
6	?

Bild 32 Eine Übersicht der topologisch verschiedenen Muster, die mit einem bis sechs Zündhölzern gelegt werden können

kann, die zwei topologisch identisch — wie wir Topologen gerne sagen — homöomorph sein müssen. Aber nicht anders herum. Falls zwei Figuren homöomorph sind, ist es nicht immer möglich, eine in die andere zu deformieren."

„Verzeihung", sagte ich.

„Topologieren Sie nicht. Zwei Figuren sind homöomorph, wenn Sie, während Sie fortlaufend von Punkt zu Punkt eine Figur entlangstreichen, eine entsprechende Bewegung von Punkt zu Punkt die andere Figur entlang machen können — die Punkte der zwei Figuren müssen natürlich im Verhältnis 1:1 stehen. Zum Beispiel ist ein Stück Schnur, das an den Enden verbunden ist, homöomorph mit einem Stück Schnur, das geknotet wird, bevor die Enden verbunden werden, obgleich Sie offensichtlich das eine nicht in das andere verformen können. Zwei Kugeln, die sich außen berühren, sind homöomorph mit zwei Kugeln verschiedener Größe, von denen die kleinere in der anderen steckt und die sich an einem Punkt berühren."

Ich muß zweifelnd ausgesehen haben, denn er fügte schnell hinzu: „Sehen Sie, so können Sie es ganz einfach Ihren Lesern klarmachen. Diese Zündholzfiguren liegen auf der Ebene, aber denken Sie sie mal als Gummibänder. Sie können sie aufnehmen, in jeder beliebigen Weise damit umgehen, sie umdrehen, und, wenn Sie wollen, sie wieder zurücklegen. Kann dabei eine Figur in eine andere verwandelt werden, so sind sie topologisch gleich."

„Ich verstehe", sagte ich. „Wenn man sich eine Figur im höheren Raum eingebettet denkt, dann ist es möglich, sie in jede andere Figur, die ihr topologisch äquivalent ist, umzuformen.

„Ganz genau. Stellen Sie sich das endlose Seil oder die zwei Kugeln im vierdimensionalen Raum vor. Der Knoten kann geknüpft oder gelöst werden, während die Enden verbunden bleiben. Die kleine Kugel kann in die große hinein oder aus ihr herausbewegt werden."

Mit diesem Verständnis topologischer Äquivalenz wird der Leser gebeten, die genaue Anzahl topologisch verschiedener Figuren zu bestimmen, die mit sechs Zündhölzern in der Ebene geformt werden können. Merken Sie sich, die Zündhölzer selbst sind steif und alle von derselben Größe. Sie dürfen nicht gebogen oder gestreckt werden, sie dürfen nicht überstehen und sie dürfen sich nur an den Enden berühren. Aber wenn eine Figur einmal gebildet ist, muß man sie sich als eine elastische Struktur denken können, die man aufnehmen, im dreidimensionalen Raum verformen und wieder in die Ebene zurücklegen kann. Die Figuren sind keine graphischen Zeichnungen, in denen Ecken, wo zwei Zündhölzer aufeinandertreffen, ihre Identität bewahren. Auf diese Weise ist ein Dreieck einem Quadrat oder einem

Fünfeck äquivalent; eine Kette von zwei Zündhölzern ist einer Kette jeglicher Länge äquivalent; die großen Buchstaben E, F, T und Y sind alle äquivalent; R ist dasselbe wie sein Spiegelbild und so weiter.

6. Zwei Schach-Aufgaben: Minimum- und Maximum-Angriffe

Viele schöne Schachaufgaben beziehen das wechselseitige Spiel nicht ein; sie benützen die Figuren und das Brett nur, um eine reizvolle mathematische Aufgabe zu stellen. Hier folgen zwei klassische Aufgabenprobleme, die sicherlich zusammengehören:

1. Die Minimum-Angriffs-Aufgabe: Stellen Sie die acht Figuren einer Farbe (König, Königin, zwei Läufer, zwei Springer, zwei Türme) so auf das Brett, daß die kleinstmögliche Anzahl von Feldern angegriffen wird. Eine Figur greift das Feld, auf dem sie steht, nicht an, aber natürlich kann sie Felder angreifen, die von anderen Figuren besetzt sind. In Bild 33 sind zweiundzwanzig Felder (grau) angegriffen, aber diese Anzahl kann bedeutend vermindert werden. Es ist nicht nötig, daß die beiden Läufer auf verschiedene Farben gesetzt werden.

2. Die Maximum-Angriffs-Aufgabe: Stellen Sie dieselben acht Figuren so auf das Brett, daß die größtmögliche Anzahl von Feldern angegriffen wird. Wieder greift eine Figur ihr eigenes Feld nicht an, aber sie kann andere besetzte Felder angreifen. Die beiden Läufer müssen nicht auf verschiedenen Farben stehen. In Bild 34 sind fünfundfünfzig Felder (grau) angegriffen. Das ist weit vom Maximum entfernt.

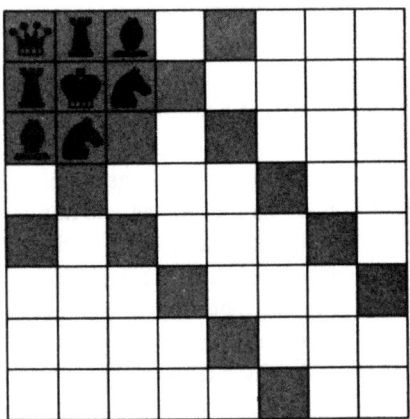

Bild 33
Die Minimum-Angriff-Aufgabe

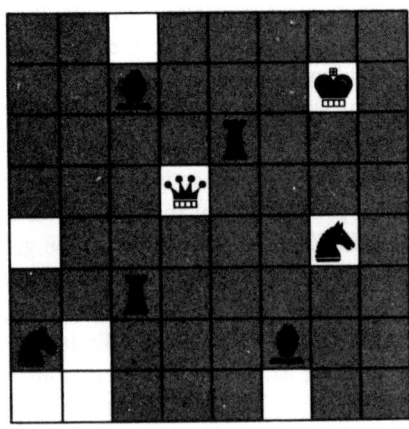

Bild 34
Die Maximum-Angriff-Aufgabe

Es gibt einen Beweis für die Maximum-Anzahl, wenn die Läufer auf Feldern derselben Farbe stehen. Niemand hat bis jetzt aber das Maximum bewiesen, wenn die Läufer auf verschiedenen Farben stehen. Das Minimum scheint dasselbe zu sein ohne Rücksicht darauf, ob die Läufer auf derselben oder auf verschiedenen Farben stehen, aber beide Fälle sind nicht durch Beweis erhärtet. Es haben so viele Schach-Experten an diesen Aufgaben gearbeitet, daß nicht zu erwarten ist, daß sich diese Ergebnisse noch ändern. Wenn ein Leser die Rekorde schlagen sollte, wäre dies eine große Neuigkeit in Schachaufgabenkreisen.

7. Wie weit fuhr die Familie Schmidt?

Eines Morgens um zehn Uhr verließen Herr Schmidt und seine Frau ihr Haus in Connecticut, um zum Heim der Eltern der Frau Schmidt in Pennsylvanien zu fahren. Sie beabsichtigten, einmal auf dem Weg zum Mittagessen in Patricia Murphy's Restaurant „Kerzenlicht" in Westchester zu unterbrechen.

Der bevorstehende Besuch bei seinen Schwiegereltern zusammen mit Geschäftssorgen versetzten Herrn Schmidt in eine gedrückte, ungesprächige Laune. Erst um elf Uhr wagte Frau Schmidt zu fragen: „Wie weit haben wir noch, mein Lieber? "

Herr Schmidt warf einen Blick auf den Meilenzähler. „Halb so weit wie die Entfernung zwischen hier und dem Restaurant von Patricia Murphy", murrte er.

Sie kamen mittags im Restaurant an, genossen ein gemütliches Mittagessen und machten sich wieder auf den Weg. Erst um fünf Uhr, als sie 200 Meilen von der Stelle weg waren, an der Frau Schmidt das erstemal gefragt hatte, fragte sie ein zweitesmal. „Wie weit ist es noch, mein Lieber? "

„Halb so weit," brummte er, „wie die Entfernung zwischen hier und Patricia Murphy's Restaurant."

Sie erreichten ihr Ziel um sieben Uhr abends. Wegen der Verkehrsverhältnisse war Herr Schmidt in sehr verschiedenen Geschwindigkeiten gefahren. Trotzdem ist es ganz einfach festzustellen (und das ist die Aufgabe), wie weit genau die Schmidts von einem Haus zum anderen fuhren.

8. Voraussage eines Fingerzählens

Am letzten Neujahrstag wunderte sich ein Mathematiker über die seltsame Art, in der seine kleine Tochter mit den Fingern ihrer linken Hand zu zählen begann. Sie fing an und nannte den Daumen 1, den Zeigefinger 2, den Mittelfinger 3, den Ringfinger 4, den kleinen Finger 5 und drehte dann die

Richtung um, wobei sie den Ringfinger 6, den Mittelfinger 7, den Zeigefinger 8 und den Daumen 9 nannte, dann wieder zurück zum Zeigefinger mit 10, dem Mittelfinger mit 11 und so weiter. Sie fuhr fort, in dieser besonderen Weise hin und her zu zählen, bis sie die Zahl 20 auf ihrem Ringfinger erreichte.

„Was in aller Welt tust Du denn?" fragte ihr Vater.

Das Mädchen stampfte mit dem Fuß auf. „Jetzt hast Du mich gestört, und ich habe vergessen, wo ich war. Ich muß wieder von vorne anfangen. Ich möchte bis 1962 zählen und sehen, auf welchem Finger ich fertig werde."

Der Mathematiker schloß die Augen und rechnete kurz im Kopf. „Du wirst fertig auf dem . . . . .", sagte er.

Als das Mädchen fertig war und herausfand, daß ihr Vater recht hatte, war sie von der Voraussagekraft der Mathematik so beeindruckt, daß sie sich entschloß, ihre Rechenaufgaben mit doppeltem Eifer zu erledigen. Wie kam der Vater zu seiner Voraussage und welchen Finger sagte er voraus?

Antworten

1. Wenn die Zahlen von 1 bis 8 so in die Kreise gesetzt werden, wie Bild 35 zeigt, so wird keine Zahl durch eine Linie mit einer Zahl verbunden sein, die in der Zahlenreihe unmittelbar vor oder nach ihr steht. Es gibt nur diese eine Lösung (einschließlich ihrer umgekehrten und Spiegelbild-Form).

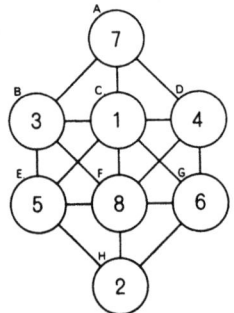

Bild 35
Lösung der Aufgabe 1

L. Vosburgh Lyons löste die Aufgabe wie folgt. In der Reihe 1, 2, 3, 4, 5, 6, 7 und 8 hat jede Ziffer außer 1 und 8 zwei benachbarte Zahlen. In der Zeichnung ist der Kreis C mit jedem Kreis verbunden außer H. Wenn man also irgendeine Zahl der Reihe 2, 3, 4, 5, 6 und 7 in C setzt, bleibt nur Kreis H übrig, um beide Nachbarn der jeweiligen Zahl in C aufzunehmen. Das ist unmöglich, so muß C also 1 oder 8 enthalten. Derselbe Schluß ist auf Kreis F anzuwenden. Wegen der Symmetrie des Musters ist es gleichgültig, ob 1 in C oder F gesetzt wird, also nehmen wir C. Kreis H ist der einzige Kreis, der für 2 paßt. Gleicherweise, mit 8 in Kreis F, paßt nur Kreis A für 7. Die übrigen Zahlen kann man nun leicht einfügen.

Thomas H. O'Beirne, Glasgow, und *Herb Koplowitz*, Elmont, New York, lösten beide die Aufgabe, indem sie ein neues Diagramm zeichneten: Das alte Liniennetz wurde ersetzt durch Verbindungsstriche zwischen allen Kreisen, die vorher *nicht* verbunden waren. Die ursprüngliche Aufgabe verlangt nun, die Ziffern so in die Kreise zu setzen, daß eine fortlaufende Verbindung von 1 bis 8 gezogen werden kann, in der Reihenfolge der Ziffern. Die Betrachtung des neuen Diagramms läßt leicht erkennen, daß nur drei Wege, die Ziffern zu setzen, möglich sind; sie korrespondieren mit den Umdrehungen und Spiegelungen der einzigen Lösung.

Fred Gruenberger von der Rand Corporation in Santa Monica erzählte in einem Brief, daß er dieser Aufgabe vor etwa einem Jahr begegnet war „durch einen Freund in den Walt Disney Studios, wo sich schon die Angestellten von Herrn Disney während eines beträchtlichen Teils der Arbeitszeit damit beschäftigt hatten". Gruenberger benützte sie als Grundlage für eine Westküste-Fernsehschau: „Wie ein Digital-Computer arbeitet". Er zeigte damit den Unterschied auf zwischen der Art, wie sich ein Mathematiker von Fleisch und Blut so einer Aufgabe nähert und der rohen Gewalt eines Digital-Computers, der die Lösung findet, indem er alle möglichen Umstellungen der Ziffern durchläuft, in diesem Falle 40 320 verschiedene Kombinationen.

2. Die Aufgabe „Die Dame oder der Tiger" ist nur eine ausgeschmückte Version der berühmten Ball- und Urnen-Aufgabe, die der große französische Mathematiker *Pierre Simon de Laplace*[1]) analysierte. Die Antwort: Der junge Mann hat bei seiner dritten Wahl der Tür eine Wahrscheinlichkeit von 9 zu 10, daß er die Dame wählen wird. Das Paar Türen, das die zwei Tiger verbirgt, ist schon durch seine erste Wahl einer Dame ausgeschlossen; dies läßt 10 gleich wahrscheinliche Möglichkeiten für die ganze Folge der drei Wahlen übrig.

---

[1]) siehe *James R. Newman* „The World of Mathematics", *Simon und Schuster*, New York, 1956, Band 2, p. 1332

Wenn die Türen zwei Damen verbergen:

Dame 1	– Dame 1	– Dame 1
Dame 1	– Dame 1	– Dame 2
Dame 1	– Dame 2	– Dame 1
Dame 1	– Dame 2	– Dame 2
Dame 2	– Dame 1	– Dame 1
Dame 2	– Dame 1	– Dame 2
Dame 2	– Dame 2	– Dame 1
Dame 2	– Dame 2	– Dame 2

Wenn die Türen eine Dame und einen Tiger verbergen:

Dame 3	– Dame 3	– Dame 3
Dame 3	– Dame 3	– Tiger

Von den zehn Möglichkeiten in der Beispielübersicht der Aufgabe endet nur eine mit einer tödlichen Schlußwahl. Die Wahrscheinlichkeit für das Überleben des Mannes beträgt also 9 zu 10.

3. Die Lösung, die ich im „Scientific American" gegeben habe, war so lange und umständlich, daß viele Leser kürzere und bessere einsandten. *W. B. Hogan* und *Paul Carnahan* fanden beide einfache algebraische Lösungen, *Peter M. Addis* und *Martin T. Pett* benützten beide ein einfaches Diagramm und *Thomas B. Cray Jr.* löste die Aufgabe durch eine geistreiche Anwendung des Binärsystems. Die kürzeste Lösung kam von *Goran Ohlin*, einem Volkswirtschaftler an der Columbia Universität, der sich wie folgt äußerte: „Wer den ersten Aufschlag hatte, hatte den Aufschlag durch fünf Spiele und die andere Spielerin durch vier. Nehmen wir an, die zuerst Aufschlagende gewann x der Spiele, die sie aufschlug und y von den anderen vier Spielen. Die Gesamtanzahl der Spiele, die die Spielerin, die sie aufschlug, verlor, ist demnach 5 - x + y. Dies ist gleich 5 (es wurde uns gesagt, daß die Nicht-Aufschlagende 5 Spiele gewann), darum ist x gleich y und die erste Spielerin gewann im ganzen 2 x Spiele. Nachdem nur Miranda eine gerade Anzahl von Spielen gewann, muß sie diejenige gewesen sein, die den ersten Aufschlag hatte."

4. Es ist nicht möglich, Kegel in zwei verschiedenen Farben zu mischen und in dreieckiger Gruppierung von zehn Kegeln so aufzustellen, daß keine drei Kegel derselben Farbe die Ecken eines dazwischenlegenden Dreiecks markieren. Es gibt viele Beweisführungen. Die folgende ist typisch:

Nehmen wir an, daß die zwei Farben rot und schwarz sind und daß Kegel 5 rot ist (siehe Bild 36). Die Kegel 4, 9 und 3 bilden ein dazwischenliegendes Dreieck, so muß also mindestens einer dieser Kegel rot sein. Wegen der

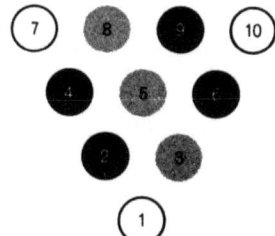

Bild 36
Unmöglichkeitsbeweis
für Aufgabe 4

Symmetrie der Figur kommt es nicht darauf an, welchen wir rot machen. Nehmen wir mal den Kegel 3. Kegel 2 und 6 müssen daher schwarz sein. Die Kegel 2, 6 und 8 bilden ein Dreieck und zwingen uns, 8 zu einem roten Kegel zu machen. Daraus folgt, daß 4 und 9 schwarze Kegel sein müssen. Kegel 10 darf nicht schwarz sein, denn das würde mit 6 und 9 ein schwarzes Dreieck ergeben. Er kann aber auch nicht rot sein, denn das würde ein rotes Dreieck mit 3 und 8 ergeben. Deshalb kann Kegel 5, mit dem wir anfingen, nicht rot sein. Natürlich beweist diese Argumentation auch, daß er nicht schwarz sein kann.

5. Neunzehn topologisch verschiedene Figuren können mit sechs Zündhölzern gelegt werden, wenn man sie auf einer Ebene so anordnet, daß sie sich nicht überschneiden und nur an ihren Enden berühren. Die neunzehn Figuren sind in Bild 37 gezeigt. Wenn die Beschränkung auf eine Ebene fallengelassen wird und dreidimensionale Figuren erlaubt werden, ist nur eine zusätzliche Figur möglich, das Gerüst eines Tetraeders.
Die Leser *William G. Hoover* und *Victoria N. Hoover*, Durham, North Carolina, *Ronald Read*, Universität London, und *Henry Eckhardt*, Fair Oaks, California, weiteten die Aufgabe auf sieben Zündhölzer aus und fanden neununddreißig topologisch verschiedene Muster.

6. Bild 38 zeigt, wie acht Schachfiguren einer Farbe so auf das Brett gesetzt werden können, daß nur sechzehn Felder angegriffen sind. Die Königin und der Läufer in der Ecke können ausgetauscht werden, um ein 16-Felder-Minimum mit Läufern derselben Farbe zu erhalten. Dies scheint das Minimum zu sein ohne Rücksicht darauf, ob die Läufer von derselben oder verschiedenen Farben sind. Die Aufstellung löst auch zwei weitere Minimum-Aufgaben für die acht Figuren: eine Minimum-Anzahl von Zügen (zehn) und eine Minimum-Anzahl von Figuren, die gezogen werden können (drei).
Bild 39 zeigt eine Möglichkeit, die acht Figuren so aufzustellen, daß alle 64 Felder angegriffen sind, offensichtlich das Maximum. Mit Läufern in ver-

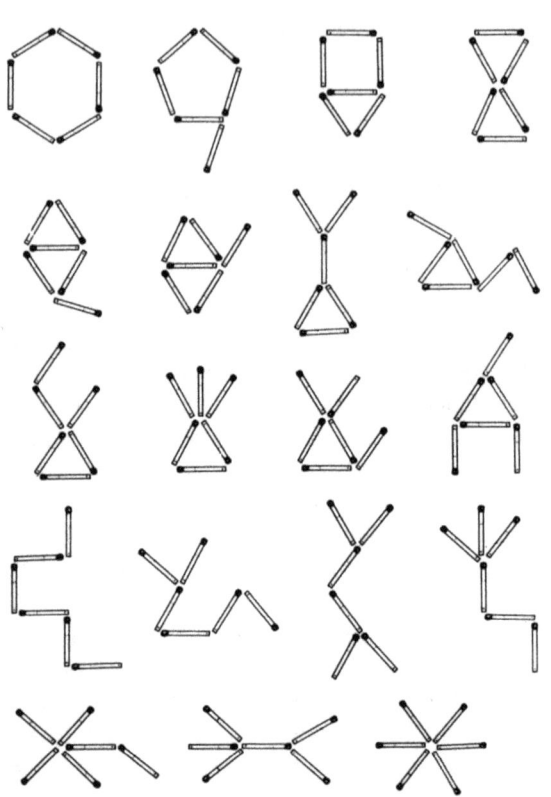

Bild 37
Lösung der Aufgabe 5

Bild 38
Lösung der Minimum-Angriff-Aufgabe

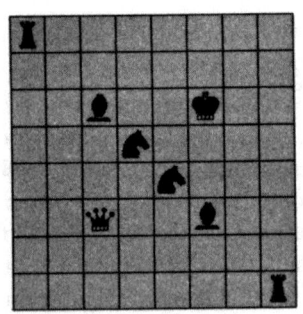

Bild 39
Lösung der Maximum-Angriff-Aufgabe mit Läufern auf der gleichen Farbe

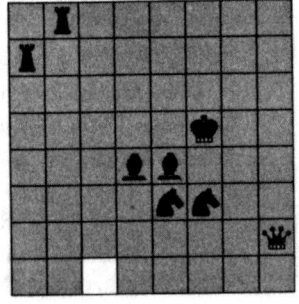

Bild 40
Lösung der Maximum-Angriff-Aufgabe mit Läufern auf verschiedenen Farben

schiedenen Farben scheint 63 das Maximum zu sein. Es gibt Dutzende
verschiedener Lösungen, von denen eine in Bild 40 gezeigt wird. Die genaue
Anzahl verschiedener Lösungen ist nicht bekannt.

Die Maximum-Angriffs-Aufgabe mit Läufern verschiedener Farbe wurde von
J. *Kling* 1849 das erstemal mit der zusätzlichen Bedingung vorgeschlagen,
daß der König das einzige Feld, das nicht angegriffen ist, besetzen soll. Die
Leser mögen sich damit unterhalten, eine solche Lösung zu suchen, wie auch
ein Muster (ungewöhnlich schwierig), bei dem das nicht angegriffene Feld in
einer Ecke des Brettes liegt. Zwei Leser, *C. C. Verbeek*, Den Haag, und
Roger Maddux, Arcadia, California, sandten identische Lösungen der zweiten
Aufgabe; dabei ist das nicht angegriffene Eckfeld von einem Turm besetzt.
Es hat sich gezeigt, daß das nicht angegriffene Feld an jeder Stelle des
Brettes liegen kann.

7. Um die Entfernung herauszufinden, die die Schmidts auf ihrer Fahrt von
Connecticut nach Pensylvanien zurücklegten, sind die verschiedenen angegebenen Tageszeiten unwesentlich, nachdem Schmidt mit unterschiedlichen
Geschwindigkeiten fuhr. An zwei Punkten des Weges stellte Frau Schmidt
eine Frage. Schmidts Antworten zeigen an, daß die Entfernung vom ersten
Punkt bis Patricia Murphy's Restaurant „Kerzenlicht" zwei Drittel der
Entfernung zwischen dem Anfangspunkt der Fahrt und dem Restaurant
beträgt, und die Entfernung zwischen dem Restaurant und dem zweiten
Punkt ist zwei Drittel der Entfernung zwischen dem Restaurant und dem
Ende der Fahrt. Es ist daher offensichtlich, daß die Entfernung von Punkt
zu Punkt (von der uns gesagt wurde, sie betrage 200 Meilen) zwei Drittel der
Gesamtentfernung ausmacht. Das ergibt für die Gesamtentfernung 300 Meilen. Bild 41 mag dies alles klären.

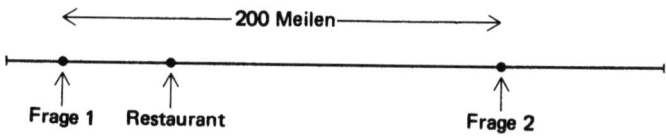

Bild 41   Zeichnung für Aufgabe 7

8. Als das kleine Mädchen des Mathematikers bis 1 962 auf ihren Fingern
zählte, wobei sie in der beschriebenen Art hin und her zählte, endete das
Zählen auf dem Zeigefinger. Die Finger werden in Wiederholungen einer
Folge von acht Zahlen gezählt, wie Bild 42 zeigt. Es ist eine einfache Sache,

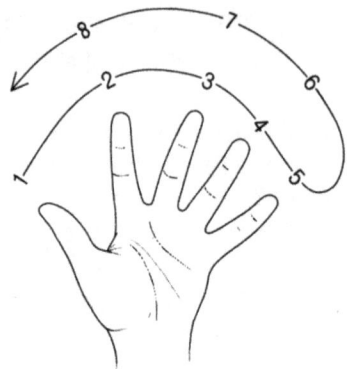

Bild 42
Wie die Finger für die Aufgabe 8
beziffert werden

die Vorstellung der Zahlenkongruenz, Modul 8, anzuwenden, um zu berechnen, wo die Zählung für irgendeine verlangte Zahl hintreffen wird. Wir müssen nur die Zahl durch 8 teilen, den Rest merken und nachsehen, welcher Finger diese Ziffer trägt. Die Zahl 1 962 geteilt durch 8 hat einen Rest von 2, so fällt die Zählung auf den Zeigefinger.

Als er im Kopf die 1 962 durch 8 teilte, erinnerte sich der Mathematiker an die Regel, daß jede Zahl durch 8 teilbar ist, wenn ihre letzten drei Ziffern durch 8 teilbar sind, so mußte er nur 962 durch 8 teilen, um den Rest zu ermitteln.

8. Eine Spiel-Lernmaschine aus Zündholzschachteln

> Ich wußte wenig über Schach, da aber nur ein paar Figuren auf dem Brett standen, war es ersichtlich, daß das Spiel fast zu Ende war... Moxon's Gesicht war geisterbleich und seine Augen glitzerten wie Diamanten. Seinen Gegner sah ich nur von rückwärts, aber das war genug; ich hätte sein Gesicht nicht sehen mögen.

Das Zitat stammt aus *Ambrose Bierces* klassischer Roboter-Geschichte „Moxons Meister"[1]). Der Erfinder Moxon hat einen schachspielenden Roboter konstruiert. Moxon gewinnt ein Spiel. Der Roboter erwürgt ihn.

Bierces Geschichte enthüllt eine wachsende Furcht. Werden uns die Computer eines Tages aus der Hand gleiten und einen eigenen Willen entwickeln? Glauben Sie nicht, daß diese Frage heute nur von denen gestellt wird, die von Computern nichts verstehen. Vor seinem Tod sah *Norbert Wiener* mit wachsender Sorge dem Tag entgegen, an dem komplizierte Regierungsentscheidungen ausgetüftelten Spiel-Theorie-Maschinen überantwortet würden. Bevor wir es gewahr werden, warnte *Wiener*, könnten uns diese Maschinen über die Grenzlinie hinaus und in einen selbstmörderischen Krieg hineinschieben.

Die größte Bedrohung durch nicht voraussagbares Verhalten kommt von den Lernmaschinen: Computern, die sich durch Erfahrung verbessern. Solche Maschinen tun nicht, was ihnen zu tun eingegeben worden ist, sondern was sie zu tun gelernt haben. Sie erreichen rasch einen Punkt, an dem der Programmierer nicht mehr länger weiß, welche Schaltungen die Maschine enthält. In den meisten dieser Computer sind Zufalls-Generatoren. Wenn die Konstruktion auf dem zufälligen Zerfall von Atomen einer kleinen Menge radioaktiven Materials basiert, ist das Verhalten der Maschine (so glauben die meisten Physiker) nicht einmal im Prinzip voraussagbar.

Die Forschung an Lernmaschinen hat vorwiegend mit Computern zu tun, die ständig ihre Spielgeschicklichkeit verbessern. Einiges der Forschungsarbeit ist geheim – Krieg ist ein Spiel. Die erste bedeutende Maschine dieses Typs war ein IBM 704 Computer, von *Arthur L. Samuel* von der IBM Forschungsabteilung in Poughkeepsie, New York, programmiert. 1959 stellte *Samuel* den Computer so ein, daß er nicht nur ein hübsches Dame-Spiel spielte, sondern auch fähig war, seine fertigen Spiele durchzusehen und seine

---

[1]) nachgedruckt in *Groff Conklins* ausgezeichneter Science-fiction-Anthologie „Thinking Machines" („Denkende Maschinen", A.d.Ü.)

Strategie im Licht dieser Erfahrung zu modifizieren. Zunächst konnte *Samuel* seine Maschine leicht schlagen. Statt ihn zu erwürgen, verbesserte sich die Maschine rasch und hatte bald den Punkt erreicht, wo sie ihren Erfinder bei jedem Spiel übers Ohr hauen konnte. So weit ich weiß, ist bis jetzt für Schach noch kein ähnliches Programm entworfen worden, obwohl es verschiedene geistreiche Programme für nichtlernende Schachmaschinen gibt. Vor ein paar Jahren wurde erzählt, daß der russische Schach-Großmeister *Michail Botwinnik* gesagt habe, der Tag werde kommen, an dem ein Computer Meister-Schach spielen könne. „Dies ist natürlich Unsinn", schrieb der amerikanische Schachexperte *Edward Lasker* in einem Artikel über Schachmaschinen in „The American Chess Quarterly"¹). Aber *Lasker* selbst sprach Unsinn. Ein Schach-Computer hat drei gewaltige Vorteile gegenüber seinem menschlichen Gegner: (1) er macht niemals einen Leichtsinnsfehler; (2) er kann Züge im voraus analysieren in einer Schnelligkeit, die den menschlichen Spieler bei weitem übertrifft; (3) er kann seine Geschicklichkeit unbegrenzt verbessern. Man kann wohl mit gutem Grund erwarten, daß eine Schach-Lernmaschine, nachdem sie Tausende von Spielen mit Experten gespielt hat, eines Tages das Geschick eines Meisters entwickelt. Es ist sogar möglich, eine Schachmaschine so zu programmieren, daß sie dauernd und heftig gegen sich selbst spielt. Ihre Geschwindigkeit würde sie instandsetzen, in kurzer Zeit eine Erfahrung zu gewinnen, die weit über die eines jeden menschlichen Spielers hinausreicht.

Der Leser, der gerne mit Spiel-Lernmaschinen experimentieren möchte, muß nicht erst einen elektronischen Computer kaufen. Er braucht sich nur mit einem Vorrat an leeren Streichholzschachteln und farbigen Glasperlen zu versorgen. Diese Methode, eine einfache Lernmaschine zu bauen, ist die glückliche Erfindung *Donald Michies*, eines Biologen an der Universität Edinburg. Unter dem Titel „Trial and Error"²) beschrieb *Mitchie* eine ticktacktoe³)-Lernmaschine, mit Namen MENACE⁴), die er aus dreihundert Zündholzschachteln baute. MENACE ist erfreulich einfach in der Bedienung. Auf jede Schachtel klebt man eine Zeichnung einer möglichen tick-

---

[1]) Zeitschrift „Das Amerikanische Schach Quartalsblatt", A.d.Ü.; Ausgabe Herbst 1961
[2]) „Versuch und Irrtum", A.d.Ü.; Penguin Science Survey 1961, Band 2
[3]) ein Schreibspiel, bei dem ein Spieler in Kästchen einer kreuzförmigen Figur drei Kreuze in einer Linie einzeichnen muß, was der Gegenspieler durch das Einzeichnen von Nullen zu verhindern sucht; A.d.Ü.
[4]) <u>M</u>atchbox <u>E</u>ducable <u>N</u>aughts <u>A</u>nd <u>C</u>rosses <u>E</u>ngine = Zündholzschachtel-Lernmaschine für das Null-und-Kreuz-Spiel; MENACE = Drohung; A.d.Ü.

tacktoe Spielstellung. Die Maschine macht immer den ersten Zug, so sind nur Muster nötig, denen die Maschine bei ungeraden Zügen gegenübersteht. In jeder Schachtel sind kleine Glasperlen in verschiedenen Farben, wobei jede Farbe ein mögliches Maschinenspiel anzeigt. Ein V-förmiger Kartonstreifen wird auf den Boden jeder Schachtel geklebt, so daß die Perlen, wenn die Schachtel geschüttelt oder gestürzt wird, in das V hineinrollen. Schachteln für den ersten Zug enthalten vier Perlen jeder Farbe, Schachteln für den dritten Zug enthalten 3 Perlen jeder Farbe, Schachteln für den fünften Zug haben zwei Perlen jeder Farbe, Schachteln für den siebenten Zug eine Perle jeder Farbe.

Des Roboters Zug wird bestimmt, indem man eine Schachtel schüttelt und stürzt, den Schachtelboden herauszieht und die Farbe der „Eck"-Perle (der Perle in der Ecke des V) ermittelt. Schachteln, die in einem Spiel benutzt wurden, bleiben offen, bis das Spiel zu Ende ist. Wenn die Maschine gewinnt, wird sie belohnt durch Hinzufügen von drei Perlen der Eckfarbe in jede offene Schachtel. Ist das Spiel unentschieden, ist die Belohnung eine Perle pro Schachtel. Wenn die Maschine verliert, wird sie bestraft, indem man die Eckperle aus jeder offenen Schachtel herausnimmt. Dieses System von Belohnung und Strafe korrespondiert genau mit der Art, wie Tiere und sogar Menschen belehrt und geschult werden. Je mehr Spiele MENACE macht, desto mehr wird sie offensichtlich dazu neigen, Züge, die zum Gewinnen führen, zu bevorzugen und Züge, die verlieren lassen, zu meiden. Das macht sie zu einer echten Lernmaschine, obgleich von einer außerordentlich einfachen Art. Sie macht keine Selbstanalyse fertiger Spiele (wie *Samuels* Dame-Maschine), was zum Entwerfen neuer Strategien führen würde.

Michies erstes Turnier mit MENACE bestand aus 220 Spielen über eine Zeit von zwei Tagen. Zuerst konnte man die Maschine leicht übertölpeln. Nach siebzehn Spielen hatte die Maschine alle Eröffnungen außer der Eckeröffnung fallengelassen. Nach dem zwanzigsten Spiel holte sie dauernd auf, bis *Michie* in der Hoffnung, sie in eine Niederlage zu locken, ungesunde Variationen zu versuchen begann. Dies zahlte sich aus, bis die Maschine lernte, mit all diesen Variationen fertig zu werden. Als *Michie* sich aus dem Wettkampf zurückzog, nachdem er jeweils acht von zehn Spielen verloren hatte, war MENACE ein Meisterspieler geworden.

Da vermutlich wenige Leser versuchen werden, eine Lernmaschine zu bauen, zu der man dreihundert Zündholzschachteln benötigt, habe ich HEXAPAWN[1]) entworfen, ein viel einfacheres Spiel, das nur vierundzwanzig

---

[1]) Sechs-Bauern-Spiel; A.d.Ü.

Schachteln erfordert. Das Spiel ist leicht zu analysieren — es ist wirklich trivial — aber der Leser wird dringend gebeten, es nicht zu tun. Es macht dann viel mehr Spaß, die Maschine zu bauen und zu lernen, das Spiel zu spielen, während die Maschine auch mitlernt.

Bild 43
Das Spiel Hexapawn

HEXAPAWN spielt man auf einem 3 x 3 Brett mit drei Schach-Bauern auf jeder Seite wie in Bild 43. Zehn- oder Einpfennigstücke können statt wirklicher Schachfiguren benützt werden. Nur zwei Arten von Zügen sind erlaubt: (1) Ein Bauer kann geradeaus ein Feld zu einem leeren Feld vorrücken; (2) ein Bauer kann einen gegnerischen Bauern schlagen, indem er ein Feld diagonal nach links oder rechts zu einem vom Gegner besetzten Feld vorrückt. Die geschlagene Figur wird vom Brett entfernt. Der Bauer zieht also genauso wie im Schachspiel, nur ist kein Doppelzug, en-passant-Schlagen oder Vorrücken des Bauern erlaubt.

Das Spiel kann auf eine von drei Arten gewonnen werden:
1. durch Vorrücken eines Bauern in die dritte Reihe;
2. durch Schlagen aller gegnerischen Figuren;
3. durch Erreichen einer Stellung, in der der Gegner nicht mehr ziehen kann.

Die Spieler ziehen abwechselnd und bewegen jeweils eine Figur. Ein Unentschieden ist unmöglich, aber es ist nicht sofort ersichtlich, ob der erste oder der zweite Spieler im Vorteil ist.

Um HER[1]) zu konstruieren, braucht man vierundzwanzig leere Zündholzschachteln und einen Vorrat farbiger Perlen. Kleine Zuckerperlen, die es in verschiedenen Farben gibt — Liebesperlen zum Beispiel — oder gefärbte Maiskörner eignen sich auch gut. Jede Zündholzschachtel trägt eine Zeichnung des Bildes 44. Der Roboter macht immer den zweiten Zug. Muster, die

---

[1]) HEXAPAWN Educable Robot = Sechs-Bauern-Spiel-Lern-Roboter; A.d.Ü.

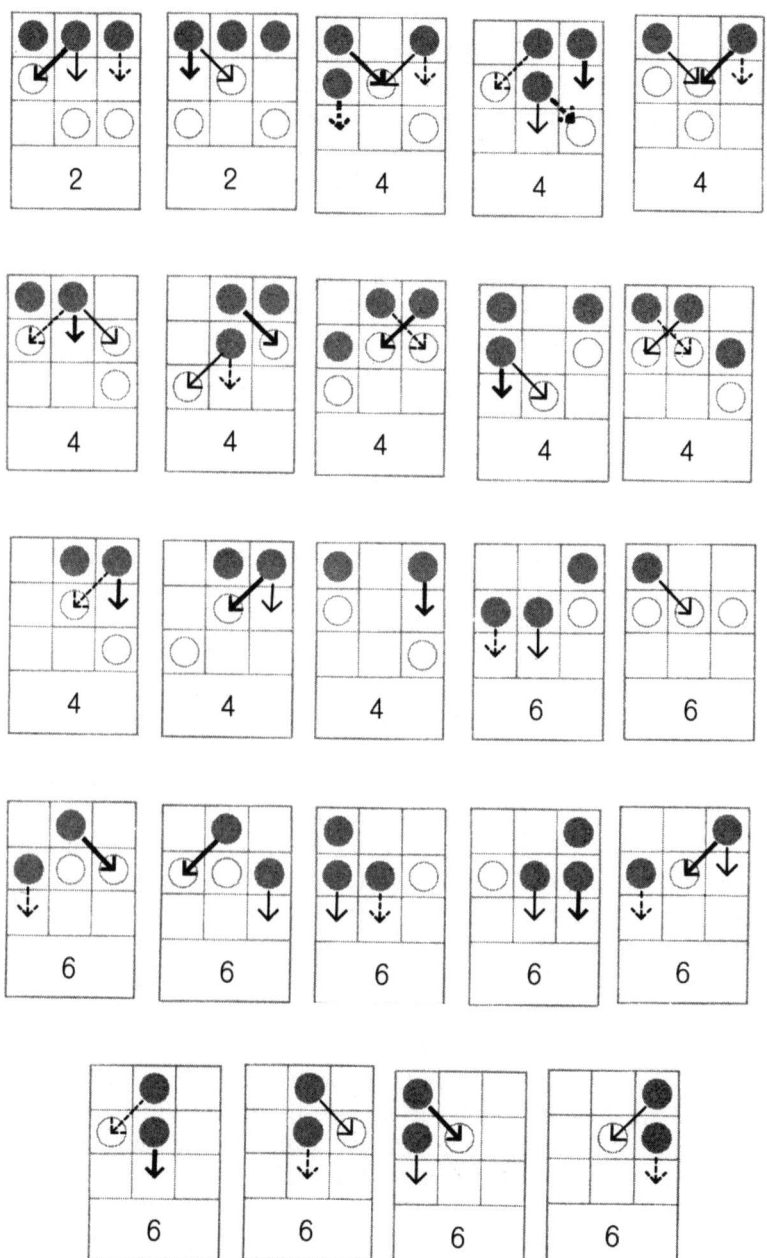

Bild 44 Aufkleber für HER-Zündholzschachteln. (Die vier verschiedenen Arten von Pfeilen stellen vier verschiedene Farben dar)

mit „2" bezeichnet sind, zeigen die zwei Positionen, die HER beim zweiten Zug machen kann. Man hat die Wahl zwischen einer Mitte-Eröffnung oder einer Seiten-Eröffnung, aber nur die linke Seite wird genommen, weil eine Eröffnung auf der rechten offensichtlich zu einem identischen Spielverlauf führen würde (wenn auch spiegelverkehrt). Muster, die mit „4" bezeichnet sind, zeigen die elf Positionen, die HER beim vierten (ihrem zweiten) Zug einnehmen kann. Muster, die mit „6" bezeichnet sind, zeigen die elf Positionen, die HER beim sechsten (ihrem letzten) Zug einnehmen kann. (Ich habe Spiegelbild-Muster bei diesen Positionen mit aufgenommen, um das Arbeiten leichter zu machen; sonst würden neunzehn Schachteln genügen.)

In jede Schachtel lege man eine einzige Perle für jede Farbe der Pfeile auf dem Muster. Der Roboter ist nun fertig zum Spielen. Jeder erlaubte Zug wird durch einen Pfeil dargestellt; der Roboter kann also alle möglichen und nur erlaubte Züge machen. Der Roboter hat keine Strategie. Er ist tatsächlich ein Idiot.

Die Lernmethode geht wie folgt. Der Spieler macht seinen ersten Zug. Dann nimmt man die Schachtel, die die Position auf dem Brett wiedergibt. Man schüttelt die Schachtel, schließt die Augen, zieht die Schachtel auf, nimmt eine Perle heraus. Man schließt die Schachtel, stellt sie nieder und legt die Perle darauf. Man öffnet die Augen, stellt die Farbe der Perle fest, findet den passenden Pfeil und zieht entsprechend. Jetzt ist wieder der Spieler am Zug. Diese Prozedur wird wiederholt, bis das Spiel zu Ende ist. Wenn der Roboter gewinnt, legt man alle Perlen zurück und spielt wieder. Wenn er verliert, straft man ihn, indem man die Perle entfernt, die den *letzten* Zug auslöste. Die anderen Perlen legt man zurück und spielt wieder. Wenn man eine leere Schachtel antrifft (es passiert selten), bedeutet das, daß die Maschine keinen Zug hat, der nicht zum Verlieren führen würde, und aufgibt. In diesem Fall entfernt man die Perle des vorhergehenden Zuges.

Man schreibt eine Tabelle über die Gewinne und Verluste, damit man die ersten fünfzig Spiele verfolgen kann. Bild 45 zeigt die Resultate eines typischen Fünfzig-Spiele-Turniers. Nach 36 Spielen (darunter 11 Niederlagen für den Roboter) hat er gelernt, ein perfektes Spiel zu spielen. Das System der Bestrafung ist so entworfen, daß die Zeit zur Erlernung eines perfekten Spiels auf ein Minimum gedrückt wird, aber die Zeit variiert je nach der Geschicklichkeit des Gegners der Maschine. Je besser der Gegner, desto schneller lernt die Maschine.

Der Roboter kann auch auf andere Spielarten eingestellt werden. Beabsichtigt man zum Beispiel, die Anzahl der Gewinnspiele in einem Turnier von, sagen wir, fünfundzwanzig Spielen zu erhöhen, so gibt man der Maschine am

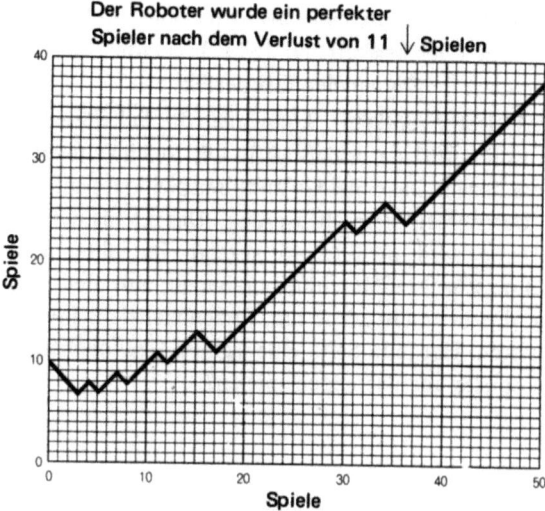

Bild 45 Lernkurve für HER's erste fünfzig Spiele. (Absinken der Kurve zeigt einen Verlust, Ansteigen einen Gewinn an)

besten nur eine Belohnung, aber keine Bestrafung: Wenn sie gewinnt, wird eine Perle der entsprechenden Farbe in jede Schachtel hinzugefügt. Schlechte Züge werden dabei nicht so schnell ausgeschaltet, aber die Maschine ist doch weniger geneigt, schlechte Züge zu machen. Ein interessantes Projekt wäre, einen zweiten Roboter zu konstruieren, HIM[1]), mit einem unterschiedlichen System von Belohnung und Strafe ausgestattet, aber ebenso unfähig zu Beginn eines Turniers. Beide Maschinen müßten größer angelegt werden, so daß sie sowohl den ersten als auch den zweiten Zug machen könnten. Dann könnte zwischen HIM und HER ein Turnier gespielt werden, den ersten Zug abwechselnd, um zu sehen, welche Maschine bei fünfzig Spielen die meisten gewinnen würde.

Ähnliche Roboter kann man leicht für andere Spiele bauen. *Stuart C. Hight*, Direktor der Forschungsstudien bei den Bell Telefon-Laboratorien in Whippany, New Jersey, baute kürzlich eine Lernmaschine aus Zündholzschachteln, genannt NIMBLE[2]), um NIM[3]) mit drei Stößen von je drei

[1]) Hexapawn Instructable Matchboxes = Sechs Bauern instruierbare Zündholzschachteln; A.d.Ü.
[2]) Nim Box Logic Engine = Logische Schachtelmaschine für das Nim-Spiel; A.d.Ü.
[3]) zur Analyse des Nim-Spiels siehe mein „Scientific American Book of Mathematical Puzzles and Diversions", Kapitel 15

Steinen zu spielen. Der Roboter spielt entweder als erster oder zweiter und wird nach jedem Spiel belohnt oder bestraft. NIMBLE brauchte nur achtzehn Schachteln und spielte nach dreißig Spielen fast perfekt.

Indem man die Größe des Bretts reduziert, kann man die Schwierigkeit vieler bekannter Spiele so weit vermindern, daß sie in der Reichweite eines Zündholzschachtel-Roboters liegen. Das Spiel Go zum Beispiel kann auf den Schnittlinien eines 2 x 2 Damebretts gespielt werden. Das kleinste noch nicht triviale Brett für Dame wird in Bild 46 gezeigt. Es sollte nicht schwierig sein, eine Zündholzschachtel-Maschine zu bauen, mit der man darauf spielen kann. Leser, die dies nicht gerne tun, finden vielleicht Freude daran, das Spiel zu analysieren. Hat jede Seite eine sichere Gewinnchance, oder würden zwei perfekte Spieler unentschieden spielen?

Bild 46 Zündholzschachtel-Maschinen können für Mini-Dame (links), aber nicht für Mini-Schach (rechts) gebaut werden

Wenn man Schach auf das kleinste Brett reduziert, auf dem alle zulässigen Züge noch möglich sind wie in Bild 46, so liegt der Schwierigkeitsgrad noch immer weit über der Kapazität einer Zündholzschachtel-Maschine. In der Tat war es mir unmöglich herauszufinden, welcher Spieler, wenn überhaupt einer, im Vorteil ist. Minischach wird Computer-Experten empfohlen, die gerne eine vereinfachte Schachlernmaschine programmieren wollen, und allen Schachspielern, die während einer Arbeitspause schnell ein Spielchen einlegen wollen.

Anhang

Viele Leser, die mit Zündholzschachtel-Lernmaschinen experimentierten, waren so freundlich, mir darüber zu schreiben. *L. R. Tanner*, Westminster College in Salt Lake City, Utah, verwendete HER mit großem Erfolg bei einer College-Veranstaltung. Die Maschine war angelegt, allein durch Belohnung zu lernen, so daß die Mitspieler immer eine Gewinnchance (wenn auch eine sich mindernde) hatten, und die Preise für die Gewinner wurden in dem Maße erhöht, wie HER sich verbesserte.

Mehrere Leser bauten zwei Zündholzschachtel-Maschinen, um sie gegeneinander auszuspielen. *John Chambers* aus Toronto nannte sein Paar THEM[1]. *Kenneth W. Wiszowaty*, Lehrer für Naturwissenschaften an der Phillip Rogers Grundschule in Chikago, sandte mir einen Bericht seiner Schülerin *Andrea Weiland* aus der siebenten Klasse über ihre zwei Maschinen, die gegeneinander spielten, bis eine von ihnen lernte, jedesmal zu gewinnen. *John House* aus Waterville in Ohio nannte seine zweite Maschine RAT[2]) und berichtete, daß RAT sich nach achtzehn Spielen herbeiließ, alle folgenden Spiele von HER gewinnen zu lassen.

Peter J. Sandiford, Direktor für Betriebsforschung der Trans-Canada-Luftlinien in Montreal, nannte seine Maschinen Mark I und Mark II. Wie erwartet, brauchte Mark I achtzehn Spiele, um das Gewinnen zu lernen, und ebenso Mark II, um zu lernen, wie man die längste Hinhalteaktion ausfechten kann. *Sandiford* ersann dann einen teuflischen Plan. Er ließ zwei Schüler, einen Jungen und ein Mädchen eines örtlichen High-School-Mathematikklubs, die nichts über das Spiel wußten, HEXAPAWN gegeneinander spielen, nachdem sie einen Handzettel über die Spielregeln gelesen hatten. „Jeder Spieler war allein in einem Raum", schreibt *Sandiford*, „und gab seine Züge einem Helfer an. Ohne Wissen der Spieler berichteten die Helfer in einen dritten Raum, der die Amateur-Computer und Tabellenschreiber beherbergte. Die Spieler glaubten, sie spielten sozusagen durch Fernkontrolle miteinander, während sie tatsächlich unabhängig voneinander gegen die Computer spielten. Sie spielten abwechselnd schwarz und weiß in den sich folgenden Spielen. Mit viel Durcheinander und gedämpftem Gaudium versuchten wir in der Mitte die Computer zu bedienen, die Spiele auf dem laufenden zu halten und die Tabellen zu führen.

---

[1]) Two-way Hexapawn Educable Machines = Doppelte Sechs-Bauern erziehbare Maschine; A.d.Ü.
[2]) Relentless Auto-Learning Tyrant = erbarmungsloser Selbstlern-Tyrann; A.d.Ü.

Die Schüler wurden gebeten, laufend Bemerkungen über ihre eigenen Züge und die des Gegners zu machen. Hier einige Beispiele:

„Am sichersten ist es: Man versucht, sich nicht schlagen zu lassen; dann gewinnt man fast mit Sicherheit."

„Er hat mich erwischt, aber ich habe ihn auch erwischt. Wenn er tut, was ich erwarte, wird er meinen Bauern nehmen, aber beim nächsten Zug setze ich ihn matt."

„Bin ich dumm!"

„Guter Zug! Ich glaube, ich bin geschlagen."

„Ich glaube nicht, daß er wirklich überlegt. Jetzt sollte er wirklich keine Leichtsinnsfehler mehr machen."

„Gutes Spiel. Sie kommt jetzt hinter meine Spielweise."

„Nachdem er nun überlegt, ist es eher ein fairer Wettstreit."

„Sehr überraschender Zug ... hat er denn nicht gesehen, daß ich gewinnen würde, wenn er vorwärts zieht?"

„Mein Gegner spielte gut. Ich vermute, ich bin nur als erster hinter den Kniff gekommen."

Als die Schüler später vor den Maschinen standen, mit denen sie gespielt hatten, konnten sie kaum glauben, schreibt *Sandiford*, daß sie nicht gegen eine wirkliche Person angetreten waren.

Richard L. Sites, Massachusetts Institute of Technology, schrieb ein FORTRAN Programm für eine IBM 1620. Danach konnte sie lernen, Octapawn[1]) zu spielen, das ist eine 4 x 4 Version von Hexapawn, die mit vier weißen Bauern in der ersten Reihe und vier schwarzen Bauern in der vierten Reihe beginnt. Er berichtet, daß der erste Spieler mit einer Eckeröffnung eine sichere Gewinnchance hat. Zur Zeit seines Schreibens hatte sein Programm Mitteleröffnungen noch nicht ausprobiert.

Judy Gomberg aus Maplewood in New Jersey berichtete, nachdem sie gegen eine von ihr gebaute Zündholzschachtel-Maschine gespielt hatte, daß sie Hexapawn schneller lernte als ihre Maschine, weil sie „jedesmal, wenn diese verlor, eine Zuckerperle herausnahm und aß".

Robert A. Ellis vom Computer-Laboratorium der Ballistischen Forschungslaboratorien, Aberdeen Erprobungsfeld in Maryland, erzählte mir von einem Programm, das er für einen Digital-Computer schrieb, der die Zündholzschachtel-Lerntechnik auf eine ticktacktoe-Lernmaschine anwandte. Die Maschine spielt zuerst ein dummes Spiel, wählt die Züge ganz zufällig und wird

---

[1]) Acht-Bauern-Spiel; A.d.Ü.

vom menschlichen Gegner leicht geschlagen. Dann läßt man die Maschine zweitausend Spiele gegen sich selbst spielen (was sie in zwei oder drei Minuten ausführt), wobei sie fortlaufend lernt. Danach spielt die Maschine mit ausgezeichneter Strategie gegen menschliche Gegner.

Meine Verteidigung der Bemerkung *Botwinniks,* daß Computer eines Tages Meisterschach spielen werden, brachte mir eine Anzahl entrüsteter Briefe von Schachspielern ein. Ein Großmeister versicherte mir, daß *Botwinnik* nur im Scherz gesprochen habe. Der interessierte Leser kann darüber selbst urteilen, wenn er eine Übersetzung der Rede *Botwinniks* liest[1]). „Die Zeit wird kommen," schloß *Botwinnik*, „in der mechanischen Schachspielern der Titel eines internationalen Großmeisters verliehen wird ... und es wird nötig werden, zwei Weltmeisterschaften auszuschreiben, eine für Menschen und eine für Roboter. Das letztere Turnier wird natürlich nicht zwischen Maschinen, sondern zwischen ihren Erfindern und Programmierern ausgetragen."

Eine hervorragende Science-Fiction-Geschichte über so ein Turnier ist *Fritz Leibers* „The 64-Square Madhouse"[2]). *Lord Dunsany* hat übrigens zwei denkwürdige Beschreibungen von Schachspielen gegen Computer gegeben. In seiner Kurzgeschichte „The Three Sailors' Gambit"[3]) ist die Maschine ein magischer Kristall. In seinem Roman „The Last Revolution" — einem Roman aus dem Jahr 1951 über die Computer-Revolution, der erstaunlicherweise in den Vereinigten Staaten nie veröffentlicht worden ist — ist es ein lernender Computer. Die Beschreibung im zweiten Kapitel vom ersten Spiel des Erzählers mit dem Computer ist sicher eine der lustigsten Darstellungen eines Schachspiels, die je geschrieben worden ist.

Die ablehnende Haltung von Meisterschachspielern gegenüber der Vorstellung, daß eines Tages Computer Meisterschach spielen werden, ist leicht zu verstehen; sie ist von *Paul Armer* in einem RAND-Bericht[4]) klar analysiert worden. Die Haltung der Schachspieler ist besonders amüsant. Man kann sich sehr wohl dagegen verwahren, daß Computer erstklassige Musik oder

---

[1]) ursprünglich erschienen in der russischen Zeitung Komsomolskaja Prawda vom 3. Januar 1961; in Amerika veröffentlicht in der Zeitschrift „The Best in Chess", I. A. *Horowitz* und *Jack Straley Battell* Hrsg., Dutton, New York, 1965, pp. 63–69
[2]) „Das 64-Felder Irrenhaus", erschienen in der Zeitschrift „If", Mai 1962; nachgedruckt in: *Fritz Leiber* A Pail of Air", Ballantine, New York, 1964; = „Ein Eimer voll Luft", A.d.Ü.
[3]) „Das Gambit der drei Seeleute", A.d.Ü.
[4]) „Attitudes Toward Intelligent Machines" = „Haltungen gegenüber intelligenten Maschinen", A.d.Ü.; Juni 1962, pp. 2114–2

Poesie schreiben oder künstlerisch wertvolle Bilder malen würden, aber Schach unterscheidet sich nicht wesentlich von ticktacktoe, ausgenommen in seiner riesigen Kompliziertheit, und es gut spielen zu lernen ist genau das, was man am ehesten von Computern erwarten kann.

Meister-Dame-Spielmaschinen werden zweifellos zuerst kommen. Dame ist jetzt so gründlich erforscht, daß Spiele zwischen Meistern fast immer unentschieden enden und um solche Spiele noch interessant zu machen, läßt man jetzt bei den ersten drei Zügen den Zufall entscheiden. *Richard Bellman* behauptet in seiner Schrift „On the Application of Dynamic Programming to the Determination of Optimal Play in Chess and Checkers"[1]), daß „man sicher prophezeien darf, daß Dame innerhalb von zehn Jahren ein vollständig voraussagbares Spiel sein wird".

Schach in seiner Kompliziertheit liegt natürlich auf einem viel höheren Niveau. Man darf annehmen, daß es noch lange dauert, bevor man (wie ein alter Witz in neuer Verkleidung sagt) den ersten Zug eines Schachspiels gegen einen Computer spielt und der Computer dann nach einer kurzen Zeit wütenden Rechnens ausspuckt: „Ich gebe auf!" 1958 sagten einige verantwortungsvolle Mathematiker voraus, daß innerhalb von zehn Jahren Computer Meisterschach spielen würden; das erwies sich aber als superoptimistisch. Als *Tigran Petrosian* Schachweltmeister wurde, soll er, laut „New York Times" vom 24. Mai 1963, Zweifel daran ausgedrückt haben, daß Computer innerhalb der nächsten fünfzehn oder zwanzig Jahre Meisterschach spielen würden.

Hexapawn kann leicht erweitert werden, indem man das Brett verbreitert, dabei aber drei Reihen tief erhält. *John R. Brown* gibt in seiner Schrift „Extendapawn – An Inductive Analysis"[2]) eine vollständige Analyse dieses Spiels. Wenn n die Anzahl der Spalten ist, so gewinnt das Spiel der erste Spieler, wenn die Endziffer von n eine 1, 4, 5, 7 oder 8 ist. In allen anderen Fällen gewinnt der zweite Spieler.

Antworten

Das Dame-Spiel auf dem 4 x 4 Brett ist unentschieden, wenn beide Seiten so gut wie möglich spielen. Wie in Bild 46 gezeigt wird, hat Schwarz die Wahl zwischen drei Eröffnungen: (1) C 5, (2) c 6, (3) D 6.

---

[1]) „Über die Anwendung dynamischen Programmierens auf die Feststellung eines optimalen Spiels bei Schach und Dame" (A.d.Ü.), Proceedings of the National Academy of Sciences, Bd. 53, Februar 1965, pp. 244–47

[2]) „Extendapawn – Eine Einführende Analyse" (A.d.Ü.), Mathematics Magazine, Bd. 38, November 1965, pp. 286–99

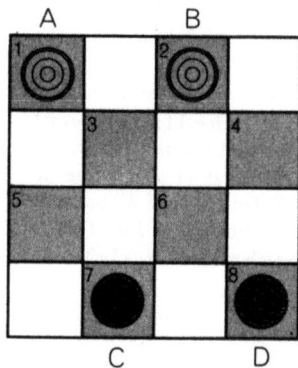

Bild 47
Dame-Spiel ist unentschieden, wenn es überlegt gespielt wird

Die erste Eröffnung führt zu einem sofortigen Verlust des Spiels, wenn Weiß mit A 3 antwortet. Die zweite Eröffnung führt zu einem Unentschieden, ganz gleich wie Weiß antwortet. Die dritte Eröffnung ist für Schwarz die stärkste. Sie führt zu einem Gewinn, wenn Weiß mit A 3 oder B 3 antwortet. Aber Weiß kann auch mit B 4 antworten und damit zum Unentschieden kommen.

Hinsichtlich des vereinfachten 3 x 3 Go-Spiels, das auch als für eine Zündholzschachtel-Lernmaschine passend erwähnt wurde, wird mir von *Jay Eliasberg*, dem Vizepräsidenten der amerikanischen Go-Gesellschaft, versichert, daß der erste Spieler bestimmt gewinnt, wenn er im Mittelpunkt des Brettes beginnt und überlegt weiterspielt.

Das 4 x 4 Dame-Spiel ist trivial, aber wenn man das Brett auf 5 x 5 vergrößert, ist das Resultat aufregend und überraschend. *Robert L. Caswell*, Chemiker im Landwirtschaftsministerium der Vereinigten Staaten, schrieb mir über dieses Miniaturspiel, das ihm, wie er sagte, schon früher vorgeschlagen worden sei. Das Spiel beginnt mit drei weißen Steinen in der ersten Reihe und drei schwarzen Steinen in der fünften Reihe. Man könnte annehmen, daß das Spiel unentschieden ausgeht, wenn man überlegt spielt, aber das Fehlen der „doppelten Ecken", wo Könige sich hin- und herschieben können, macht dies unwahrscheinlich. *Caswell* entdeckte, daß nicht nur eine Seite eine sichere Gewinnchance hat, sondern daß, wenn der Verlierer gut spielt, der abschließende Gewinn spektakulär ist. Um den Spaß nicht zu verderben, überlasse ich es dem Leser, das Spiel zu analysieren und zu entscheiden, welcher Spieler immer gewinnen kann.

9. Spiralen

> Die Spirale ist ein vergeistigter Kreis. In der Form der Spirale hat der Kreis – unrund und aufgebogen – aufgehört, schlecht zu sein; er ist befreit. Ich dachte mir das als Schuljunge aus und ich entdeckte auch, daß Hegels Dreischritte nur den Spiralen-Charakter aller Dinge in ihrem Verhältnis zur Zeit ausdrückten. Wirbel folgt auf Wirbel, und jede Synthese ist die These für die nächste Folge ... Eine farbige Spirale in einer kleinen Glaskugel, so sehe ich mein eigenes Leben.
>
> *Wladimir Nabokow*, Sprich Erinnerung

Zwei Bauernkinder haben eine Wippe improvisiert, indem sie ein Brett über einen Holzblock legten. Was für eine Art Kurve beschreibt jeder einzelne Punkt des Bretts, wenn es sich hinauf und hinunter bewegt? Bei einem fahrenden Karussell geht der Antreiber mit immer gleicher Geschwindigkeit einem Radius auf dem Boden entlang. Welche Kurve beschreibt er auf dem Boden unter dem Karussell? Auf einem weiten Feld stehen drei Hunde an den Ecken eines gleichseitigen Dreiecks. Auf Befehl rennt jeder Hund direkt zu dem Hund rechts von ihm. Sie drehen sich, damit einer dem anderen in der Bewegung folgen kann, alle drei rennen mit derselben gleichbleibenden Geschwindigkeit, bis sie sich in der Mitte des Dreiecks treffen. Welchen Weg nehmen sie dabei?

Die Antwort auf jede Frage lautet: jedesmal eine andere Art von Spirale. Ich werde die drei Kurven nacheinander beschreiben und dabei versuchen, der Sache auf geistigen Spiralbahnen soviele unterhaltsame Züge abzugewinnen, wie es der Raum gestattet.

Die Kurven, die von jedem Punkt der Wippenplanke beschrieben werden, sind bekannt als Kreisevolventen. Man erhält jede beliebige Kreisevolvente, indem man einen Faden an einem beliebigen Punkt eines Kreisumfangs befestigt, ihn strammzieht und dann um den Kreis „windet". Jeder Festpunkt auf dem strammgehaltenen Faden zeichnet eine Kreisevolvente. So wird eine Ziege, die man an einen zylindrischen Pfosten gebunden hat, in einen spiralförmigen Weg hineingezogen, wenn sie den Pfosten so umkreist und sich das Seil um ihn herumwindet. Dieser spiralförmige Weg stellt eine Kreisevolvente dar.

Ein einfacher Weg, um eine solche Evolvente zu zeichnen, ist in Bild 48 dargestellt. Schneiden Sie einen Kreis beliebiger Größe aus dickem Karton aus und kleben Sie ihn in die Mitte eines Stücks Papier. Kleben Sie darauf

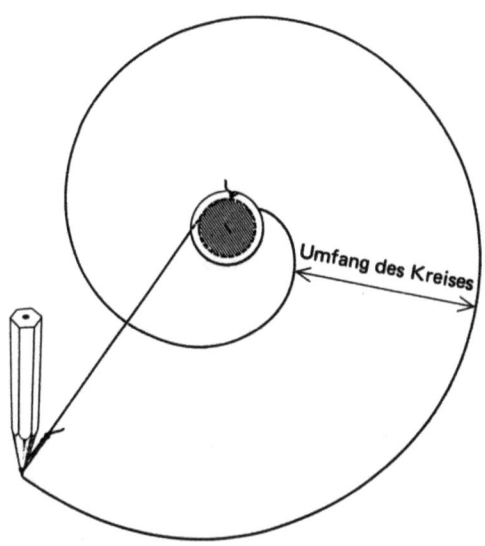

Bild 48
Verfahren, die Evolvente
eines Kreises zu zeichnen

einen etwas größeren Kreis aus Karton mit einem Schlitz im Rand, der den Knoten am Ende einer Schnur festhalten kann. Winden Sie die Schnur um den kleineren Kreis. Die Spitze eines Bleistifts, durch eine Schlinge am freien Ende der Schnur gesteckt, wird die Schnur entrollen und dabei die Evolvente zeichnen. Der Abstand zwischen nebeneinander liegenden Windungen bleibt konstant und entspricht dem Umfang des kleineren Kreises. Dabei wird der Abstand entlang einer Linie gemessen, deren Verlängerung die Tangente an einer Seite des kleineren Kreises bildet. Den Kreis nennt man die Evolute der Spirale.

Der Mann auf dem Karussell beschreibt (im Hinblick auf den Bogen) eine Kurve, die man die Archimedische Spirale nennt. (*Archimedes* hat sie als erster studiert; seine Abhandlung „Über Spiralen" beschäftigt sich in der Hauptsache mit dieser Kurve.) Wenn Sie eine Pappdeckelscheibe auf den Teller eines Plattenspielers legen, können Sie auf diese Scheibe eine Archimedische Spirale zeichnen, indem Sie bei konstanter Geschwindigkeit vom Mittelpunkt der Scheibe bis zum äußeren Rand einen Strich ziehen. Die Rillen einer Schallplatte sind das bekannteste Beispiel einer solchen Spirale. Im Polar-Koordinatensystem wird sie beschrieben durch die Aussage, daß der Radiusvektor (Abstand vom Mittelpunkt der Scheibe) an jedem beliebigen Punkt im gleichen Verhältnis zum Vektorwinkel (Winkeldistanz von einem festgelegten Radius) steht. Spiralen haben sehr einfache Gleichungen im Polar-Koordinatensystem, aber sehr schwierige im Cartesischen Koordinatensystem.

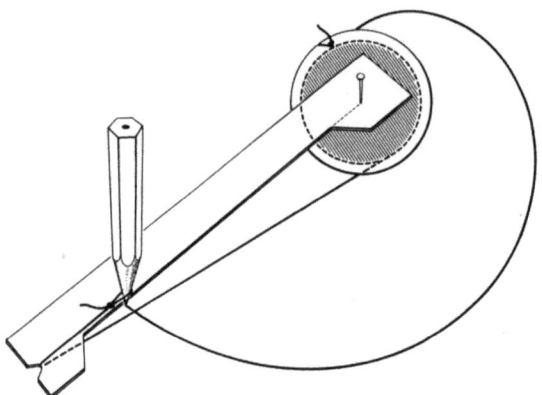

Bild 49
Zeichenvorrichtung für eine
Archimedische Spirale

Eine sehr viel genauere Archimedische Spirale erhält man, wenn man einen Streifen aus Karton, geschnitten wie Bild 49 zeigt, auf zwei Kartonscheiben feststeckt, wie wir sie zum Zeichnen der Kreisevolvente benützt haben. Während man den Streifen im Kreis dreht, führt man die Bleistiftspitze von innen nach außen an der Kante des Streifens entlang. Es ist leicht zu merken, daß der Bleistift mit einer Geschwindigkeit an der Kante entlanggeführt werden muß, die sich immer proportional zu der Geschwindigkeit verhalten muß, mit der sich der Pappdeckelstreifen dreht.

Nach der ersten Umdrehung kann man die entstandene Spirale praktisch nicht von einer Kreisevolvente unterscheiden, obwohl die beiden Kurven niemals vollständig gleich sind. Der Abstand zwischen nebeneinanderliegenden Windungen der Archimedischen Spirale ist konstant, jedoch muß man ihn an Radien statt an Kreistangenten entlang messen. Die im allgemeinen am meisten beobachteten Spiralen sind Archimedische Spiralen oder Kreisevolventen: eng gewundene Federn, die Ränder aufgerollter Teppiche oder Papiere, dekorative Spiralen an Schmuckstücken usw. Derartige Kurven sind mathematisch selten präzise; es wäre eine schwierige Aufgabe zu bestimmen, ob ein gegebenes Muster in der Tat einer Kreievolvente oder einer Archimedischen Spirale näherkommt.

Hat man einmal eine exakte Archimedische Spirale gezeichnet, so kann man sie dazu benützen, jeden beliebigen Winkel mit Hilfe von Zirkel und Lineal in jede beliebige Anzahl gleicher Teile einschließlich drei zu teilen. Um einen Winkel zu dreiteilen, muß man ihn so legen, daß sein Scheitel mit dem Pol (Ursprung) der Spirale zusammenfällt und seine Schenkel die Spirale schneiden (siehe Bild 50). Stechen Sie einen Zirkel an Punkt P ein und schlagen Sie den Bogen AB. Die Strecke AC wird mit der üblichen Methode dreigeteilt. Durch die beiden Punkte zwischen A und C, die man auf diese Weise

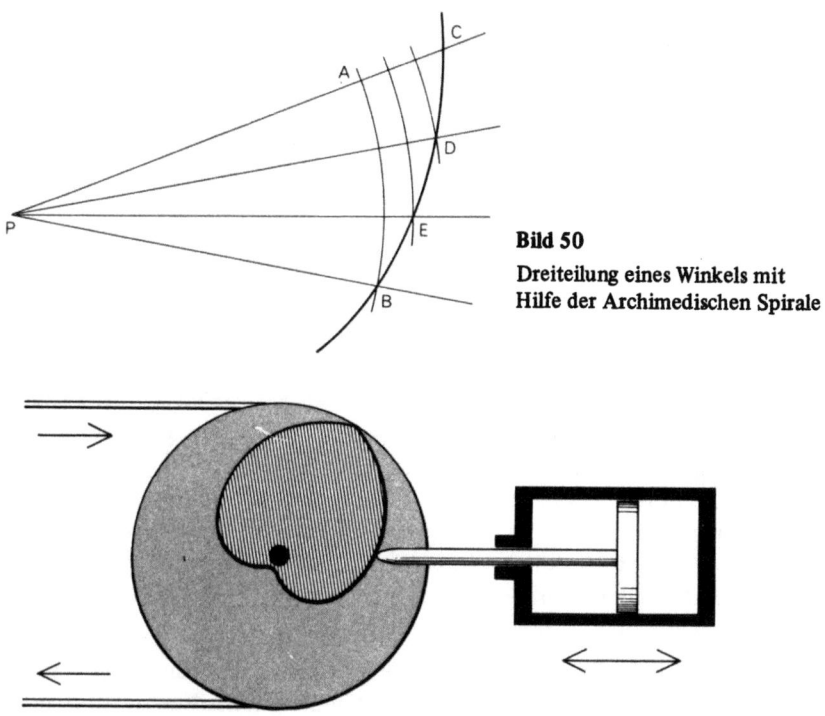

Bild 50 Dreiteilung eines Winkels mit Hilfe der Archimedischen Spirale

Bild 51 Archimedische Spiralen setzen eine Kreisbewegung in eine lineare Bewegung um

erhält, zieht man mit dem Zirkel zwei Bögen, die die Punkte D und E auf der Spirale ergeben. Verbinden Sie den Scheitelpunkt P mit D und E und vervollständigen Sie so die Dreiteilung. Es mag dem Leser Spaß machen zu beweisen, daß diese Konstruktion genau ist.

Die mechanische Vorrichtung, dargestellt in Bild 51, wird oft im Maschinenbau verwendet, um die gleichförmige Kreisbewegung eines Rades in eine gleichförmige Hin- und Herbewegung umzusetzen. (Viele Nähmaschinen benützen diesen Mechanismus, um den Faden vor und zurück zu bewegen, wenn der Faden aufgespult wird.) Die Seitenlinien des Herzens sind Spiegelbildbögen einer Archimedischen Spirale.

Die Hunde, die sich gegenseitig zum Mittelpunkt eines gleichseitigen Dreiecks jagen, folgen den Linien einer logarithmischen oder gleichwinkligen Spirale. Eine Möglichkeit, eine solche Spirale zu definieren, besteht in der Aussage, daß sie jeden Radius im gleichen Winkel schneidet. Wenn man die Hunde durch mathematische Punkte ersetzt, so folgt jeder Punkt einer

Strecke von bestimmter Länge (zwei Drittel der Länge einer Seitenlinie des Dreiecks), aber nur, nachdem er eine unbegrenzte Zahl von Drehungen um den Pol gemacht hat. Logarithmische Spiralen stellen auch die Wege von beliebig vielen Hunden dar, unter der Voraussetzung, daß sie an den Ecken eines regelmäßigen Vielecks starten. Sind es nur zwei Hunde, so ist ihr Weg selbstverständlich eine Gerade; sind es unendlich viele, so trotten sie im Kreis. Dies ist eine grobe Darstellung der Tatsache, daß die Grenzfälle einer gleichwinkligen Spirale die Gerade und der Kreis sind, da ihr Winkel zum Radius von 0 bis 90 Grad variiert.

Auf der Erdoberfläche ist das Gegenteil der Logarithmischen Spirale die Loxodrome: eine Linie, die die Erdmeridiane in jedem beliebigen konstanten Winkel außer dem rechten Winkel schneidet. So würden wir bei einem Flug nach Nordosten, bei dem die Maschine immer im gleichen, vom Kompaß angezeigten Kurs gehalten wird, einer Loxodrome folgen, die uns in Spiralen zum Nordpol führen würde. Wie bei einer Hundekurve hätte auch ihr Weg eine bestimmte Länge, aber (wenn wir ein Punkt wären) wir müßten den Pol unbegrenzt oft umkreisen, bevor wir dorthin gelangten. Die stereographische Darstellung unseres Fluges auf einer ebenen Tangente zum Pol ergäbe eine perfekte Logarithmische Spirale.

Die Logarithmische Spirale ist die Form der Spirale, die man in der Natur am häufigsten antrifft. Man sieht sie in den Windungen der Nautilus-Muschel und des Schneckenhauses, in der Anordnung der Samen vieler Pflanzen, so der Sonnenblume und des Gänseblümchens, der Schuppen der Tannenzapfen und so weiter. *Epeira*, eine bekannte Spinnenart, spinnt ein Netz, in dem ein Faden sich in einer Logarithmischen Spirale um den Mittelpunkt windet. *Jean Henri Fabre* widmet in seinem Buch „Das Leben der Spinne" einen Anhang der Diskussion der mathematischen Eigenschaften der gleichwinkligen Spirale und ihrer mannigfaltigen herrlichen Erscheinungsformen in der Natur. Es gibt eine Menge Literatur — einiges davon recht exzentrisch — über die botanischen und zoologischen Erscheinungsformen dieser Spiralen und ihre enge Verwandtschaft zum Goldenen Schnitt und den Fibonaccischen Zahlenreihen. Die zugrundeliegende Zitatenquelle ist ein reich illustriertes Buch von 479 Seiten mit dem Titel „Die Kurven des Lebens", verfaßt von *Theodore Andrea Cook*. Es erschien 1914 bei Henry Holt und ist schon längst vergriffen.

Eine Vorrichtung zum Zeichnen einer Logarithmischen Spirale kann man leicht aus einem Stück Karton schneiden (siehe Bild 52). Winkel α kann jede beliebige Größe zwischen 0 und 180° haben. Indem man eine Seite des Kartonstreifens am Pol der Spirale anlegt und kurze Teilstriche an der

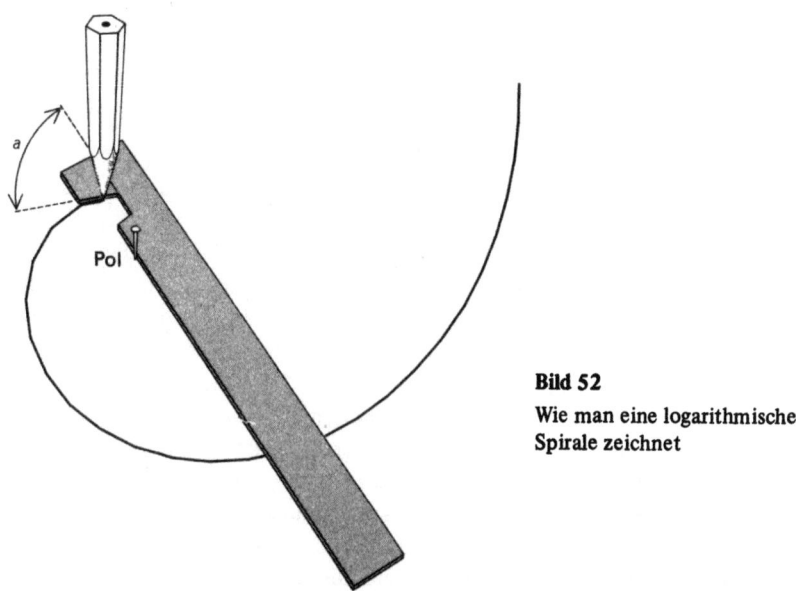

Bild 52
Wie man eine logarithmische Spirale zeichnet

Einkerbung des Lineals entlang zeichnet, während dieses Lineal zum Pol hin oder vom Pol weg bewegt wird, produziert man Strichlein für Strichlein die Spirale auf genau dieselbe Weise wie die *Epeira* ihr Netz webt. Die Vorrichtung garantiert, daß alle diese Strichlein den Radius im gleichen Winkel schneiden. Je kürzer man den schrägen Schlitz anfertigt, um so genauer wird natürlich die Spirale. Eine solche Vorrichtung kann auch dazu verwendet werden zu ermitteln, ob es sich bei einer Spirale um eine Logarithmische Spirale handelt.

Was geschieht, wenn α ein rechter Winkel ist? Die Spirale degeneriert zu einem Kreis. Beträgt der Winkel 74° 39' (der exakte Wert ist ein wenig mehr), so ist die Spirale, die sich ergibt, ihre eigene Evolvente. Die Evolventen aller Logarithmischen Spiralen sind ebenfalls Logarithmische Spiralen, aber nur in diesem Falle sind die zwei Spiralen genau identisch.

Die gleichwinklige Spirale wurde zuerst von *René Descartes* entdeckt. *Jakob Bernoulli*, Schweizer Mathematiker im 17. Jahrhundert, war so begeistert von der Eigenschaft der Spirale, nach verschiedenen Umformungen wieder zu erscheinen, (zum Beispiel, sich in ihre eigene Evolvente zu verwandeln), daß er darum bat, sie auf seinem Grabstein einzumeißeln mit den Worten „*Eadem mutata resurgo*" („obgleich verändert, werde ich in gleicher Form auferstehen"). Seinem Wunsche wurde nur schlecht entsprochen. Der lateinische Ausspruch wurde weggelassen, und die beste Spirale, die der arme

Steinmetz zustande brachte, war eine grobe Annäherung an eine Archimedische Spirale oder eine Kreisevolvente. Sie kann heute noch auf dem Grabstein des Mathematikers in Basel besichtigt werden; es handelt sich ganz offensichtlich nicht um eine Logarithmische Spirale, weil der Abstand zwischen ihren Windungen nicht mit ihrer Vergrößerung wächst.

Im Hinblick auf reine Größenverhältnisse sind die eindrucksvollsten Erscheinungsformen Logarithmischer Spiralen die Arme der vielen Spiralnebel oder Galaxien. Warum sie gerade hier auftreten, ist ein Geheimnis, das eng mit dem Geheimnis der Arme selbst verknüpft ist. Man weiß von ihnen, daß sie schimmernde Bänder von Sternen und Gas sind, die irgendwie durch Rotation der Galaxie in eine Spiralenform gewirbelt werden. Der gesamte Spiralnebel ist eine Anhäufung von Milliarden von Sternen, die sich wie ein riesiges Feuerrad am 4. Juli (dem amerikanischen Nationalfeiertag) drehen. Der schwache weiße Schimmer der Milchstraße entsteht dadurch, daß wir schräg durch zwei gigantische Spiralarme unserer eigenen Galaxie blicken. Die Beobachtungen zeigen, daß diese Arme in der Nähe des Zentrums der Galaxie viel schneller rotieren als am Rande. Dies müßte ein schnelles Aufwinden und ein eventuelles Eliminieren der Arme nach sich ziehen, aber die Tatsache, daß die meisten Galaxien ihre Spiralenstruktur bewahrt haben, läßt die Vermutung zu, daß die Arme sich überhaupt nicht aufwinden. Eine Theorie behauptet, daß, wenn die eine Seite des Armes leuchtendes Gas aufnimmt, die andere Seite das Gas ausströmt und daß dadurch der Arm in Bezug auf die Galaxie unverändert erhalten bleibt[1]).

Wie ihre Verwandte im Weltraum, die Helix, sind alle Spiralenformen asymmetrisch. Das bedeutet, daß man jede Spirale auf einer Ebene in zwei Formen zeichnen kann, die in jeder Hinsicht identisch sind bis auf die Tatsache, daß die eine das Spiegelbild der anderen darstellt. Wenn man eine Spirale von allen Seiten betrachten kann, wie es bei einem Spinnennetz und — vorausgesetzt, wir könnten weit genug in den Weltraum hinausfliegen — bei Galaxien der Fall ist, dann hängt ihre „Händigkeit" vom Standpunkt ab. Besteht jedoch keine Möglichkeit, eine Spirale umzudrehen oder sich um sie herumzubewegen, um sie von der Seite zu betrachten, so ist jede Spirale entweder im Uhrzeigersinn oder entgegen dem Uhrzeigersinn gewunden.

Die Bezeichnung „im Uhrzeigersinn" ist natürlich doppeldeutig, solange man nicht spezifiziert, ob die Spirale vom Mittelpunkt aus oder zum Mittelpunkt hin gezeichnet ist. Es gibt da eine amüsante Überraschungsaufgabe mit

---

[1]) siehe *Jan H. Oort*, „The Evolution of Galaxies", Scientific American, September 1956

Bleistift und Papier, die auf dieser Zweideutigkeit aufbaut. Bitten Sie jemanden, er möge auf die linke Seite eines Blattes Papier eine Spirale zeichnen, dabei im Mittelpunkt anfangen und den Bleistift nach außen bewegen. Decken Sie die Spirale mit der Hand zu und bitten ihn dann, das Spiegelbild dieser Spirale auf die rechte Seite des Blattes zu zeichnen. Er muß jedoch nun mit einer großen Windung anfangen und sie spiralenförmig zum Mittelpunkt ziehen. Die meisten Leute werden der Kreisbewegung ihrer Hand entgegenzeichnen, aber natürlich ergibt dies lediglich eine weitere Spirale derselben Drehrichtung.

Zeichnen Sie eine gleichmäßig gewundene Spirale als dicke schwarze Linie auf eine Kartonscheibe und lassen Sie diese auf dem Teller eines Plattenspielers rotieren. Es entsteht eine bekannte optische Täuschung. Die Windungen scheinen sich entweder auszudehnen oder zusammenzuziehen je nach der Händigkeit der Spirale. Eine noch erstaunlichere Illusion kann man mit zwei solchen Scheiben demonstrieren, wenn die Spiralen entgegengesetzte Händigkeit besitzen. Legen Sie die „expandierende" Spirale auf den Plattenteller und starren Sie einige Minuten genau auf ihren Mittelpunkt, während sich der Teller dreht. Wenden Sie dann Ihren Blick schnell einem Gesicht zu. Für einen Augenblick scheint dieses plötzlich zu schrumpfen. Die zweite Spirale ruft die entgegengesetzte Wirkung hervor: Das Gesicht, in das Sie blicken, scheint plötzlich zu explodieren. Jeder Mensch hat während einer Bahnfahrt schon einmal eine ähnliche optische Täuschung erlebt. Nachdem man lange Zeit aus dem Fenster des fahrenden Zuges geblickt hat, scheint sich die Landschaft einen Moment in die andere Richtung zu bewegen, wenn der Zug hält. Man hat versucht, dies mit Bewegungen der Augen und der Ermüdung der Augenmuskulatur zu erklären, aber die Illusion, die die Spiralen hervorrufen, schließt eine solche Erklärung aus. Sie läßt die Vermutung zu, daß die Täuschung durch die Interpretationen der Signale, die von den Augen kommen, im Gehirn entsteht.

Die Asymmetrie der Spirale macht sie zu einer geeigneten Form für die Darstellung einer interessanten Kommunikationsaufgabe. Stellen Sie sich vor, Projekt Ozma hätte Funkkontakt mit einem Planeten X irgendwo in unserer Galaxie hergestellt. Im Laufe von Jahrzehnten lernen wir, durch die Benützung genial ausgestrahlter Code-Systeme mit intelligenten menschenähnlichen Wesen auf dem Planeten X flüssig zu sprechen. Es gibt dort eine fast so hoch entwickelte Kultur wie bei uns; wegen hoher, dichter Wolken ähnlich denen der Venus, die den Planeten umgeben, wissen seine Einwohner jedoch nichts über Astronomie. Sie haben noch niemals die Sterne gesehen. Nachdem man die detaillierte Beschreibung einiger größerer Galaxien zum Planeten X gefunkt hat, erhält man auf der Erde folgende

Botschaft: „Ihr sagt, Spiralnebel NGC 5194 hat, von der Erde aus gesehen, zwei Spiralenarme, die sich im Uhrzeigersinn nach außen winden. Bitte erklärt die Bedeutung von ‚im Uhrzeigersinn'."

In anderen Worten, die Wissenschaftler auf dem Planeten X wollen sichergehen, daß sie, wenn sie nach den Informationen der Wissenschaftler auf der Erde ein Diagramm des Nebels NGC 5194 zeichnen, dieses Diagramm auch korrekt und nicht im Spiegelbild zeichnen.

Wie können wir dem Planeten X mitteilen, in welcher Richtung die Windungen des Nebels laufen? Die Angabe, daß ein Arm, der vom Mittelpunkt der Galaxie nach außen wirbelt, sich von links nach rechts bewegt, ist keine Hilfe, denn wir haben keinerlei Garantie dafür, daß Planet X „rechts" und „links" auf die gleiche Weise versteht wie wir. Wenn wir eine eindeutige Definition des Begriffes „links" mitteilen könnten, wäre das Problem natürlich gelöst.

Um das Problem noch zu präzisieren: Wie können wir die Bedeutung des Begriffes „links" in einer Sprache mitteilen, die in Form eines gefunkten Codes übermittelt wird? Wir können alles sagen, was wir sagen wollen, können die Durchführung aller Arten von Experimenten erbitten unter einer Bedingung: Es darf kein asymmetrisches Objekt und keine asymmetrische Struktur geben, die wir und sie gemeinsam beobachten können.

Ohne diese Bedingung gibt es kein Problem. Wenn wir zum Beispiel zum Planeten X eine Rakete mit dem Bild eines Mannes schicken, bei dem „oben", „unten", „links" und „rechts" bezeichnet ist, so würde dieses Bild sofort unsere Definition von „links" übermitteln. Oder wir könnten einen Funkstrahl aussenden, dem man durch kreisförmige Polarisation eine helixförmige Drehung gegeben hat; wenn die Bewohner des Planeten X Antennen bauen könnten, die in der Lage wären, zu bestimmen, ob die Polarisation im Uhrzeigersinn oder dagegen erfolgt war, könnte man leicht eine gemeinsame Basis für das Verständnis des Begriffes „links" errichten. Derartige Methoden verletzen jedoch die Bedingung, daß es keine gemeinsame Beobachtung eines bestimmten asymmetrischen Objekts oder einer asymmetrischen Struktur geben darf.

Antworten

Es ist leicht einzusehen, warum die Dreiteilung eines Winkels mit Hilfe einer Archimedischen Spirale möglich ist. Die Kreisbögen entlang der Spirale markieren drei gleiche Strecken auf dem Radius; das bedeutet, bei gleichen Abständen von Punkt P wird der Scheitelwinkel dreigeteilt. Wenn die Spirale um diese Abstände nach außen wandert, so wandert sie auch um gleiche Abstände in einer Richtung gegen den Uhrzeigersinn, und dabei ergeben sich drei gleiche Vektorwinkel. Es ist klar, daß dieselbe Methode angewendet werden kann, um einen Winkel in eine Anzahl kleinerer Winkel in jedem gewünschten Verhältnis zueinander zu zerlegen. Teilen Sie einfach die Strecke AC in Abschnitte im gewünschten Verhältnis. Die Konstruktion teilt dann den Winkel CPB in demselben Verhältnis.

Wie kann die Definition unseres Begriffes „im Uhrzeigersinn" durch einen gefunkten Code den menschenähnlichen Wesen auf dem Planeten X mitgeteilt werden? Wir gehen von der Annahme aus, daß sich Planet X irgendwo in unserem Milchstraßensystem befindet, daß er jedoch von dichten Wolkenfeldern umgeben ist, die verhindern, daß seine Bewohner die Sterne sehen. Wir nehmen weiter an, daß die Wissenschaftler der Erde und des Planeten X gelernt haben, mit Hilfe genialer Codes fließend miteinander zu sprechen. Das Problem liegt in der Verständigung über die Begriffe „links" und „rechts".

Die verblüffende Antwort lautet, daß es bis zum Dezember 1956 *keine* Möglichkeit gab, eine eindeutige Definition der Begriffe „links" und „rechts" zu übermitteln. Nach dem Gesetz, das die Physiker das „Gesetz der Parität" genannt haben, sind alle asymmetrischen physikalischen Prozesse umkehrbar, das heißt, sie können in jeder ihrer beiden Spiegelbildformen ablaufen. Bestimmte Kristalle wie Quarz und Quecksilbersulfid haben die Eigenschaft, einen Strahl von polarisiertem Licht in nur eine Richtung zu beugen, aber solche Kristalle existieren in linker wie in rechter Händigkeit. Dasselbe trifft zu auf die asymmetrischen festen isometrischen Körper, die ebenfalls Strahlen polarisierten Lichts nur beugen. Organische Verbindungen der lebenden Substanz mögen zwar nur eine Form der Händigkeit haben, dies ist jedoch ein Zufall in der Evolution der Erde. Für die Annahme, daß derartige Verbindungen auf einem anderen Planeten dieselbe Händigkeit aufweisen wie auf der Erde, spricht nicht mehr als für die Erwartung, daß die menschenähnlichen Wesen auf dem Planeten X das Herz in der linken Brustseite tragen.

Elektromagnetische Experimente bieten keine Hilfe. In der Tat zeigen sie Asymmetrien (zum Beispiel die „Rechts-Regel" für die Markierung des magnetischen Feldes, das einen fließenden Strom umgibt), aber nur ein Übereinkommen bestimmt, welcher Pol eines Magneten der „Nordpol" genannt wird. Wenn wir dem Planeten X mitteilen könnten, was wir unter einem „Nordpol" verstehen, könnte das Problem gelöst werden; unglücklicherweise kann dies nicht geschehen, bevor nicht Übereinstimmung über die

Definition von *links* und *rechts* herrscht. Wir können ohne Schwierigkeiten Bilder mit Hilfe eines gefunkten Codes zum Planeten X senden, aber ohne die Übereinstimmung der Begriffe „links" und „rechts" können wir niemals sicher sein, daß ihre technischen Apparaturen die Bilder nicht in einer unserer Form entgegengesetzten Weise reproduziert haben.

Im Dezember 1956 endlich konnte das erste Experiment durchgeführt werden, das die Gesetze der Parität verletzte[1]). Gewisse „schwache Wechselwirkungen" einzelner physikalischer Teilchen wiesen eine Vorliebe für *eine* Art der Händigkeit auf, ungeachtet der Nordpol/Südpol Übereinkunft. Die Einzelheiten eines solchen Experiments zum Planeten X zu senden, ist der einzige im Augenblick bekannte Weg, wie wir dem Planeten X eine eindeutige Arbeitsdefinition übermitteln könnten von „links" und „rechts", von „im Uhrzeigersinn" und „gegen den Uhrzeigersinn", vom magnetischen Nord- und Südpol oder jedem anderen Unterscheidungspaar, das eine Händigkeit enthält.

Ich möchte anfügen, daß das Problem ungelöst bliebe, wenn sich Planet X in einem anderen Milchstraßensystem befände. Die andere Galaxie könnte aus Anti-Materie (Materie, bestehend aus Teilchen mit umgekehrter elektrischer Ladung) bestehen. In einer solchen Galaxie könnte die Händigkeit der schwachen Wechselwirkungen möglicherweise umgekehrt werden. Wenn wir aber die Art der Materie der anderen Galaxie nicht kennen; (und Licht von dieser Galaxie bietet keinen Schlüssel), dann wären paritätsverletzende Experimente wertlos für die Erklärung der Bedeutung von *„links"* und *„rechts"*.

---

[1]) siehe *Philip Morrison*, „The Overthrow of Parity", The Scientific American, April 1957, und *Martin Gardner*, „Das gespiegelte Universum", Friedrich Vieweg & Sohn, Braunschweig, 1967

10. Drehungen und Spiegelungen

Eine geometrische Figur nennt man symmetrisch, wenn sie unverändert bleibt, nachdem eine „Symmetrie-Operation" an ihr ausgeführt worden ist. Je größer die Zahl solcher Operationen, um so reichhaltiger die Symmetrie. Zum Beispiel bleibt der große Buchstabe A unverändert, wenn er in einem Spiegel, den man senkrecht neben ihn stellt, reflektiert wird. Man sagt, er habe vertikale Symmetrie. Dem großen Buchstaben B fehlt diese Symmetrie, aber er hat horizontale Symmetrie: er ist unverändert in einem Spiegel, der horizontal über oder unter ihn gehalten wird. S ist weder horizontal noch vertikal symmetrisch, bleibt aber gleich, wenn es um 180 Grad gedreht wird (zweifache Symmetrie). Alle drei Symmetrie-Arten besitzen H, I, O und X. X ist reicher an Symmetrie als H oder I, weil es, wenn sich seine Arme im rechten Winkel kreuzen, auch bei Vierteldrehungen unverändert bleibt (vierfache Symmetrie). O in kreisrunder Form ist der reichste Buchstabe von allen. Er bleibt unverändert bei jeder Art von Rotation oder Reflektion.

Weil die Erde eine Kugel ist, zu deren Mittelpunkt alle Gegenstände durch Schwerkraft hingezogen werden, fanden die Lebewesen es lohnend, Formen mit starker vertikaler Symmetrie zu entwickeln bei gleichzeitigem Verzicht auf horizontale oder Rotationssymmetrie. Der Mensch ist bei der Herstellung seiner Gebrauchsgegenstände einem ähnlichen Muster gefolgt. Man sehe sich um und man wird verblüfft sein, wie viele Dinge in einem vertikalen Spiegel im wesentlichen unverändert bleiben: Stühle, Tische, Lampen, Geschirr, Automobile, Flugzeuge, Geschäftshäuser – die Liste ist endlos. Diese Vorliebe für vertikale Symmetrie macht es so schwierig zu erkennen, ob eine Photographie umgedreht worden ist, es sei denn, das Bild ist vertraut oder enthält eindeutige Anhaltspunkte wie umgekehrte Schrift oder Wagen, die auf der falschen Straßenseite fahren. Andererseits ist die Photographie von fast jedem Gegenstand, bei dem oben und unten vertauscht sind, sofort als umgedreht erkennbar.

Das gleiche trifft zu auf Werke der graphischen Kunst. Sie verlieren durch Reflektion wenig oder gar nicht, aber wenn sie nicht gerade völlig gegenstandslos sind, wird wohl kein achtloser Museumsdirektor oben und unten verwechseln. Natürlich werden abstrakte Bilder oft zufällig umgedreht. Das „New York Times Magazine" (5. Okt. 1958) hat das Bild einer Abstraktion von *Piet Mondrian* unabsichtlich sowohl umgedreht als auch gekippt, aber nur Leser, die das Bild kannten, haben dies möglicherweise bemerkt. 1961 hing im New York Museum of Modern Art *Matisses* Bild „Le Bateau" siebenundvierzig Tage lang mit der Oberseite nach unten, ehe jemand den Irrtum bemerkte.

So gewöhnt sind wir an die vertikale Symmetrie und so ungewohnt erscheinen uns verstürzte Dinge, daß es außerordentlich schwer ist, sich vorzustellen, wie die meisten Landschaften, Bilder oder Gegenstände umgestürzt aussehen würden. Von Landschaftsmalern weiß man, daß sie sich die Farben einer Szene klarmachen durch die unkonventionelle Technik, sich vorzubeugen und die Landschaft zwischen ihren Beinen hindurch zu betrachten. Ihre umgekehrten Konturen sind so unvertraut, daß die Farben sozusagen unvergiftet durch die Assoziation mit vertrauten Formen erkannt werden können. *Thoreau* sah Szenen gerne auf diese Weise an und bezieht sich auf einen solchen Blick auf einen Weiher in Kapitel 9 in „Walden". Viele Philosophen und Schriftsteller haben symbolische Bedeutung in dieser Betrachtung einer umgekehrten Landschaft gefunden; es war eines der Lieblingsthemen *G. K. Chestertons*. Seine besten Gruselgeschichten (nach meiner Meinung) erzählen von dem Dichter Gabriel Gale (in „Der Dichter und die Irren"), der immer wieder mal einen Handstand macht, um „die Landschaft so zu sehen, wie sie wirklich ist: mit den Sternen wie Blumen, und den Wolken gleich Hügeln, und allen Menschen an der Gnade Gottes hängend."

Die Unfähigkeit des Geistes, sich Dinge verstürzt vorzustellen, ist Ursache für die Überraschung, die jene geistreichen Bilder hervorrufen, die sich in etwas gänzlich Anderes wandeln, wenn man sie um 180 Grad dreht. Politische Karrikaturisten des neunzehnten Jahrhunderts liebten diesen Trick. Wenn ein Leser eine Zeichnung einer berühmten Persönlichkeit des öffentlichen Lebens umdrehte, konnte er etwa ein Schwein oder einen Esel oder etwas ähnlich Beleidigendes sehen. Der Trick ist heute weniger populär, nur „Life" gab am 18. September 1950 ein bemerkenswertes italienisches Plakat wieder, auf dem das Gesicht Garibaldis zum Gesicht Stalins wurde, wenn man es umgekehrt ansah. Kinderzeitschriften drucken manchmal solche umgekehrten Bilder, und ab und zu werden sie als Werbegags benutzt. Die Einbandrückseite von „Life" vom 23. November 1953 zeigte einen indianischen Krieger, der einen Maiskolben betrachtete. Tausende von Lesern haben wahrscheinlich nicht bemerkt, daß, wenn man das Bild umdrehte, es zum Gesicht eines Mannes wurde, dem beim Anblick einer offenen Dose mit Mais das Wasser im Munde zusammenlief.

Ich kenne nur vier Sammlungen von umgedrehten Zeichnungen. *Peter Newell*, ein bekannter Illustrator von Kinderbüchern, der 1924 starb, veröffentlichte zwei Bücher mit farbigen Stichen von Szenen, die lustigen Wandlungen unterliegen, wenn man sie umdreht[1]). 1946 gab ein Londoner Verleger

---

[1]) *Topsys & Turvys* (1893) und *Topsys & Turvys* Nummer 1 (1894)

Bild 53
Umgedrehte Gesichter auf der Titelseite von Whistlers umdrehbarem Buch

eine Sammlung von fünfzehn erstaunlichen umgedrehten Gesichtern heraus, die *Rex Whistler*, ein englischer Wandmaler, der 1944 starb, gezeichnet hat. Das Buch hat den sehr symmetrischen Titel OHO! (Sein Titelblatt ist in Bild 53 wiedergegeben.)

Die Technik der Oben-Unten-Zeichnung wurde 1903 und 1904 durch den Karikaturisten *Gustav Verbeek* zu unglaublicher Höhe gebracht. Jede Woche zeichnete er einen sechs-Felder-Comic-Streifen für die sonntägliche Witzseite des „New York Herald". Man betrachtete die Felder in ihrer Reihenfolge und las die Unterschrift unter jedem Bild; dann drehte man das Blatt Oberseite nach unten und setzte die Geschichte fort, wobei man einen neuen Satz von Unterschriften las und dieselben sechs Felder in umgekehrter Reihenfolge vornahm! (Siehe Bild 54.) Verbeek gelang es, durch zwei Hauptfiguren, Little Lady Lovekins und Old Man Muffaroo, Zusammenhang zu schaffen. Der eine wurde beim Umdrehen zum anderen. Wie Verbeek es fertigbrachte, Woche für Woche all dies auszuarbeiten ohne verrückt zu werden, ist unbegreiflich. Eine Sammlung von fünfundzwanzig seiner Comics wurde 1905 von *D. W. Dillingham* unter dem Titel „The Upside-Downs of Little Lady Lovekins and Old Man Muffaroo" veröffentlicht. Das Buch ist außerordentlich selten.

Bild 54 Eine typische Umdreh-Karikatur von Gustave Verbeek

Die Drehung um 90 Grad wird im künstlerischen Spiel weniger oft benützt, vielleicht weil es für den Geist leichter ist, sich das Resultat im voraus vorzustellen. Wenn man es jedoch künstlerisch macht, kann es sehr wirkungsvoll sein: Eine Landschaft des Schweizer Malers *Matthäus Merian* aus dem siebzehnten Jahrhundert wird ein männliches Profil, wenn man sie um ein Viertel gegen den Uhrzeigersinn dreht. Die Kaninchen-Ente in Bild 55 ist das bekannteste Beispiel eines um ein Viertel gedrehten Bildes. Psychologen haben es lange für Tests gebraucht. Vor ein paar Jahren gab der Harvard-Philosoph *Morton White* in einem Zeitschriftenartikel eine Kaninchen-Ente-Zeichnung wieder, um die Tatsache zu symbolisieren, daß zwei Historiker ein und denselben Komplex historischer Tatsachen bearbeiten und doch zu zwei grundsätzlich verschiedenen Ansichten kommen können.

Bild 55
Eine Vierteldrehung im Uhrzeigersinn verwandelt die Ente in ein Kaninchen

Die lebenslange Prägung der Art, Dinge zu sehen, ist verantwortlich für die Vielzahl überraschender optischer Oben-Unten-Täuschungen. Alle Astronomen kennen die Notwendigkeit, Photographien der Oberfläche des Mondes so anzusehen, daß das Sonnenlicht die Krater mehr von oben als von unten zu beleuchten scheint. Es ist uns so ungewohnt, Dinge von unten beleuchtet zu sehen, daß die Krater, wenn eine solche Photographie des Mondes umgedreht wird, sofort aussehen, als wären sie kreisrunde Tafelberge, die sich über die Oberfläche erheben. Eine der lustigsten Täuschungen dieser Art wird in Bild 56 gezeigt. Das fehlende Stück des Kuchens findet man, wenn man das Bild umdreht. Die Erklärung liegt hier sicherlich wieder in der Tatsache, daß wir fast immer Teller und Kuchen von oben sehen und fast nie von unten.

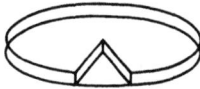

Bild 56
Wo ist das fehlende Stück?

Umgedrehte Gesichter könnten freilich nicht gezeichnet werden, wenn unsere Augen zu weit aus der Mitte zwischen Scheitel und Kinn lägen. Schulkinder vergnügen sich oft damit, daß sie ein Geschichtsbuch umdrehen und Nase und Mund auf die Stirn irgendeiner berühmten Person zeichnen. Wenn man dies an einem wirklichen Gesicht macht, indem man Augenbrauen- und Lippenstift verwendet, wird die Wirkung noch viel grotesker. Es war ein bekanntes Party-Vergnügen des späten neunzehnten Jahrhunderts. Der folgende Bericht stammt aus einem alten Buch mit dem Titel „Was sollen wir heute Abend tun?"

Der abgetrennte Kopf verursacht immer eine Sensation und sollte empfindlichen Leuten nicht plötzlich gezeigt werden.... Ein großer Tisch, mit einem Tuch bedeckt, das lang genug ist, um rund herum bis zum Boden zu reichen und alles unter ihm vollständig zu verbergen, wird mitten ins Zimmer gestellt.... Ein Junge mit weichem seidigem, ziemlich langem Haar, der den Kopf darstellen soll, muß sich auf den Rücken unter den Tisch legen, ganz verborgen bis auf den Teil seines Gesichts über der Nasenwurzel. Der Rest ist unter dem Tuch.

Sein Haar muß nun sorgfältig niedergekämmt werden, um einen Schnurrbart darzustellen, und auf seine Wangen und Stirn muß ein Gesicht gemalt werden... die falschen Augenbrauen, Nase und Mund, mit Schnurrbart, müssen mit schwarzen Wasserfarben oder Tusche kräftig markiert und die wirklichen Augenbrauen mit ein wenig Puder oder Mehl abgedeckt werden. Das Gesicht sollte auch in tödlichem Weiß gepudert werden.

Der Schrecken dieser Täuschung kann durch gedämpftes Licht in dem Raum, in dem die Ausstellung arrangiert wird, erhöht werden. Dies verbirgt in hohem Maße alle kleinen Unebenheiten im Make-up des Kopfes ...

Es braucht eigentlich nicht gesagt zu werden, daß der Schrecken noch erhöht wird, wenn der „Kopf" plötzlich seine Augen aufschlägt, blinzelt, von einer Seite zur anderen starrt, seine Wangen oder Stirn in Falten legt.

Der Physiker *Robert W. Wood* (Verfasser des Buchs „Wie man Vögel von Blumen unterscheiden kann") erfand eine lustige Variation das abgetrennten Kopfes. Das Gesicht wird wie zuvor umgedreht betrachtet, aber jetzt sind Stirn, Augen und Nase bedeckt, nur Mund und Kinn bleiben offen. Augen und Nase werden auf das Kinn gezeichnet, wodurch man ein absonderliches kleines Geschöpf mit winzigem Schädel und ungeheurem, beweglichem Mund schafft. Es ist ein Lieblingsspaß von *Paul Winchell*, dem Fernseh-Bauchredner. Er trägt einen kleinen Puppenkörper auf seinem Kopf, womit er eine Figur formt, die er Oswald nennt, während die Kameraleute das Bild umkehren, um Oswald auf die Beine zu bringen. 1961 wurde für Kinder ein Oswald-Kasten herausgebracht, vollständig mit dem Puppenkörper und einem Spezialspiegel, in dem man sein eigenes umgedrehtes Gesicht betrachten konnte.

Man kann gewisse Wörter so drucken oder sogar mit der Hand so schreiben, daß sie zweifache Symmetrie besitzen. Die Zoologische Gesellschaft von San Diego zum Beispiel veröffentlicht eine Zeitschrift mit Namen ZOONOOZ, was umgedreht derselbe Name ist. Der längste Satz dieser Art, dem ich begegnet bin, soll ein Schild an einem Schwimmbad sein, das so gezeichnet wurde, daß es sich gleich liest, wenn Turner es im Handstand ansehen: NOW NO SWIMS ON MON[1]) (siehe Bild 57).

Es ist leicht, Zahlen zu bilden, die umgedreht die gleichen sind. Wie viele bemerkt haben werden, ist 1961 eine solche Zahl. Es war das erste Jahr mit zweifacher Symmetrie seit 1881, das letzte bis 6009 und das dreiundzwanzigste seit dem Jahr 1. Zusammengenommen gibt es achtunddreißig solche Jahre zwischen A.D. 1 und A.D. 10000 (nach einer Berechnung, die *John Pomeroy* aufstellte), mit der längsten Pause zwischen 1961 und 6009. *J. F. Bowers*, der für die „Mathematical Gazette", Dezember 1961 schrieb, erläutert seine schlaue Methode zu errechnen, daß bis A.D. 1000000 genau 198 umdrehbare Jahre vergangen sein werden. Die Ausgabe vom Januar 1961 von „MAD" zeigte einen umgedrehten Einband mit den Jahreszahlen im Mittelpunkt und einer Zeile, die voraussagte, daß das Jahr toll werden würde.

[1]) „JETZT KEIN SCHWIMMEN AM MONTAG", A.d.Ü.

Bild 57 Ein umkehrbares Schild (Abdruck der Skizze mit der freundlichen Genehmigung des Künstlers John McClellan)

Einige Zahlen, zum Beispiel 7734 (wenn die 4 so geschrieben wird, daß sie oben offen ist), werden zu Wörtern, wenn man sie umdreht; andere können so geschrieben werden, daß sie im Spiegelbild zu Wörtern werden. Diese absonderlichen Möglichkeiten beachtend, mag der Leser sich vergnügen, die folgenden leichten Aufgaben anzugehen:

1. Oliver Lee, vierundvierzig Jahre alt, der in der Main Street Nr. 312 wohnt, bat die Stadt, seinem Wagen ein Nummernschild mit der Nummer 337-31770 zu geben. Warum?

2. Beweisen Sie, daß die Summe in Bild 58 richtig ist.

3. Kreisen Sie sechs Ziffern in der untenstehenden Tabelle ein, die genau die Summe 21 ergeben.

```
    1     1     1
    3     3     3
    5     5     5
    9     9     9
```

4. Ein Korb enthält mehr als ein halbes Dutzend Eier. Jedes ist entweder weiß oder braun. Nennen wir x die Anzahl der weißen Eier und y die Anzahl der braunen. Die Summe von x und y ergibt, von hinten gelesen, das Produkt von x und y. Wieviele Eier sind in dem Korb?

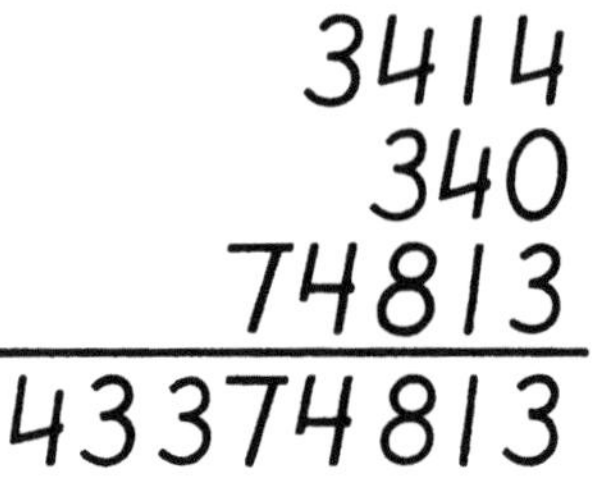

```
   3414
    340
  74813
---------
43374813
```

Bild 58
Ist die Summe richtig?

Antworten

1. Die Zahl 337-31770 ergibt umgedreht den Namen „Ollie Lee".
2. Man halte die Summe vor einen Spiegel.
3. Man drehe das Bild um, kreise drei Sechser und drei Einser ein, die zusammen die Summe 21 ausmachen.
4. Der Korb enthält neun weiße Eier und neun braune Eier. Wenn die Summe 18 umgedreht wird, wird aus ihr 81, das Produkt. Wäre nicht speziell angegeben gewesen, daß der Korb mehr als sechs Eier enthalte, wäre drei weiße und drei braune die richtige Antwort gewesen.

11. Patience mit Figuren

„Das Spiel Patience gefällt mir gut", schrieb der große deutsche Mathematiker *Gottfried von Leibniz* 1716 in einem Brief. „Ich spiele es in umgekehrter Ordnung. Das heißt, statt nach den Regeln des Spiels ein Muster zu bilden, was bedeutet, auf einen leeren Platz zu springen und die Figur, über die man gesprungen ist, wegzunehmen, fand ich es besser, das Zerstörte zu rekonstruieren und ein leeres Loch, über das man gesprungen ist, wieder aufzufüllen. Auf diese Weise kann man sich die Aufgabe stellen, eine vorgegebene Figur zu bilden, wenn das möglich ist — was bestimmt der Fall ist, wenn sie zerstört werden konnte. Aber warum das alles? fragen Sie. Ich antworte: um die Kunst der Erfindung zu perfektionieren. Denn wir müssen die Mittel haben alles zu konstruieren, was durch die Anwendung der Vernunft gefunden werden kann."

Die letzten beiden Sätze sind ein wenig dunkel. Vielleicht bedeuten sie, es sei der Mühe wert alles zu analysieren, was eine logische oder mathematische Struktur hat.

Der Mühe wert oder nicht, kein anderes Rätselspiel, das auf einem Brett mit Steinen gespielt wird, hat so lange und ununterbrochen Popularität genossen wie Patience. Seine Herkunft ist unbekannt, doch wird seine Erfindung manchmal einem Gefangenen der Bastille zugeschrieben. Daß es in Frankreich während des späten neunzehnten Jahrhunderts weithin gespielt wurde, ist aus den vielen französischen Büchern und Artikeln ersichtlich, die damals über das Spiel geschrieben wurden. Es ist wahrscheinlich, daß fast jeder Leser dieses Aufsatzes zu der einen oder anderen Zeit sich über dem Rätsel den Kopf zerbrochen hat. Gegenwärtig werden in unserem Land mehrere Abarten von Patience unter verschiedenen Handelsnamen verkauft, einige mit Figuren, die von Loch zu Loch bewegt werden und einige mit Steinen, die in kreisrunden Vertiefungen ruhen. Die Versionen mit Steinen sind leichter zu handhaben. Man kann auch spielen, indem man Pfennige, Bohnen, kleine Poker Chips oder irgendeine andere Art von „Steinen" auf das Brett legt, das Bild 59 zeigt.

Dieses Brett, das dreiunddreißig Felder hat, ist die gebräuchlichste Form von Patience in England, den Vereinigten Staaten und der Sowjetunion. In Frankreich hat das Brett vier zusätzliche Felder in den vier Ecken, die die vier Punkte markieren. Beide Brettformen findet man im ganzen übrigen Westeuropa, aber die französische Form war am wenigsten gebräuchlich, wohl weil es nicht möglich ist, das ganze Brett bis auf eine einzige Figur aufzulösen, wenn die Mittelfelder leer sind. Die Felder werden in der

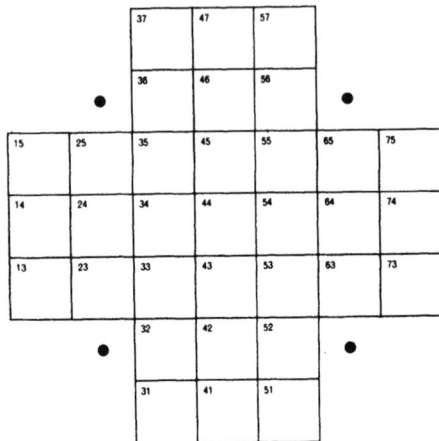

Bild 59
Das Patience-Brett

hergebrachten Form benannt, wobei die erste Ziffer jeder Zahl die Nummer der Spalte von links nach rechts, die zweite Ziffer die Nummer der Reihe von unten nach oben gesehen angibt.

Die Grundaufgabe – gewöhnlich die einzige, die von den Herstellern des Rätsels mitgegeben wird – beginnt mit Steinen auf allen Feldern, ausgenommen dem in der Mitte. Das Ziel ist, eine Reihe von Sprüngen zu machen, die alle Steine bis auf einen entfernen. Bei einer eleganten Lösung sollte dieser letze Stein auf dem Mittelfeld stehenbleiben. Ein „Sprung" besteht darin, daß man einen Stein über irgendeinen benachbarten Stein hinwegführt und auf dem nächsten leeren Feld landet. Der übersprungene Stein wird vom Brett genommen. Es ist dasselbe wie ein Sprung bei „Dame", nur daß jeder Sprung gerade nach links oder rechts oder gerade nach oben oder unten sein muß. Diagonale Sprünge sind nicht erlaubt.

Jeder Zug muß ein Sprung sein. Wenn ein Punkt erreicht wird, wo Sprünge nicht mehr möglich sind, endet das Spiel mit einem Patt. Ein einzelner Stein darf in einer Kette aneinandergereihter Sprünge so lange fortfahren, wie Sprünge durchführbar sind, aber es muß nicht sein. Eine Kette von Sprüngen wird als ein einziger „Zug" gezählt. Um das Rätsel zu lösen, müssen offensichtlich einunddreißig Sprünge gemacht werden, aber wenn einige davon in Ketten sind, kann die Anzahl der Züge geringer sein.

Niemand weiß, auf wievielen Wegen man das Rätsel, den letzten Stein im Mittelfeld stehen zu lassen, lösen kann. Dutzende von Lösungen sind veröffentlicht worden. Bevor wir jedoch einige von ihnen besprechen, werden Leser, die Patience nicht kennen, dringend gebeten, die sechs einfacheren

Vorlagen, die Bild 60 zeigt, zu versuchen. In jedem Fall muß der letzte Stein auf dem Mittelfeld stehen bleiben. Zum Beispiel ist das lateinische Kreuz mit fünf Zügen leicht zu lösen: 45-25, 43-45, 55-35, 25-45, 46-44.

Nachdem der Leser diese traditionellen Aufgaben gemeistert hat, möchte er vielleicht die drei Aufgaben, die in Bild 61 gezeigt werden, versuchen. Bei jeder muß man mit einem vollen Brett, aber leerem Mittelfeld beginnen und spielen, bis die gezeigte Figur auf dem Brett übrigbleibt. Die erste Aufgabe ist leicht; die beiden anderen sind es nicht. Man beachte, daß die Windmühle eine Patt-Position ist. Es ist möglich, ein Patt in nicht mehr als sechs Zügen zu erreichen. Können Sie entdecken wie?

Fortgeschrittene Liebhaber von Patience haben sich in phantastischem Umfang selbst ungewöhnliche Aufgaben gestellt. Zum Beispiel führt *Ernest Bergholt* in seinem Buch „Das Patience-Spiel" (1920) in seine brillanten Aufgaben eine Reihe merkwürdiger Beschränkungen ein. (Alle Aufgaben beginnen mit einem vollen Brett, obgleich das leere Feld nicht in der Mitte sein muß.) Sein „ball on the watch" („Figur auf Wache" A.d.Ü.) ist ein einzelner Stein — vorzugsweise in einer von den anderen unterschiedenen Farbe — der bis zum Ende des Spiels nicht bewegt werden darf; dann fängt er einen oder mehrere andere Steine und bleibt einziger Überlebender. Sein „dead ball" („tote Figur" A.d.Ü.) ist ein Stein, der durch das ganze Spiel unberührt bleibt und als letzter genommen wird. Ein „sweep" („Wischer" A.d.Ü.) ist eine lange Kette von Sprüngen, die ein Spiel beendet. *Bergholt* gibt viele Beispiele von Spielen, die mit Wischern über acht Figuren enden. Es ist möglich, behauptet er, mit der Leerstelle auf einem Eckfeld, sagen wir 37, zu beginnen und mit einem Wischer über neun Figuren zu enden.

Welches ist die kleinste Anzahl von Zügen, die nötig ist, um ein volles Brett mit zweiunddreißig Figuren auf ein einziges Stück zu reduzieren? Es ist lange behauptet worden, daß sechzehn Züge das mindeste wären, aber 1963 fand *Harry O. Davis* aus Portland, Oregon, fünfzehn-Zug-Lösungen, wenn die erste Leerstelle Feld 55 oder 52 ist bzw. die Felder, die mit diesen beiden korrespondieren, wenn das Brett gedreht oder gespiegelt wird. Hier folgt *Davis'* Lösung mit der Leerstelle bei 55 und dem letzten Stein auch auf 55: 57-55, 54-56, 52-54, 73-53, 43-63, 37-57-55-53, 35-55, 15-35, 23-43-45-25, 13-15-35, 31-33, 36-56-54-52-32, 75-73-53, 65-63-43-23-25-45, 51-31-33-35-55. Wenn die Leerstelle bei 52 ist, endet die andere fünfzehn-Zug-Lösung, die *Davis* entdeckte, mit dem Stein auf 55.

Davis fand sechzehn-Zug-Lösungen, wenn die erste Leerstelle 54 oder 57 ist oder eines der symmetrisch korrespondierenden Felder, und siebzehn-Zug-Lösungen bei allen anderen Feldern (dem Mittelpunkt, 46, 47 und symmetrisch korrespondierenden Feldern).

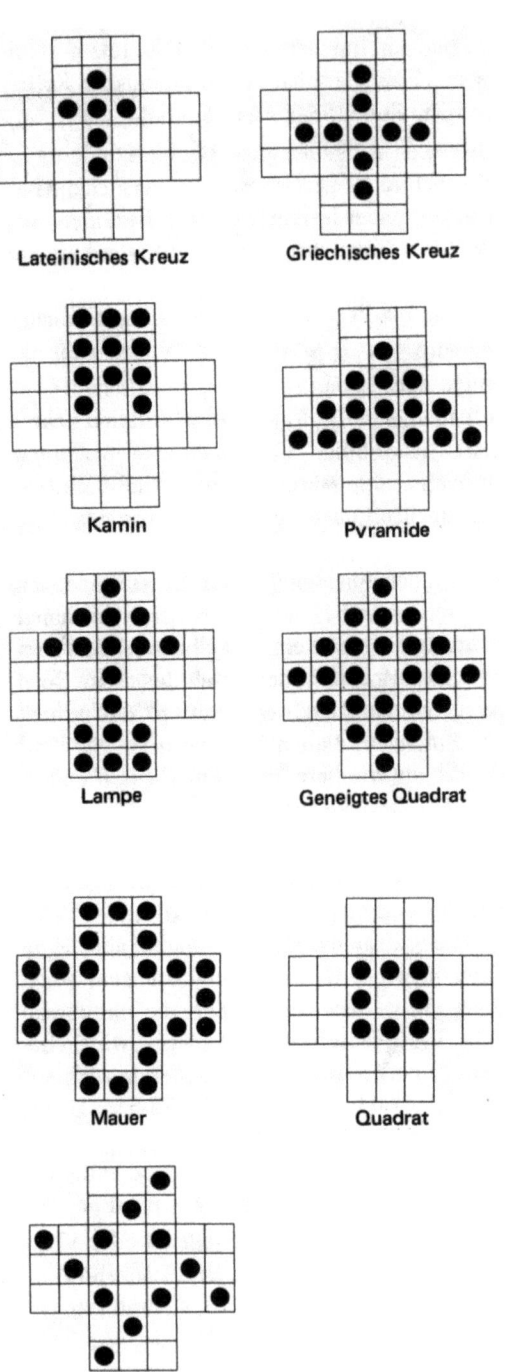

Bild 60
Traditionelle Aufgaben, bei denen der letzte Stein in der Mitte stehenbleiben soll

Bild 61
Spielen Sie so, daß diese Muster auf dem Brett übrigbleiben

Es gibt einundzwanzig unterschiedliche Kombinationen von Anfangs- und End-Feldern (Rotationen und Reflektionen natürlich nicht gezählt). Die folgende Übersicht führt die Minimum-Zug-Lösungen auf, die *Davis* herausgefunden hat:

Leerstelle	End-Feld	Anzahl der Züge
13	13	16
13	43	16
13	46	17
13	73	16
14	14	18
14	41	17
14	44	18
14	74	18
23	23	16
23	53	15
23	56	16
24	24	19
24	51	17
24	54	17
33	33	15
33	63	16
34	31	16
34	34	16
34	64	17
44	14	17
44	44	18

Wie die Übersicht zeigt, werden achtzehn Züge benötigt, wenn das Spiel mit einem leeren Mittelfeld (44) beginnt und mit einem Stein auf demselben Feld endet. *Henry Ernest Dudeney* gibt in seinen „Unterhaltungen mit Mathematik" (Aufgabe Nr. 227) eine neunzehn-Zug-Lösung und fügt hinzu: „Ich glaube nicht, daß die Anzahl der Züge vermindert werden kann." Aber *Bergholt* gibt in seinem Buch die folgende achtzehn-Zug-Lösung: 46-44, 65-45, 57-55, 54-56, 52-54, 73-53, 43-63, 75-73-53, 35-55, 15-35, 23-43-63-65-45-25, 37-57-55-53, 31-33, 34-32, 51-31-33, 13-15-35, 36-34-32-52-54-34, 24-44.[1])

„Ich wage zu behaupten", schreibt *Bergholt*, „daß dieser Rekord nie gebrochen werden wird". (Daß achtzehn wirklich das Minimum darstellt, ist

---

[1]) *Dudeneys* Lösung erschien zum erstenmal in „The Strand Magazine", April 1908. *Bergholz* veröffentlichte seine kürzere Lösung in „The Queen" am 11. Mai 1912.

kürzlich von *J. D. Beasley* von der Universität Cambridge bewiesen worden.) Man beachte, daß, wenn die Kette von Sprüngen in *Bergholts* vorletztem Zug nicht unterbrochen wird, eine siebzehn-Zug-Lösung erreicht wird. Sie endet auf Feld 14 mit dem Stein, der zunächst auf Feld 36 als „Figur auf Wache" stand und nun das Spiel mit einem Wischer über sechs Figuren abschließt.

Andere Lösungen der klassischen Mitte-zu-Mitte-Aufgabe, obgleich sie das Minimum an Zügen nicht erreichen, haben oft eine bemerkenswerte Symmetrie. Man betrachte die folgenden Beispiele.

„Der Kamin" (entdeckt von *James Dow* aus Boston): 42-44, 23-43, 35-33, 43-23, 63-43, 55-53, 43-63, 51-53, 14-34-54-52, 31-51-53, 74-54-52, 13-33, 73-53, 32-34, 52-54, 15-35, 75-55. Die Figuren bilden nun einen Kamin, wie Bild 60 zeigt, und das Spiel wird gemäß der Lösung dieser Aufgabe beendet. Dies verkürzt um drei Züge eine ähnliche Kamin-Lösung von *Josephine G. Richardson* aus Boston, die im „Puzzle-Craft" enthalten ist, einem Büchlein, das von *Lynn Rohrbough* herausgegeben wurde [1]). Die nächsten zwei Lösungen sind aus *Rohrboughs* Büchlein.

„Die sechs-Sprung-Kette": 46-44, 65-45, 57-55, 37-57, 54-56, 57-55, 52-54, 73-53, 75-73, 43-63, 73-53, 23-43, 31-33, 51-31, 34-32, 31-33, 36-34, 15-35, 13-15, 45-25, 15-35. Das Muster hat nun vertikale Symmetrie. Eine sechs-Sprung-Kette (43-63-65-45-25-23-43) reduziert das Muster auf eine T-Figur, die mit 44-64, 42-44, 34-54, 64-44 leicht gelöst wird.

Der „Jabberwocky": 46-44, 65-45, 57-55, 45-65, 25-45, 44-46, 47-45, 37-35, 45-25. Das Muster ist vertikal symmetrisch. Die nächsten sechzehn Züge sind spiegelgleiche Paare, die gleichzeitig mit der rechten und linken Hand gemacht werden können wie folgt:

Linke Hand	Rechte Hand
15-35	75-55
34-36	54-56
14-34	74-54
33-35	53-55
36-34	56-54
31-33	51-53
34-32	54-52
13-33	73-53

Die Lösung schließt: 43-63, 33-31-51-53, 63-43, 42-44.

[1]) 1930 veröffentlicht durch den „Co-operative Recreation Service of Delaware", Ohio.

Die mathematische Theorie der Patience ist nur teilweise bekannt. Es ist tatsächlich eine der größeren ungelösten Aufgaben der heiteren Mathematik, eine gegebene Patience-Stellung zu analysieren und festzustellen, ob sie in eine andere gegebene Stellung umgebaut werden kann oder nicht. Ein Mann, der in dieser Richtung beachtliche Fortschritte erzielt hat, ist *Mannis Charosh*, Mathematiklehrer an der New Utrecht High School in Brooklyn, New York[1]). Er beweist eine Anzahl ungewöhnlicher Theoreme, die zusammengefaßt eine außerordentlich brauchbare Technik abgeben, um die Unmöglichkeit gewisser Patience-Aufgaben festzustellen. *Charoshs* Analyse vereinfacht und erweitert eine frühere Analyse von *M. H. Hermany*[2]).

Charoshs Methode besteht darin, eine Serie von Umwandlungen auf jede Anfangsposition anzuwenden, um zu sehen, ob sie in die gewünschte Endposition verwandelt werden kann. Wenn dies stimmt, nennt man die beiden Positionen „äquivalent". Sind zwei Positionen *nicht* äquivalent, so ist es unmöglich, die eine in die andere durch Springen der Steine zu verwandeln (oder umgekehrt: rückwärtsarbeitend, wie Leibniz vorgeschlagen hat). *Sind* zwei Positionen äquivalent, so kann die Aufgabe nach den Regeln des Patience-Spiels gelöst werden oder auch nicht. Mit anderen Worten, die Methode gibt für jede Patience-Aufgabe auf jeder Brettart, eine notwendige, aber nicht hinreichende Lösungsmöglichkeit an.

Charoshs Abwandlungen umfassen einen beliebigen Satz von drei benachbarten Feldern, die in einer geraden horizontalen oder vertikalen Linie liegen. Wenn auf diesen drei Feldern Steine stehen, entferne man sie; sind sie leer, stelle man Steine darauf. Wenn also alle drei Felder besetzt sind, dann können alle drei Steine entfernt werden; sind alle drei leer, können alle drei besetzt werden. Wenn zwei Steine da sind, können die zwei entfernt werden, und ein einzelner Stein kann auf das vorher leere Feld gestellt werden. Wenn nur ein Stein da ist, kann er entfernt, und zwei Steine können auf die zwei vorher leeren Felder gestellt werden.

Wir wollen diese Methode auf die klassische Aufgabe, die mit dem leeren Mittelfeld beginnt, anwenden. Man sieht sofort, daß Sätze von drei Steinen in einer Reihe entfernt werden können, bis nur zwei Steine übrigbleiben, sagen wir, Felder 45 und 43. Da diese die Enden des Drillings 43, 44, 45 sind, können wir die zwei Steine entfernen und durch einen Stein auf Feld 44 ersetzen. Wir haben damit bewiesen, daß ein volles Brett mit einem

---

[1]) „The Mathematics Student Journal", März 1962
[2]) „Récréations Mathématiques", 1. Bd., herausgegeben von dem französischen Mathematiker *Edouard Lucas*.

leeren Feld bei 44 äquivalent ist mit einem leeren Brett mit einem einzelnen Stein auf 44; also ist die Aufgabe nicht unmöglich (wir wissen natürlich bereits, daß sie gelöst werden kann). In ähnlicher Weise ist leicht zu erkennen, daß die Position, wenn das Spiel mit einer Leerstelle irgendwo auf dem Brett beginnt, durch *Charoshs* Methode in einen einzelnen Stein auf demselben Feld umgewandelt werden kann. Wieder kann dies immer im tatsächlichen Spiel geschehen.

Ist es möglich, mit einer Leerstelle in der Mitte zu beginnen und mit dem letzten Stein auf 45 zu enden? Nein, es ist nicht möglich. Es gibt keine Möglichkeit, *Charoshs* Methode anzuwenden, um das Brett in einen einzigen Stein auf 45 umzuwandeln. Um das zu beweisen, müssen wir nicht mit einem vollen Brett beginnen. Wir können mit einem einzelnen Stein auf 44 anfangen (was wir als ein mögliches Ende kennen) und feststellen, wie diese Position in andere Positionen mit einem einzelnen Stein umgewandelt werden kann. Wir gehen folgendermaßen vor: Der Stein auf 44 kann entfernt und durch Steine auf 54 und 64 ersetzt werden (weil 44, 54, 64 einen Drilling bilden). Die Steine auf 54 und 64 können ihrerseits weggenommen und durch einen Stein auf 74 ersetzt werden. So ist also ein einzelner Stein auf 44 „äquivalent" zu einem einzelnen Stein auf 74. Wir können es auch so ausdrücken: Ein einzelner Stein ist einem einzelnen Stein auf jedem Feld äquivalent, das erreicht werden kann durch Springen über zwei Felder in gerader Linie in jeder rechtwinkligen Richtung. Man kann leicht erkennen, daß 44 nur zu den Feldern 14, 47, 74 und 41 äquivalent ist. Diese sind die einzigen Felder, auf denen man ein Spiel beenden kann, das mit einer Leerstelle in der Mitte beginnt. Die Praxis bestätigt dies. Jeder Schlußsprung, der einen Stein in die Mitte bringt, kann in entgegengesetzter Richtung geführt werden und einen Stein in ein äquivalentes Feld setzen. Alle fünf Felder können also im tatsächlichen Spiel erreicht werden — aber keine anderen.

Die Anwendung von *Charoshs* Methode wird jede Stellung entweder auf einen einzelnen Stein, auf zwei diagonal benachbarte Steine oder gar keine Steine zurückführen. Das letztere kann natürlich im wirklichen Spiel nicht erreicht werden; statt dessen muß das Spiel auf einer Position enden, die „keinen Figuren" äquivalent ist, wie etwa mit drei benachbarten Steinen in einer Reihe, oder zwei Steinen in einer Reihe mit zwei Leerfeldern dazwischen. Es ist nicht schwer zu zeigen, daß jede Position äquivalent ist (durch *Charoshs* Methode umwandelbar) zu ihrer „Umkehrung" — das heißt, zu derselben Position mit Leerstellen ersetzt durch Steine und Steine ersetzt durch Leerstellen. Wenn zum Beispiel Steine von zwei diagonal benachbarten Feldern, sagen wir 37 und 46, entfernt werden, ist die Position äquivalent zu einem leeren Brett mit Steinen auf eben diesen zwei Feldern. Nachdem es keinen Weg gibt, diese beiden Steine in einen einzelnen Stein zu verwandeln, wissen wir, daß es nicht möglich ist, mit Leerfeldern bei 37 und 46 zu beginnen und das Brett auf einen einzigen Stein zu reduzieren.

Für jeden, der eine neue Patience-Aufgabe austüfteln möchte, kann *Charoshs* System endlose Stunden der Suche nach Lösungen für unmögliche Aufgaben ersparen. Wenn freilich erst einmal eine Aufgabe als möglich erkannt ist, bleibt immer noch die Mühe, ihre Lösung zu finden. Manchmal gibt es eine Lösung, manchmal nicht. Beim Aufsuchen der Lösung ist *Leibniz'* Methode des Rückwärtsarbeitens von sehr großem Vorteil: Indem man numerierte Steine der Reihe nach benützt, erspart man sich die Mühe, über jeden Versuch Buch zu führen. Wenn der Versuch gelingt, macht es die Numerierung leicht, den Ablauf des Spieles zu rekonstruieren.

1960 warf *Noble D. Carlson*, ein Ingenieur in Willoughby, Ohio, eine interessante Frage auf: Welches ist das kleinste *quadratische* Brett für Patience, auf dem es möglich ist, mit einem leeren Feld in einer Ecke zu beginnen und die Stellung auf einen einzelnen Stein zu reduzieren? *Charoshs* Technik zeigt rasch, daß es unmöglich ist auf allen Brettern außer denen, deren Seiten ein Vielfaches von drei sind. Das 3 x 3 Brett jedoch erweist sich als unlösbar. So bleibt das 6 x 6 Brett als der wahrscheinlichste Kandidat. (Siehe Bild 62.) Die Lösung, wenn es eine gibt, wird auf dem Eckfeld, das zu Beginn freigelassen wurde, enden oder auf einem der drei Felder, die ihm „äquivalent" sind. (Nehmen wir Feld 1 in der oberen linken Ecke als die Leerstelle an und numerieren wir die Felder von links nach rechts. Die drei äquivalenten Felder sind 4, 19 und 22.)

Kann man es machen? Ja. *Carlson* selbst fand eine neunundzwanzig-Zug-Lösung, die auf Feld 22 endet. Was noch fehlt, ist eine Lösung, die mit Leerfeld 1 beginnt und mit 1 endet.

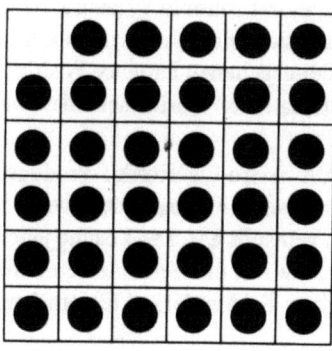

Bild 62
Die 6 x 6 Aufgabe

Anhang

Leser richteten meine Aufmerksamkeit auf viele frühere Diskussionen über die Patience-Theorie, in denen Möglichkeitstests, alle mehr oder weniger dieselben, erläutert werden. Die wichtigeren Hinweise sind in der folgenden Bibliographie zu finden:

M. Reiss, „Beiträge zur Theorie des Solitär-Spiels," *Crelles Journal* (Berlin), Band 54 (1857), S. 344–79.

Gaston Tissandier, Popular Scientific Recreations Übersetzung eines französischen Werkes aus dem Jahre 1881). London: Ward, Lock and Bowden, 1882. s.S. 735–39.

A. M. H. Hermary, „Le Jeu du solitaire." *Récréations Mathématiques*, edited by Edouard Lucas. Paris: Blanchard (paperback), 1960. Reprint of 1882 edition. Siehe Band 1 S. 87–141.

G. Kowalewski, „Das Solitärspiel," *Alte und neue mathematische Spiele*. Leipzig: Teubner, 1930.

B. M. Stewart, „Solitaire on a Checkerboard," *American Mathematical Monthly*, April 1941, S. 228–33.

B. M. Stewart, Theory of Numbers, revised edition. New York: Macmillan 1964. S. Kapitel 2.

Mannis Charosh, „Peg Solitaire," *The Mathematics Student Journal*, Vol. 9, March 1962, S. 1–3.

J. D. Beasley, „Some Notes on Solitaire," *Eureka*, No. 25, Oktober 1962, S. 13–28.

Darunter ist auch der kürzliche Bericht von *J. D. Beasley* über Resultate, die eine Gruppe von Mathematikern (*J. H. Conway, R. L. Hutchings* und *J. M. Boardman*) an der Universität Cambridge erzielte. Seit *Beasleys* Schrift erschien, haben er und *Conway* die Theorie noch weiter ausgebaut, aber ihre Erweiterungen sind noch nicht veröffentlicht worden. *Sheldon B. Akers, Jr.*, ein Mathematiker beim General Electronics Laboratorium in Syracuse, New York, sandte mir sein eigenes Verfahren, das sich mit der Charosh'schen Methode deckt, wobei eine einzelne Zahl jeder gegebenen Patience-Position auf solche Weise beigeordnet wird, daß „äquivalente" Positionen dieselbe Nummer haben.

Gary D. Gordon, ein Physiker bei der RCA Astro-Electronics Products Division in Princeton, New Jersey, erzählte mir von einer bemerkenswerten Entdeckung, die er etwa vor fünfzehn Jahren gemacht hat. Die Lösung jeder Patience-Aufgabe auf jedem beliebigen Brett, die mit nur einem leeren Feld beginnt und mit dem letzten Stein auf demselben Feld endet, ist umkehrbar, das heißt, die Sprünge können in umgekehrter Reihenfolge durchgeführt werden und stellen damit eine neue Lösung derselben Aufgabe dar. Dies sollte nicht verwechselt werden mit Leibniz' Methode, rückwärts zu arbeiten durch Beginn mit einem leeren Brett. Die Anfangsposition bleibt dieselbe; nur die Reihenfolge der Sprünge ist umgekehrt. So beginnt in der sechzehn-Zug-Lösung, die *John Harris* aus Santa Barbara, California, für das 6 x 6 Brett gegeben hat, die umgekehrte Lösung mit 13-1, fährt fort mit 25-13, 27-5 und so weiter und nimmt die Sprünge in dem acht-Sprung-Wischer am Ende in umgekehrter Reihenfolge. Das Resultat ist eine unterschiedliche Lösung mit einunddreißig Zügen. *Davis* stellt heraus, daß es auf vollen Brettern umgekehrte Lösungen auch dann gibt, wenn die Anfangs- und End-Felder nicht die gleichen sind. Wenn man eine Lösung dafür findet, mit Feld a zu beginnen und mit Feld b zu enden, bringt eine Umkehrung der Züge automatisch eine Lösung, die mit b beginnt und mit a endet.

Aufgaben, die Patience-Aufgaben gleichwertig sind, werden manchmal als Dame-Spring-Aufgaben auf einem Standard-Damebrett gestellt. Eine der ältesten und bekanntesten beginnt mit 24 Steinen auf den 24 schwarzen Feldern, die am Rand, zwei Felder tief, um die vier Seiten des Brettes vorhanden sind. Ist es möglich, diese Steine durch Springen auf einen zu reduzieren? *Harry Langman* besprach diese Aufgabe in „Scripta Mathematica"[1]) und in seinem Buch „Play Mathematics"[2]). Eine frühere Besprechung erschien in „Games Digest", Oktober 1938, und die Aufgabe geht mindestens auf das Jahr 1900 zurück. Es ist leicht, die Aufgabe auf ein Patience-Brett zu übertragen und nach ihrer Möglichkeit zu testen, wie von *B. M. Stewart* in seinem Zeitschriftenartikel aus dem Jahre 1941, der in der Bibliographie angeführt ist, erklärt wurde. Es gelingt nicht. Wird jedoch einer der zwei Ecksteine entfernt, so gibt es viele Lösungen.

Conway hat mich informiert, daß das Standard-Patience-Spiel mit dem leeren Mittelfeld mit nicht mehr als vier Zügen in eine unlösbare Position gespielt werden kann: Sprung in die Mitte, über die Mitte, in die Mitte, über die Mitte, wobei der erste und letzte Zug in der gleichen Richtung liegen. Dies ist die kürzeste Art es auszuführen und ist für vier Züge einzig. In fünf Zügen kann man zwei verschiedene unlösbare Positionen erreichen.

Bergholt versichert in seinem Buch über Patience, daß es möglich sei, mit einem Leerfeld in der Ecke des Standardbretts zu beginnen und mit einem Wischer über neun Figuren zu enden. Er gab keine Lösung. So weit ich weiß,

---

[1]) September 1954, pp. 206–8
[2]) *Hafner*, New York, 1962, pp. 203–6

ist eine Lösung für dieses schwierige Problem zuerst von *Harry O. Davis* wiederentdeckt worden; er beschreibt eine elegante achtzehn-Zug-Lösung in seinem Artikel aus dem Jahre 1967 [1]). *Davis* zeigt in diesem Artikel auch, daß keine Lösung des Standard-Spiels, gleichgültig welches Fels zu Beginn leer ist, eine Kette von mehr als neun Zügen enthalten kann.

Davis, der in diesem Kapitel oft erwähnt wurde, hat sich für Patience erst interessiert, als er 1962 in meiner Kolumne darüber las. Seitdem hat er genug neue Entdeckungen gemacht — er dehnte Möglichkeits-Tests aus, entwickelte Techniken zur Erreichung von Lösungen mit einem Minimum an Zügen und bewies sie als minimal, er erdachte und löste neue Aufgaben und übertrug sogar Patience auf drei Dimensionen (was er „Solidaire" nannte) — um ein umfangreiches Buch daraus zu machen. Bis heute hat er aber nur den einen angeführten Artikel veröffentlicht. In den letzten Jahren hat er mit *Wade E. Philpott* in Lima, Ohio, zusammengearbeitet, der Wesentliches zu der Theorie über Patience sowohl in seiner traditionellen rechtwinkligen Form, wie auch auf isometrischen (dreieckigen) Feldern beitrug [2]).

Antworten

Für die ersten fünf Aufgaben fanden Leser kürzere Lösungen als diejenigen, die ich im „Scientific American" gegeben habe. Ich habe hier Minimal-Lösungen aufgeführt und füge die Namen derjenigen an, die die Lösungen eingesandt haben.

Das gleicharmige Kreuz in sechs Zügen: 54-74, 34-54, 42-44-64, 46-44, 74-54-34, 24-44. (*R. L. Potyok, H. O. Davis.*)

Kamin in acht Zügen: 45-25, 37-35, 34-36, 57-37-35, 25-45, 46-44-64, 56-54, 64-44. (*W. Leo Johnson, H. O. Davis, R. L. Potyok.*)

Pyramide in acht Zügen: 54-74, 45-65, 44-42, 34-32-52-54, 13-33, 73-75-55-53, 63-43-23-25-45, 46ß44. (*H. O. Davis.*)

Lampe in zehn Zügen: 36-34, 56-54, 51-53-33-35-55, 65-45, 41-43, 31-33-53-55-35, 47-45, 44-46, 25-45, 46-44. (*Hugh W. Thompson, H. O. Davis.*)

[1]) *Harry O. Davis*, „33-Solitaire: New Limits, Small and Large", Mathematical Gazette, Band 51, Mai 1967, S. 91–100.

[2]) Über isometrische Patience siehe meine Beiträge im „Scientific American" im Februar und Mai 1966.

Auf der Spitze stehendes Quadrat in acht Zügen: 55-75, 35-55, 42-44, 63-43-45-65, 33-35-37-57-55-53-51-31-33-13-15-35, 75-55, 74-54-56-36-34, 24-44. (*H. O. Davis.*) Beachten Sie die bemerkenswerte Kette von elf Sprüngen.

Mauer: 64-44, 34-54, 46-44, 14-34, 44-24, 42-44, 54-34-14. Dies löst die Aufgabe. Wenn man weiterspielt, ist es leicht, das Muster auf vier Figuren in den Ecken des mittleren 3 x 3 Quadrats zu reduzieren.

Quadrat: 46-44, 25-45, 37-35, 34-36, 57-37-35, 45-25, 43-45, 64-44, 56-54, 44-64, 23-43, 31-33, 43-23, 63-43, 51-53, 43-63, 41-43. Der Schluß ist augenscheinlich: 15-35, 14-34, 13-33 auf der Linken und die entsprechenden Züge auf der Rechten: 75-55, 74-54, 73-53. Die Aufgabe ist damit gelöst. Vier weitere Sprünge lassen Steine in den Ecken (36, 65, 52 und 23) eines auf der Spitze stehenden Quadrats — ein außergewöhnlich schwierig zu erreichendes Muster, wenn man die vorhergehenden Positionen nicht kennt.

Windmühle: 42-44, 23-43, 44-42, 24-44, 36-34, 44-24, 46-44, 65-45, 44-46, 64-44, 52-54, 44-64. Die Position hat jetzt vierfache Symmetrie. Sie wird vollendet: 31-33, 51-31, 15-35, 13-15, 57-55, 37-57, 73-53, 75-73. Die Endfigur ist ein Patt.

Das kürzeste Patt, wenn man mit einem vollen Brett und einem leeren Mittelfeld beginnt, wird in folgenden sechs Zügen erreicht: 46-44, 43-45, 41-43, 24-44, 54-34, 74-54. Das nächstkürzeste Patt ist mit einem Zehn-Zug-Spiel zu erreichen.

Robin Merson, der bei Royal Aircraft Establishment in Farnborough, England, an Bestimmungen von Satelliten-Bahnen arbeitet, sandte einen einfachen Beweis dafür, daß mindestens sechzehn Züge (eine Kette von Sprüngen zählt als ein Zug) nötig sind, um die Aufgabe auf dem 6 x 6 Brett zu lösen. Der erste Zug ist 3-1 oder sein symmetrisches Äquivalent. Dies setzt einen Stein auf jedes Eckfeld. Es ist unmöglich, eine Eckfigur zu überspringen, darum muß jede Eckfigur sich bewegen (einschließlich des Steins auf 1, der sich entfernen muß, um den letzten Sprung in die Ecke zu ermöglichen). Diese vier Züge, zuzüglich dem ersten, bringen die Summe auf fünf. Betrachten wir nun die Seitenfiguren an den Rändern zwischen den Ecken. Zwei solcher Figuren nebeneinander können nicht übersprungen werden; darum muß von jedem solchen Paar sich mindestens ein Stein bewegen. Auf der linken und rechten Seite und am unteren Ende müssen sich mindestens zwei Figuren bewegen, um untragbare Paare aufzubrechen. Am oberen Rand (wenn man den ersten Zug mit 3-1 annimmt) genügt eine Figur. So kommen sieben weitere Züge dazu, was eine Summe von zwölf ausmacht. Betrachten wir als nächstes die sechzehn innen liegenden Felder. Ein Block von vier

(z. B. 8, 9, 14 und 15) kann nicht übersprungen werden, wenn sich nicht mindestens eine Figur bewegt hat. Man sieht leicht, daß ein Minimum von vier inneren Figuren bewegt werden muß, um alle inneren Vier-Felder-Blocks aufzubrechen. Dies erbringt eine Summe von sechzehn nötigen Zügen. *Mersons* kürzeste Lösung war achtzehn. Er bezweifelte, ob die Züge noch verringert werden könnten.

Zu meinem Erstaunen kam ein Leser, *John Harris* aus Santa Barbara, California, mit der besten, einer eleganten sechzehn-Zug-Lösung, heraus: 13-1, 9-7, 21-9, 33-21, 25-13-15-27, 31-33-21-19, 29-27, 16-28, 24-22, 18-16, 6-18, 36-24-12, 3-15-17, 35-33-21-23, 4-16-18-6-4, 1-3-5-17-29-27-25-13-1. Man beachte, daß der letzte Zug ein Acht-Figuren-Wischer ist. Die Darstellung von Bild 63 zeigt das Muster gerade vor diesem Schlußzug. 1964 fand *H. O. Davis* sechzehn-Zug-Lösungen mit der anfänglichen Leerstelle auf irgendeinem Feld des 6 x 6 Brettes.

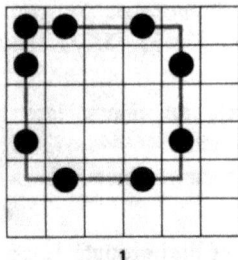
1.

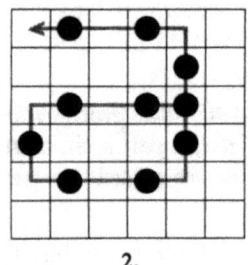
2.

Bild 63
1. Lösung mit einem acht-Figuren-Wischer
2. Lösung mit einem neun-Figuren-Wischer

Die längste mögliche Schlußkette hat neun Sprünge. Diese wurde von *Donald Vanderpool* aus Towanda, Pennsylvanien, am Ende einer achtzehn-Zug-Lösung vollbracht: 13-1, 9-7, 1-13, 21-9, 3-15, 19-21-9, 31-19, 13-25, 5-3-15, 16-4, 28-16, 30-28, 18-30, 6-18, 36-24-12-10, 33-21-9-11, 35-33-31-19, 17-15-13-25-27-29-17-5-3-1. Die Position vor dem Endwischer wird rechts in Bild 63 gezeigt.

Vanderpool erforschte auch rechteckige Bretter mit einem leeren Eckfeld. Er bewies, daß jedes solche Brett, einschließlich quadratischer, mit einer Ausdehnung von drei Feldern oder einem Vielfachen davon eine Lösung hat, ausgenommen die folgenden Bretter:
  1. Eine Ausdehnung von einem Feld (ausgenommen 3 x 1),
  2. eine Ausdehnung von zwei Feldern,
  3. das 3 x 3 Quadrat,
  4. das 3 x 5 Rechteck.

12. Plattländer

Satire verbirgt sich oft hinter Phantasie, durch die menschliche Bräuche und Einrichtungen karikiert werden von einer Rasse nichtmenschlicher Geschöpfe, einer Gesellschaft oder Welt mit ihren besonderen Normen und physikalischen Gesetzen. Zweimal wurden erwähnenswerte Versuche gemacht, eine solche Satire auf eine Gesellschaft zweidimensionaler Wesen, die sich auf einer Ebene bewegen, anzuwenden. Keinen der Versuche kann man ein literarisches Meisterstück nennen, aber vom mathematischen Standpunkt aus sind beide seltsam und unterhaltend.

„Flatland"[1]) — 1884 zum erstenmal veröffentlicht und jetzt glücklicherweise als Dover-Paperback zu haben — ist der erste und bekanntere Versuch. Der Verfasser ist *Edwin Abott Abbott*, ein Londoner Geistlicher und Schulleiter, der viele gelehrte Bücher schrieb. Die Titelseite der ersten Auflage trägt das Pseudonym „A. Quadrat". Der Erzähler des Buches ist ein Quadrat im wörtlichen Sinne. Es besitzt an einem seiner vier Ecken ein einziges Auge. (Wie es dieses Quadrat fertigbrachte, sich ohne Füße über die Oberfläche von Plattland zu bewegen und ohne Arme sein Buch zu schreiben, bleibt ungeklärt.)

Abbotts Plattland ist eine Fläche ähnlich einer Landkarte, über die die Plattländer gleiten. Sie haben leuchtende Ecken und eine unendlich geringe Höhe entlang ihrer vertikalen Koordinate oder dritten Dimension, aber sie sind sich ihrer Höhe überhaupt nicht bewußt und haben keinen Sinn, um sie wahrzunehmen. Die Gesellschaft ist streng in Klassen eingeteilt. Auf der untersten Stufe stehen die Frauen: eine einfache gerade Linie mit einem Auge an einem Ende, wie eine Nadel. Vom Auge einer Frau geht ein erkennbares Glühen aus, nicht aber von ihrem anderen Ende; sie kann sich also allein dadurch, daß sie den Rücken kehrt, unsichtbar machen. Wenn ein männlicher Plattländer unabsichtlich mit dem scharfen hinteren Ende einer Dame zusammenstößt, kann es tödlich sein. Um solche Unglücksfälle zu vermeiden, müssen sich die Frauen nach dem Gesetz ständig durch ein ewiges Hin- und Herbewegen ihres Hinterendes sichtbar erhalten. Bei Frauen, die mit Männern höheren Ranges verheiratet sind, ist dies eine „rhythmische und gut modulierte Wellenbewegung". Frauen der unteren Klasse versuchen das nachzumachen, aber selten erreichen sie etwas besseres als „ein bloßes monotones Schwingen wie das Ticken eines Pendels".

[1]) „Plattland", A.d.Ü.

Soldaten und Arbeiter in Plattland sind gleichschenklige Dreiecke mit extrem kurzer Grundlinie und scharfen Ecken. Gleichseitige Dreiecke bilden den Mittelstand. Männer der gehobenen Berufe sind Quadrate und Fünfecke. Die oberen Klassen beginnen bei den Sechsecken; die Anzahl ihrer Seiten wächst mit ihrem Rang auf der gesellschaftlichen Stufenleiter, bis ihre Formen von Kreisen nicht mehr zu unterscheiden sind. Die Kreise an der Spitze der Hierarchie sind die Regierenden und Priester von Plattland.

In einem Traum besucht der quadratische Erzähler Linienland, eine eindimensionale Welt, wo es ihm nicht gelingt, den König von der Wirklichkeit des zweidimensionalen Raumes zu überzeugen. Umgekehrt erhält der Quadratische selbst Besuch aus Raumland – eine Kugel, die ihn in die Geheimnisse des dreidimensionalen Raums einführt: Sie hebt ihn über Plattland hoch, so daß er in das Innere seines fünfeckigen Hauses hinuntersehen kann. Als er nach Plattland zurückkehrt, versucht er, die Bibel des dreidimensionalen Raumes zu predigen, aber man hält ihn für verrückt; er wird wegen seiner Ansichten verhaftet und sitzt im Gefängnis, als die Erzählung schließt.

Die Kugel hatte Plattland betreten, indem sie sich langsam durch die Ebene bewegte, bis ihr Querschnitt eine ebene Figur von größtmöglicher Fläche erreichte. Es ist leicht zu erkennen, daß dieser Schnitt ein Kreis ist mit einem Radius, der dem Radius der Kugel entspricht. Nehmen wir an, daß statt der Kugel ein Würfel Plattland betreten hätte. Welches ist die größtmögliche Fläche eines flachen Querschnitts, den ein Würfel mit gleichen Seitenlängen erreichen kann? Der Würfel kann natürlich seinen Körper in jedem Winkel kippen, während er die Ebene kreuzt.

Ein viel anspruchsvolleres Werk über zweidimensionale Fiktion als das von Abott – in der Tat ein ausgewachsener Roman von 181 Seiten – ist *Charles Howard Hinton's* „An Episode of Flatland"[1]), 1907 in London veröffentlicht. *Hinton* war der Sohn von *James Hinton*, einem hervorragenden Londoner Ohrenarzt, der mit *George Eliot* befreundet und Autor des Werkes „The Mystery of Pain"[2]) und anderer weithin beliebter Bücher war. Der junge Charles studierte in Oxford Mathematik, heiratete *Mary Boole* (eine der fünf Töchter von *George Boole*, dem Logiker) und ließ sich in den Vereinigten Staaten nieder. Er lehrte Mathematik an der Universität Princeton und der Universität von Minnesota. Als er 1907 starb, war er Prüfer am Patentamt der Vereinigten Staaten.

[1]) „Eine Episode aus Plattland", A.d.Ü.
[2]) „Das Geheimnis des Schmerzes", A.d.Ü.

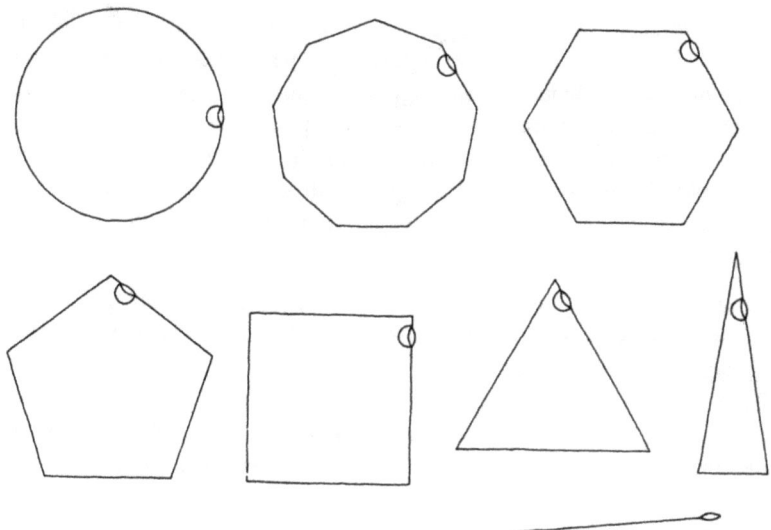

Bild 64 Einäugige Plattländer, in der Reihenfolge ihres gesellschaftlichen Ranges

Ein langer Nachruf in der „New York Sun" vom 5. Mai 1907 wurde von *Gelett Burgess* geschrieben. Er erinnert sich eines Vorfalles, als sein Freund *Hinton* einem Fußballspiel beiwohnte und ein Fremder versuchte, die Chrysantheme aus seinem Rockaufschlag zu ziehen. *Hinton* hob den Mann hoch und warf ihn über den nächsten Zaun. 1897 kam *Hinton* in alle Zeitungen mit seiner Erfindung eines automatischen Baseball-Schlägers.[1]) Dieser schleuderte die Bälle mit Hilfe von Schießpulverladungen und konnte so eingestellt werden, daß er Würfe jeder gewünschten Geschwindigkeit und Kurve hervorbrachte. Das Princeton-Team übte eine Weile damit, aber nach einigen Unfällen scheuten sich die Mitspieler, gegen die Maschine anzutreten.

Hinton war vor allem bekannt als Autor von Büchern und Artikeln über die vierte Dimension. Er entwickelte eine Methode, vierdimensionale Strukturen zu bauen (in dreidimensionalen Querschnitten), wozu er Hunderte kleiner Würfel verwendete, die er kennzeichnete und in einer Weise färbte, die er in seinen beiden bedeutendsten Büchern „The Fourth Dimension" und „A New Era of Thought"[2]) im einzelnen beschrieb. Nachdem er mit diesen

---

[1]) Einzelheiten siehe in „Harper's Weekly", Band 41, 20.3.1897, pp. 301–2
[2]) „Die vierte Dimension" und „Eine neue Ära des Denkens", A.d.Ü.

Würfeln viele Jahre gearbeitet hatte, behauptete *Hinton*, tatsächlich in vier Dimensionen denken gelernt zu haben. Er lehrte die Methode seine Schwägerin *Alicia Boole*, als sie achtzehn Jahre alt war. Obgleich das Mädchen keine Ausbildung in Mathematik erfahren hatte, entwickelte es bald ein bemerkenswertes Verständnis für vierdimensionale Geometrie und machte später bedeutende Entdeckungen auf diesem Gebiet.[1]) Die Frau des Sohnes von *Hinton* — *Sebastian* — ist *Charmelita Chase Hinton*, Gründerin und frühere Leiterin der Putney-Schule in Vermont.

Als er sein Plattland schuf, das er „Astria" nannte, ging *Hinton* geistreicher vor als *Abbott*. Statt seinen Geschöpfen zu gestatten, sich willkürlich über die Oberfläche der Ebene zu bewegen, stellte er sie sozusagen aufrecht auf die Kante eines riesigen Kreises. Wenn Sie Münzen verschiedener Größen auf einen Tisch legen und herumschieben, können Sie sich leicht eine flache Sonne vorstellen, die flache, kreisförmige Planeten umkreisen. Mit der Schwerkraft verhält es sich wie in unserem Raum, außer daß in der Ebene ihre Stärke mit dem Kehrwert des Abstandes abnimmt — anstatt mit dem Kehrwert seines Quadrates.

Der Planet Astria ist in Bild 65 wiedergegeben. Die Richtung (angezeigt durch den Pfeil), in der er sich dreht, wird Osten genannt, die umgekehrte Richtung Westen. Es gibt kein Norden und Süden, nur auf und ab. Die Körper der Astrianer haben eine komplexe Struktur; um aber zu vermeiden, daß er in anatomische Details gehen muß, stellt *Hinton* sie schematisch dar als rechtwinklige Dreiecke, wie Bild 66 zeigt. Wie *Abbott's* Plattländer haben auch die Astrianer nur ein Auge. (Offensichtlich bedachte kein Verfasser die Möglichkeit, zweidimensionales Sehen einzuführen, was zwei Augen, jedes mit einer eindimensionalen Netzhaut, bedingt hätte.) Im Unterschied zu den Plattländern haben die Astrianer Arme und Beine. Um aneinander vorbeizukommen, müssen zwei Astrianer natürlich über- oder untereinander vorbei, etwa wie zwei Akrobaten auf einem Hochseil. Alle männlichen Astrianer werden mit dem Gesicht nach Osten geboren, alle Frauen mit dem Gesicht nach Westen. Sie behalten diese Orientierung bei bis sie sterben, weil es verständlicherweise für einen Astrianer keine Möglichkeit gibt, sich „umzudrehen", um sein eigenes Spiegelbild zu werden. Um hinter sich zu sehen, muß sich ein Astrianer rückwärts beugen, auf dem Kopf stehen, oder einen Spiegel benutzen. Die Spiegelmethode ist die

---

[1]) Die Geschichte ihrer ungewöhnlichen Laufbahn ist nachzulesen in: *H. S. M. Coxeter* „Regular Polytopes" („Reguläre Polytope", A.d.Ü.), Macmillan, New York, 1948, pp. 258—59

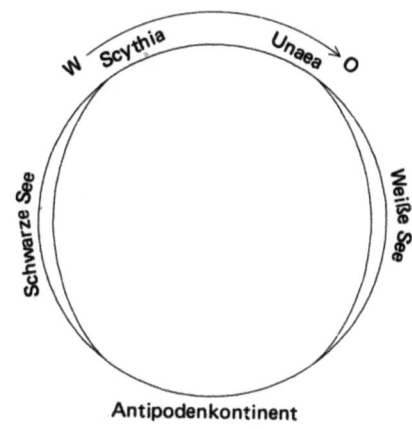

Bild 65
Charles Hintons zweidimensionaler Planet Astria

Bild 66
Das Privatleben der Astrianer

bequemste. Aus diesem Grund sind astrianische Häuser und Gebäude gut mit Spiegeln ausgestattet. Um seinen Sohn zu küssen, muß ein Vater den Jungen kopfüber halten.

Das bewohnte Gebiet von Astria war ursprünglich geteilt zwischen den zivilisierten Unaeanern im Osten und den barbarischen Scythianern im Westen. Die Scythianer hatten in der Kriegführung einen großen Vorteil: Ihre männlichen Krieger konnten auf die Unaeaner von hinten einschlagen, während sich die Unaeaner nur duch die umständliche Methode des Nach-Hinten-Schlagens wehren konnten. Als Folge davon trieben die Scythianer die Unaeaner nach Osten, bis sie in ein enges Gebiet am Rande der Weißen See gedrängt waren.

Die Unaeaner wurden vor der Vernichtung durch das Erwachen der Wissenschaften bewahrt. Ihre Astronomen, die Finsternisse und andere Naturerscheinungen beobachteten, wurden von der Kugelgestalt ihres Planeten überzeugt. Ein Studium der Gezeiten der Weißen See setzte sie instand, die Existenz eines Antipodenkontinents anzunehmen. Eine ausgesuchte Gruppe von Unaeanern segelte über die Weiße See und durchquerte in einem hundertjährigen Marsch den neuen Kontinent, wobei sie jeden Baum am Wege zu überklettern oder umzuschneiden hatte. Söhne und Töchter, die diese Strapazen überlebten, bauten dann neue Schiffe, um die Schwarze See zu kreuzen. Die Scythianer, völlig überrascht, wurden schnell überwältigt, denn nun waren es die Männer der Unaeaner, die von hinten angreifen konnten! Eine Weltregierung wurde errichtet; eine Ära des Friedens hatte begonnen. Das ist der geschichtliche Hintergrund, der dem Roman sein Gerüst gibt.

Ich will dem Leser die Details der melodramatischen zweidimensionalen Handlung des Buches ersparen. Sie liegt in der Tradition früher sozialistischer Phantasien, die die Plutokratie im Namen einer altruistisch geplanten Gesellschaft angreifen. Da ist auch noch eine ziemlich langweilige Liebesgeschichte zwischen Laura Cartright, der schönen Tochter des reichen, mächtigen Staatsministers, und Harold Wall, ihrem hübschen — soweit das in der Ebene möglich ist — proletarischen Verehrer. Mittelpunkt der Handlung ist ein drohender Schicksalsschlag: Die dichte Annäherung vor Andraea, einem anderen Planeten, wird wahrscheinlich Astrias Umlaufbahn in eine so exzentrische Ellipse abändern, daß das Klima abwechselnd zu heiß und zu kalt werden wird, um noch Leben zu gestatten. Die Regierung beginnt ein ungeheures Schutzprogramm mit der Aushebung tiefer unterirdischer Räume und der Anhäufung von Vorräten für das Überleben der oberen Klasse. Das gefürchtete Schicksal wird gebannt durch die mathematischen Theorien von Lauras Onkel, Hugh Miller, einem exzentrischen alten Junggesellen, der auf dem Einsamen Berge wohnt. Miller (ein nur wenig verkleideter *Hinton*) ist der einzige Mann auf dem Planeten, der an eine dritte Dimension glaubt. Er hat sich davon überzeugt, daß alle Objekte eine geringe Dicke auf einer dritten Koordinate haben; daß sie auf der glatten Oberfläche dessen gleiten, was er das „danebenliegende Sein" nennt. Durch das Arbeiten mit Modellen war es ihm möglich, in sich einen Sinn für dreidimensionale Formen zu erwecken. Er hat erkannt, daß er eigentlich ein dreidimensionaler Mann ist, der einen wirklichen zweidimensionalen Körper leitet.

„Die Wirklichkeit selbst streckt sich unendlich, tief, auf beiden Seiten dieses danebenliegenden Seins", sagt Miller in einer beredten Ansprache an die Führer von Astria. „Erfaßt dies... und niemals werdet ihr in den blauen

Bogen des Himmels schauen ohne ein zusätzliches Gefühl des Geheimnisses. Soweit ihr auch euren Blick in diese unendlichen Tiefen werft, er gleitet nur an einer Wirklichkeit entlang, die sich weit in eine Richtung erstreckt, die ihr nicht kennt.

Und wenn wir dies wissen, kommt zu uns etwas von dem alten Sinn für die Wunder der Himmel, denn nicht länger füllen die Konstellationen allen Raum mit einer endlosen Wiederholung des Gleichen, sondern es gibt die Möglichkeit eines plötzlichen und wundervollen Verständnisses von Wesen wie jenen, von denen wir in alten Zeiten träumten; könnten wir nur wissen, was auf den beiden Seiten alles Sichtbaren liegt."

Wenn es irgendein mechanisches Mittel gäbe, die Oberfläche des „danebenliegenden Seins" zu berühren oder sich daran festzuhalten, wäre es möglich, Astrias Kurs so zu ändern, daß es dem Einfluß des nahenden Planeten entkommen könnte. Es gibt keine solche Methode. Aber da das wahre Selbst dreidimensional ist, könnte es solche Kraft besitzen. Der alte Mann schlägt eine Massenanstrengung vor, – heute Psychokinese (PK) genannt – die Kraft des Gedankens, um die Bewegung von Objekten zu beeinflussen. Der Plan wird erfolgreich durchgeführt. Eine abgestimmte PK-Anstrengung aller verändert die Umlaufbahn Astrias gerade so viel, daß es der Katastrophe entgeht. Die Wissenschaft, ausgerüstet mit dem neuen Wissen um den dreidimensionalen Raum, beginnt einen großen Sprung nach vorn.

Es ist unterhaltsam, über zweidimensionale Physik und einfache, mechanische Vorrichtungen, die in einer platten Welt funktionieren könnten, nachzudenken. *Hinton* betont einmal an anderer Stelle in einer Abhandlung „Über eine flache Welt", Häuser in Astria könnten nicht gleichzeitig mehr als eine Öffnung haben. Wenn die Vordertür offen ist, müssen die Fenster und die Hintertüre geschlossen bleiben, damit das Haus nicht zusammenbricht.

Ein Tunnel oder ein Rohr irgendwelcher Art ist unmöglich. Wie könnten seine Seiten verbunden werden, ohne den Durchgang zu behindern? Seile können nicht geknüpft werden. (Es ist überzeugend bewiesen worden, daß geschlossene Linien einer Kugel sich nur im dreidimensionalen Raum verknüpfen, die Oberfläche verknüpft sich nur in vierdimensionalen, die Oberfläche einer Hyper-Kugel nur im fünfdimensionalen Raum und so weiter.) Haken, Hebel, Kupplungen, Zungen und Pendel können benützt werden, ebenso wie Keile und schiefe Ebenen. Räder mit Achsen stehen außer aller Frage. Eine rohe Getriebeübertragung könnte ermöglicht werden, indem man jedes Rad teilweise in einen gebogenen Rand einbettet. Es können Methoden ausgearbeitet werden, um Schiffe zu rudern; Flugzeuge müßten

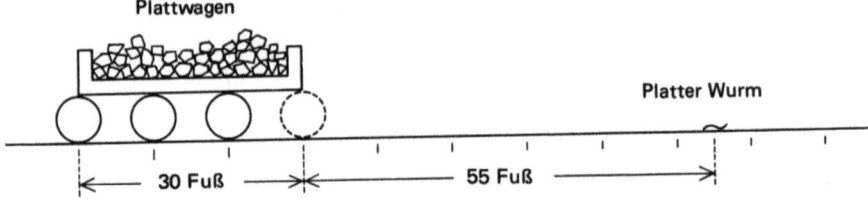

Bild 67 Wie viele Kreise werden den Plattwurm überrollen?

durch Flügelschlagen wie Vögel fliegen. Platte Fische hätten wenig Schwierigkeiten, mit geeignet geformten Flossen durch das Wasser zu paddeln. Likör könnte in Flaschen aufbewahrt und in Gläser gegossen werden, aber er hätte bestimmt einen flachen Geschmack. Schwere Gegenstände können transportiert werden, indem man sie an Kreisen entlangrollt, ähnlich wie ein dreidimensionaler Gegenstand über Zylinder gerollt werden kann.

Diese astrianische Methode, Gegenstände zu bewegen, führt zu einer entzückend verwirrenden Aufgabe, die mir kürzlich von *Allen B. Calhamer*, einem Leser aus Billerica in Massachusetts, zugeschickt wurde. Bild 67 zeigt einen beladenen astrianischen Plattwagen, 30 Fuß lang, der auf einem geraden Geleise mittels dreier Kreise bewegt wird. Die Kreise sind zu jeder Zeit genau 10 Fuß von Mittelpunkt zu Mittelpunkt voneinander entfernt. Sobald die gezeigte Position erreicht ist, wird der letzte Kreis von einem Astrianer aufgenommen und dem vorderen Genossen zugeworfen, der ihn an die Stelle setzt, die mit gestrichelter Linie gezeichnet ist. Der Plattwagen wird dann vorwärts geschoben über die drei Kreise, die auf dem Geleise rollen, bis die Räder wieder die gezeigte Position erreicht haben. Der letzte Kreis wird nach vorn geworfen wie vorher und die Prozedur so oft wie notwendig wiederholt.

Der Plattwagen wird auf der Zeichnung nach rechts bewegt. Genau 55 Fuß vor dem Punkt, an dem der gestrichelte Kreis das Geleise berührt, liegt ein platter Wurm. Angenommen, der Wurm bewegt sich nicht, wieviele Kreise werden ihn überrollen?

Der Leser wird gebeten, zuerst zu versuchen, die Aufgabe im Kopf zu lösen. Danach überprüfen Sie Ihre Antwort mit Bleistift und Papier; schließlich vergleichen Sie Ihre Antwort mit der Auflösung am Schluß dieses Kapitels. Diejenigen, die gerne etwas mehr Hausaufgabe machen wollen, mögen für n gleichmäßig verteilte Räder verallgemeinern. Überraschenderweise ist es nicht nötig, die Größe der Räder zu wissen.

Anhang

Als ich Plattland beschrieb, sagte ich, daß Tunnels nicht möglich seien, aber das ist streng genommen nicht wahr. *Gregory Robert* aus North St. Paul in Minnesota schrieb mir und erklärte, daß die Decke eines Plattlandtunnels durch eine Reihe von Türen getragen werden könnte, jede oben in ihren Angeln hängend. Ein Plattländer könnte durch solch einen Tunnel gehen, indem er jeweils eine Tür öffnet, während die Decke durch die anderen Türen getragen wird. Es müßte ein Mechanismus vorgesehen werden, der verhindert, daß alle Türen auf einmal geöffnet werden.

Fletcher Durells „Mathematical Adventures"[1]) enthalten im 12. Kapitel unter dem Titel „Die Vierte Dimension: Ein Bild ihrer Wirkungen" einige unterhaltsame Spekulationen über Einwohner von Dünnland, einer Region, die *Hintons* Plattland ähnelt. Binokulares Sehen wird durch zwei Augen, eines auf der Stirn, eines auf dem Kinn, erreicht. Ein langer Hals erlaubt dem Dünnländer hinter sich zu sehen, indem er seinen Kopf sehr weit nach hinten oder vorne beugt. Wenn männliche und weibliche Dünnländer aneinander vorbei müssen, ist die Regel, daß der Mann sich niederlegt, um die Frau über sich hinwegschreiten zu lassen.

Zusätzlich zu diesen mechanischen Schwierigkeiten des Lebens auf einer Ebene sollte man auch noch das Problem erwähnen, sich angesichts der topologischen Begrenzungen ebener Netzverbindungen ein Gehirn vorzustellen. Das tierische Gehirn, wie wir es kennen, verlangt ein phantastisch vielfältiges dreidimensionales Netzwerk von Nervenfasern, das man unmöglich in einer Ebene ohne Überschneidungen aufbauen kann. Die Schwierigkeit ist jedoch nicht so ungeheuer, wie sie scheint, denn man kann sich überschneidende Netzwerke vorstellen, an denen entlang elektrische Impulse über Kreuzungen laufen, ohne sozusagen um Ecken zu gehen.

Für Informationen über *Booles* Frau und seine fünf Töchter sowie ihre bemerkenswerte Nachkommenschaft sei der Leser auf *Norman Gridgeman's* Artikel „In Praise of Boole"[2]) verwiesen. *Booles* Frau *Mary* „schrieb unausgesetzt über ‚Boolerie' und predigte sie in den sechzig Jahren nach ihres Gatten Tod auf einem Dutzend Gebieten einschließlich Theologie und Ethik", schreibt *Gridgeman*. „Sie war ganz besessen von der Mystik des algebraischen Symbolismus und der Rolle des Nichts und der Einheit. Noc'

---

[1]) Mathematische Abenteuer", A. d. Ü; *Bruce Humphries*, Boston, 1938.

[2]) „Laudatio auf Boole", A.d.Ü.; „The New Scientist" Nr. 420, 3. Dez. 1964, pp. 655–57

1909 brachte sie ein Buch heraus mit dem Titel ‚Die Philosophie und die Freude an der Algebra', in dem sie ‚diejenigen, die in das rechte Verhältnis mit dem Unbekannten' treten möchten, drängte, ihre eigene Algebra nach Boole'schen Grundsätzen zu erschaffen".

Howard Everest Hinton, ein Enkel von *Charles Hinton* und *Mary*, der ältesten Tochter *Boole's*, ist ein wohlbekannter britischer Entomologe. Von zwei anderen Enkeln, *William Hinton* und seiner Schwester *Joan*, einer Physikerin, wird in „Time" vom 9. August 1954 erzählt. Beide waren begeisterte Anhänger Rotchinas. Der Sohn von *Margaret Boole's* zweiter Tochter ist *Geoffrey Taylor*, Mathematiker in Cambridge. Die Geschichte von *Alicia*, der dritten Tochter, ist schon kurz erzählt worden. Die vierte Tochter *Lucy* wurde Professorin für Chemie am Königlichen Freien Hospital in London. *Ethel Lillian*, die jüngste Tochter, heiratete *Wilfrid Voynich*, einen geflüchteten polnischen Wissenschaftler. In ihrer Jugend schrieb sie „The Gadfly"[1]), einen bitteren antikatholischen Roman über politische Revolution in Italien. Er wurde einer der größten Bestseller aller Zeiten in Rußland und neuerdings auch in China. Nach dem ersten Weltkrieg zogen die *Voynichs* von London nach Manhattan, wo *Ethel* 1960 im Alter von 96 Jahren starb. „Noch heute sind die Russen immer sehr erstaunt," schreibt *Gridgeman*, „daß so wenige Leute der westlichen Welt von *E. L. Voynich*, der großen englischen Romanschriftstellerin, gehört haben.

Antworten

Die Aufgabe, einen Würfel so zu schneiden, daß eine ebene Fläche größtmöglicher Ausdehnung erreicht wird, wird gelöst wie Bild 68 zeigt. Die

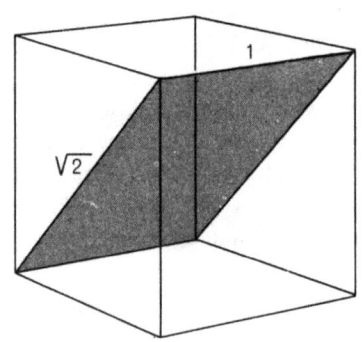

Bild 68
Antwort auf die Würfel-Aufgabe

[2]) „Die Stechfliege", A.d.Ü.

schattierte Fläche ist ein Rechteck mit einer Ausdehnung von $\sqrt{2}$ oder 1,41...[1]). Es ist möglich, einen Würfel so zu schneiden, daß die Schnittfläche ein regelmäßiges Sechseck wird, aber die Fläche beträgt nur 1,29...

Die Antwort auf die Frage mit dem Plattwagen lautet: Nur ein Kreis wird den Plattwurm überrollen. Wenn es n gleichmäßig verteilte Kreise gibt und n eine gerade Zahl ist, so ist die Anzahl der Kreise, die einen Plattwurm an irgendeiner Stelle des Geleises, außer an Stellen, wo ein Kreis direkt über den Wurm geht, überrollen, gleich $\frac{n}{2}$. Wenn n eine ungerade Zahl ist, wird die Situation verwickelter. Das Geleise vor dem ersten Rad muß in Teilstrecken geteilt werden, die in ihrer Länge dem Abstand zwischen zwei benachbarten Kreisen entsprechen. Ein Wurm auf jedem zweiten Abschnitt, beginnend mit der Strecke unmittelbar vor dem ersten Kreis, wird von $\frac{n}{2} + \frac{1}{2}$ Kreisen überfahren. Ein Wurm auf jeder der anderen dazwischenliegenden Strecken wird von $\frac{n}{2} - \frac{1}{2}$ Kreisen überfahren. Wieder nimmt man dabei an, daß sich der Wurm nicht an einer Stelle befindet, wo ein Kreis genau auf ihm steht; oder, wie sich Mathematiker ausdrücken würden, man schließt „Grenzsituationen" aus.

Leser, die die Aufgabe lösten, werden wohl bemerkt haben, daß sich der Plattwagen zweimal so schnell auf der Grundlinie fortbewegt, als wenn ein Rad unter ihm rollen würde; für jede Entfernung x, die ein Rad zurücklegt, bewältigt der Plattwagen die Entfernung 2 x. Dasselbe mechanische Prinzip wird bei Aufzugtüren angewandt: Eine der beiden Türhälften gleitet zweimal so schnell und zweimal so weit wie die andere.

---

[1]) Die Aufgabe wurde von *C. Stanley Ogilvy* gestellt und von *Alan R. Hyde* beantwortet im „American Mathematical Monthly", Band 63, 1956, p. 578

13. Der Zauberer-Kongreß in Chicago

Jedes Jahr, meistens im Juli, treffen sich mehrere tausend Mitglieder der imaginären Bruderschaft amerikanischer Zauberkünstler in einem Hotel des Mittelwestens zu ihrem jährlichen Kongreß. In diesem Jahr fand er im Sherman Hotel in der Nordwestecke von Chicago's „Loop" statt. Drei Tage und drei Nächte war die Hotelhalle ein phantastisches Durcheinander raschelnder Karten, klickender Münzen, zerschnittener und wieder zusammengeknoteter Seile, flatternder Tauben, verschwindender Vogelkäfige und sogar ein oder zwei schwebender Damen.

Ich besuchte das Treffen teils, weil Zauberei mein liebstes Hobby ist, teils auf der Suche nach ausgefallenem Material für meine Kolumne im „Scientific American". Viele Berufsmathematiker sind Amateurzauberer, und viele Zauberer haben ein lebhaftes Interesse an Mathematik. Das Resultat ist Mathemagie, sicher der schillerndste aller Zweige der Freizeitmathematik.

In der Eingangshalle hatten etwa zwanzig Händler ihre Stände aufgeschlagen, um ihre Zauberartikel zu verkaufen. Ich blieb vor dem Stand stehen, wo der große *Jasper* (ein Chicagoer Händler, der unter diesem Namen auftritt) die großartige Version eines Tricks vorführte, den Zauberer „Fallende Ringe" nennen. Dreißig Stahlringe sind in der Art, wie sie Bild 69 zeigt, zusammengehängt. Um die fallenden Ringe zu handhaben, halte man zuerst den obersten Ring der Kette in der linken Hand. Direkt unter dem ersten Ring ist ein Ringpaar. Mit dem rechten Daumen und Zeigefinger faßt man die Rückseite des rechten Ringes genau, wie im Bild gezeigt. Wenn der mit der linken Hand gehaltene Ring losgelassen wird, scheint er von Ring zu Ring die ganze Kette entlang hinunterzufallen, um sich schließlich dem letzten Ring anzulegen.

Um den Eindruck zu wiederholen, halte man den jetzigen obersten Ring in der rechten Hand. Mit dem linken Daumen und Zeigefinger halte man die Vorderseite des linken Rings des Paares, das im obersten Ring hängt. Wenn man den obersten Ring, den man in der rechten Hand hält, losläßt, fällt er herunter wie vorher. „Glauben Sie, daß einer meiner Leser sich einen Satz solcher Ringe anfertigen könnte?", fragte ich.

„Warum nicht?", sagte *Jasper*. „Jeder Kramladen verkauft Stahlschlüsselringe. Mit dreißig Schlüsselringen und einem starken Daumennagel können Sie einen Satz fallender Ringe in etwa 20 Minuten herstellen. Aber sagen Sie keinem der anderen Händler, daß ich das verraten habe."

Bild 69
Die fallenden Ringe

Jasper hatte recht. Schlüsselringe der bekannten gewundenen Art ergeben ausgezeichnete fallende Ringe. Um Ihren Daumennagel zu schonen, nehmen Sie besser eine Nagelfeile. Damit spreizen Sie die Enden der Windungen auf. Eine Drehung der Feile hält den Ring offen, bis ein zweiter Ring durch den Spalt durchgezogen ist. Am wenigsten verwirrend ist es, wenn man mit dem obersten Ring beginnt und ihn über einen herausstehenden Nagel hängt, dann Ring für Ring nach unten arbeiten, dem Bild dabei folgend. Die Ringe fallen weich, mit einem angenehmen rhythmischen Klicken, außer Sie haben beim Zusammenhängen einen Fehler gemacht. Während Jasper und ich plauderten, kam *Fitch Cheney*, ein Mathematiker der Universität in Hartford, vorbei und blieb bei uns stehen. „Wenn Sie an Knüpf-Effekten interessiert sind," sagte er zu mir, „ich habe einen neuen erfunden, der Ihre Leser vielleicht interessiert."

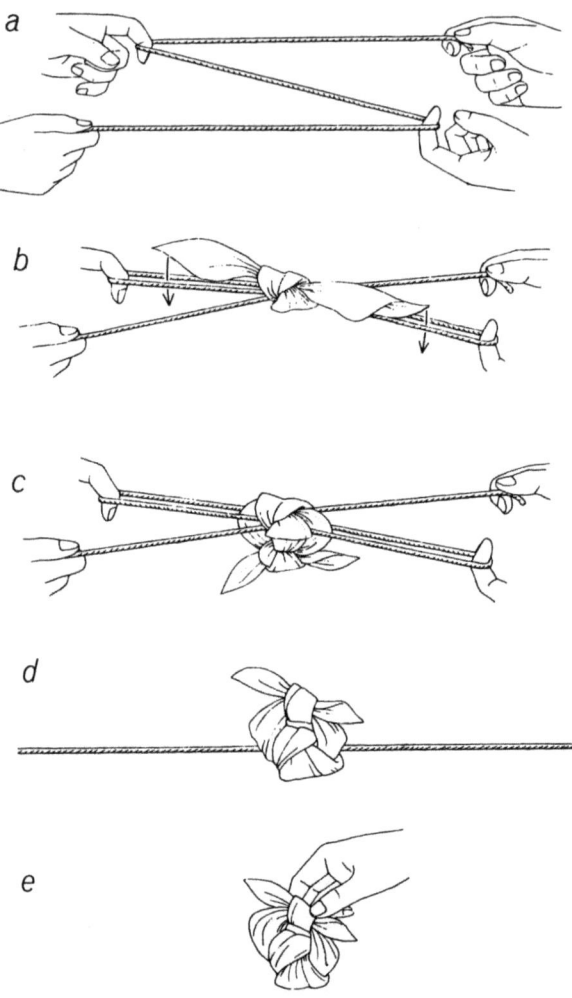

Bild 70 Schritte zur Durchführung des Seil- und Taschentuch-Tricks des Fitch Cheney

Aus seiner Tasche zog *Cheney* ein langes Stück weiches Seil. *Jasper* und ich nahmen jeder ein Ende, dann knickten wir das Seil mit dem Zeigefinger der freien Hand in die Form, die unter a) des Bildes 70 gezeigt ist. *Cheney* band ein seidenes Taschentuch fest um das Seil, indem er einen einfachen Knoten machte, wie bei b) gezeigt wird. Beide Enden des Taschentuchs wurden dann nach unten durch die Schlinge gezogen, wie durch die Pfeile angedeutet wird, und die Enden wurden unter dem Seil zweimal verknotet, um einen sicheren doppelten Knoten zu bilden (c).

„Bitte lassen Sie die Schlinge, die Sie mit Ihren Zeigefingern halten, los", sagte *Cheney*, „und gleichen Sie die Schlaffheit des Seiles aus, indem Sie es straffziehen." Wir taten es, mit dem Resultat, das bei d) gezeigt ist. *Cheney* drehte das geknotete Tuch um 180 Grad, um den doppelten Knoten nach oben zu bringen.

„Es ist seltsam", sagte er. „Obgleich dieses Taschentuch fest um das Seil geknotet worden ist, ist das Seil nun außerhalb der geschlossenen Kurve, die das Tuch bildet." Er hielt das geknotete Tuch fest, nahm es hoch und vom Seil ab, wie unter e) gezeigt! Der Effekt ergibt sich von selbst, wenn man die Illustrationen genau befolgt.

Der Cocktailraum des Hotels war vor der Dinnerstunde von Lärm erfüllt, den die Zauberkünstler vollführten. An der Bar lief ich meinem alten Freund *„Wette einen Nickel" Nick* in die Arme, einem fliegenden Händler aus Las Vegas, der gerne mit den letzten Kartenkunststücken auf dem laufenden bleibt. Der Spitzname kommt von seiner Angewohnheit, fortwährend fünf-Cent-Wetten auf besondere Tricks anzubieten. Jeder weiß, daß seine Wetten einen Haken haben, aber wer schert sich schon um einen Nickel. Es ist immer fünf Cents wert herauszufinden, was er wieder vorhat.

„Irgendwelche neue Bar-Wetten, Nick?", fragte ich. „Besonders Wetten nach Wahrscheinlichkeits-Gesichtspunkten?"

Nick warf ein Zehn-Pfennig-Stück neben seinem Bierglas auf den Tisch. „Wenn ich diesen Groschen mehrere Zoll über die Tischplatte hebe und fallenlasse, dann stehen die Chancen halb Kopf, halb Zahl, nicht wahr?"

„Richtig", sagte ich.

„Ich wette mit dir einen Nickel," sagte *Nick*, „er landet auf seiner Kante und bleibt darauf stehen."

„Okay", sagte ich.

Nick tunkte das Zehn-Pfennig-Stück in sein Bier, drückte es außen an sein Bierglas und ließ es los. Es glitt seitlich am Glas hinunter, landete auf seiner Kante und blieb darauf stehen, durch die Klebkraft des Bieres am Glas gehalten. Ich gab *Nick* seinen wohlverdienten Nickel und jedermann lachte.

Nick zog ein Papierstreichholz heraus und markierte eine Seite mit einem Bleistift. „Wenn ich dieses Zündholz fallen lasse, sind die Chancen 50 zu 50, daß die markierte Seite oben ist, nicht wahr?" Ich nickte. „Ich wette mit dir einen Nickel," sagte er, „daß es auf seine Kante fällt, genau wie das Zehn-Pfennig-Stück." „Die Wette halte ich", sagte ich.

Nick ließ das Streichholz fallen. Aber vorher knickte er es in die Form eines V. Natürlich fiel es auf seine Kante und ich verlor den zweiten Nickel.

Einer der Dabeistehenden zog einen kleinen Plastikdeckel aus seiner Tasche. „Hast du diesen Kippkreisel gesehen, den die Händler verkaufen? Ich wette mit dir einen Nickel, er dreht sich um und kreiselt auf der Spitze seiner Achse weiter, wenn du ihn in Schwung gesetzt hast."

„Keine Wette", sagte *Nick*. „Ich habe mir selber einen Kippkreisel gekauft. Aber ich sage dir, was wir tun. Du läßt den Kreisel im Uhrzeigersinn laufen. Ich wette mit dir einen Nickel, du kannst mir jetzt nicht sagen, in welcher Richtung er sich drehen wird, nachdem er umgesprungen ist."

Der Mann mit dem Kreisel warf die Lippen auf und brummte: „Wir wollen mal sehen. Erst dreht er sich im Uhrzeigersinn. Wenn er umspringt, muß er in der gleichen Richtung weiterkreiseln. Offensichtlich kann er nicht erst aufhören zu kreiseln und plötzlich in der anderen Richtung weitermachen. Aber wenn die Enden seiner Achse umgedreht werden, wird die Drehrichtung auch umgekehrt sein, wenn man von oben daraufschaut. Mit anderen Worten, ist der Kreisel umgesprungen, dann müßte er gegen den Uhrzeigersinn weiterkreiseln."

Er gab dem Kreisel einen kräftigen Schwung im Uhrzeigersinn. Nach einem Augenblick drehte er sich von oben nach unten. Zu jedermanns großem Erstaunen kreiselte er immer noch im Uhrzeigersinn, wenn man von oben daraufsah. (Siehe Bild 71). Wenn der Leser einen Kippkreisel kauft (sie werden in vielen Geschäften und Spielzeugläden angeboten), wird er entdecken, daß das wirklich so ist. Ein Atomphysiker würde sagen, der Kreisel ändert tatsächlich seine Wertigkeit, wenn er umspringt. Er wird zu seinem eigenen Antikreisel oder zu seinem eigenen Spiegelbild!

Nach dem Bankett und der abendlichen Vorführung fanden sich die Kongreßteilnehmer in verschiedenen Hotelzimmern zusammen, um zu plaudern, Geheimnisse auszutauschen und über Zauberei zu sprechen. Schließlich fand

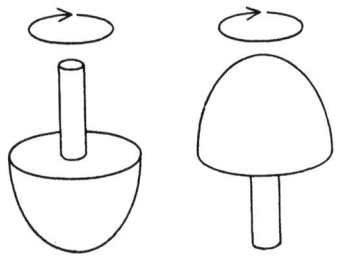

Bild 71

Ein sich im Uhrzeigersinn drehender Kippkreisel (links) kreist weiter im Uhrzeigersinn, wenn er sich von oben nach unten umgedreht hat (rechts)

ich das Zimmer, in dem die Mathemagier tagten. Ein Freund aus Winnipeg, *Mel Stover*, erklärte gerade, wie das Binärsystem auf eine bekannte Methode, eine bestimmte Karte herauszufinden, angewandt werden kann.

Bei vielen Kartentricks erhält man die gewählte Karte auf folgende Weise: Der Zuschauer bekommt einen kleinen Packen Karten in die Hand gedrückt und wird gebeten, die oberste Karte ans Ende des Stoßes zu legen, die nächste Karte auf den Tisch, die nächste ans Ende, die nächste auf den Tisch und so weiter, bis nur eine Karte übrigbleibt. Diese erweist sich als die gewählte Karte. An welcher Stelle im Stoß muß diese Karte ursprünglich liegen, damit sie zur letzten Karte wird? Die Stelle wird natürlich je nach der Anzahl Karten im Stoß verschieden sein. Man kann sie durch Experiment bestimmen, aber bei großen Stößen ist das langweilig. Glücklicherweise, erklärte Stover, schenkt uns das Binärsystem eine einfache Antwort.

So wird es gemacht: Drücken Sie die Anzahl der Karten nach dem Binärsystem aus, stellen Sie die erste Ziffer ans Ende der Zahl und die sich ergebende Binärzahl wird die Stelle angeben, wo sich die gewünschte Karte, von der obersten des ursprünglichen Stoßes aus gerechnet, befinden muß. Zum Beispiel nehmen wir an, wir benützen ein vollständiges Spiel von 52 Karten. Der Binärausdruck für 52 ist 110 100. Wir stellen die erste Ziffer ans Ende: 101 001. Diese neue Zahl entspricht der Zahl 41, also muß die gewünschte Karte die einundvierzigste Karte von oben sein.

Welchen Umfang kann ein Stoß haben, wenn wir wollen, daß die oberste Karte des Stoßes übrigbleiben soll? Die Binärzahl für die Stelle der obersten Karte ist 1, also müssen wir Stöße benützen mit den Binärzahlen 10, 100, 1 000, 10 000 ... (in dezimaler Schreibweise Stöße von 2, 4, 8, 16 ... Karten). Wenn wir wollen, daß die unterste Karte des Stoßes die verbleibende Karte sein soll, dann müssen die Binärzahlen der Stöße 11, 111, 1 111, 11 111 ... (oder 3, 7, 15, 31 ... Karten) sein.

Ist es möglich, daß die zweite Karte von oben in einem Stoß die verbleibende Karte ist? Nein. In der Tat kann keine Karte an einer geradzahligen Stelle von oben jemals die verbleibende Karte sein. Die Stelle der gewünschten Karte, als Binärzahl ausgedrückt, muß auf 1 enden (nachdem ja die erste Ziffer, die 1 sein muß, ans Ende gestellt wird, ergibt sich immer eine Zahl, die mit 1 endet). Alle Binärzahlen, die auf 1 enden, sind ungerade Zahlen. *Victor Eigen*, dessen Tricks in meinem Buch „New Mathematical Diversions from Scientific American"[1]) besprochen sind, stand auf und demonstrierte

---
[1]) *Simon und Schuster*, New York, 1966

einen beachtenswerten neuen Kartentrick, der das Verschlüsseln von Informationen enthält. „Ich möchte gleich im voraus erklären, was ich tun werde", sagte er. „Irgend jemand möge sein eigenes Spiel mischen und daraus fünf beliebige Karten auswählen. Aus diesen fünf Karten wählt er eine aus. Mir wird gestattet, die verbleibenden vier Karten in der Reihenfolge, die ich will, anzuordnen. Diese vier Karten, als Stoß geordnet, alle mit dem Bild nach unten, werden von demjenigen, der die Karte auswählte, in mein Hotelzimmer gebracht. In diesem Zimmer wartet meine Frau darauf, bei dem Trick zu assistieren. Die Person, die den Stoß trägt, soll dreimal an die Tür klopfen und dann den Stoß mit den vier Karten, Bild nach unten, unter die Tür schieben. Keiner darf ein Wort sprechen. Meine Frau wird den Stoß durchsehen und die gewählte Karte nennen."

Ich bat das Auswählen übernehmen zu dürfen. Das Verfahren wurde genau so durchgeführt, wie *Eigen* angegeben hatte. Ich nahm fünf Karten aus meinem eigenen Spiel und wählte daraus den Spaten-Sechser. *Eigen* berührte die Karten nicht. Er wollte die Möglichkeit ausschließen, daß er sie auf irgendeine Weise gekennzeichnet und so zusätzliche Information gegeben hätte. Außerdem haben die meisten Karten Rückseiten, die in winzigen Details variieren. Wenn man sich den Vorteil dieser „einseitigen Rücken" (wie Zauberer sie nennen) zunutze macht, ist es möglich, die Karten in einem Muster anzuordnen – einige so gedreht, die anderen andersherum – daß man eine beträchtliche Menge Information weitergeben könnte. Würden die Karten in einen Behälter irgendeiner Art, etwa einen Umschlag, gesteckt, könnte noch mehr Information verschlüsselt werden. Zum Beispiel könnten die Karten in dem Umschlag Bild nach oben oder nach unten eingelegt werden, der Umschlag könnte geschlossen oder offen sein und so weiter. Sogar die Wahl zwischen einem Behälter und keinem Behälter könnte Information übermitteln. Wäre es *Eigen* freigestellt worden, jemanden auszusuchen, der die Karten seiner Frau zu bringen hat, so hätte auch diese Wahl als Teil einer Verschlüsselung benützt werden können. Er hätte eine Person mit dunklem oder hellem Haar, verheiratet oder unverheiratet, letzter Buchstabe des Namens zwischen A und M oder M und Z und so weiter wählen können. Natürlich müßte dann seine Frau irgendwie beobachten können, wer die Karten abliefert. Um alle diese Möglichkeiten auszuschalten, hatte *Eigen* das Verfahren im voraus beschrieben und hatte sorgfältig vermieden, die Karten in irgendeiner Weise zu berühren.

Nachdem ich die vier Karten in der Reihenfolge angeordnet hatte, die *Eigen* angab, fragte ich nach seiner Zimmernummer und wollte gerade gehen, als *Mel Stover* sich einschaltete. „Warten Sie einen Augenblick", sagte er. „Wie wissen wir, daß *Eigen* keine Information durch den Zeitpunkt sendet, den er auswählt, um Sie in sein Zimmer zu schicken? Durch Konversation zögert er Ihr Weggehen hinaus, bis die Zeit innerhalb einer gewissen Spanne liegt, die Teil des Codes ist." *Eigen* schüttelte den Kopf. „Zeitspannen sind nicht beteiligt. Wenn Sie wollen, warten Sie ein wenig und lassen *Gardner* gehen, wann immer er will."

Wir warteten etwa fünfzehn Minuten, in denen wir mit Hochachtung *Ed Marlo* beobachteten, einen Chicagoer Kartenexperten, der uns zeigte, wie eine fehlerfreie Serie von acht Pharao-Mischungen[1]) einen vollen Stoß in seine ursprüngliche Reihenfolge zurückbringen kann. Eine Pharao-Mischung – in England nennt man sie Weber-Mischung – ist ein perfektes Mischen, bei dem einzelne Karten von linker und rechter Stoßhälfte abwechseln, wobei jede Hälfte 26 Karten enthält. Wenn die erste Karte, die fällt, aus der früheren unteren Hälfte stammt, ist es ein Aus-Mischen. Stammt die erste Karte aus der früheren oberen Hälfte, ist es ein Ein-Mischen. Acht Aus-Mischen oder zweiundfünfzig Ein-Mischen stellen die ursprüngliche Reihenfolge der Karten im Stoß wieder her. Nur die geschicktesten Kartenmischer und Zauberer können ein solches Mischen schnell und ohne Fehler durchführen. In den letzten Jahren sind viele Artikel, die die Pharao-Mischung im Binärsystem analysieren, in magischen und mathematischen Zeitschriften veröffentlicht worden. *Ed Marlo* hat zwei Bücher über das Mischen und die brillanten mathematischen Kartenkunststücke, die darauf aufgebaut werden können, veröffentlicht.

Nach *Marlos* Demonstration trug ich meinen Stoß mit den vier Karten zu *Eigens* Zimmer, klopfte dreimal und schob den Stoß, Bildseite nach unten, unter der Tür durch. Ich hörte Schritte. Der Stoß wurde hineingezogen. Einen Augenblick später sagte *Frau Eigens* Stimme: „Ihre Karte ist die Spaten-Sechs."

Auf welche Weise hatte *Eigen* die Information an seine Frau übermittelt?

Anhang

Es war mir nicht möglich, die Herkunft der fallenden Ringe zu erfahren oder auch nur die ungefähre Zeit, wann sie erfunden wurden. Sie sind in *R. M. Abrahams* „Winterabend-Unterhaltungen", einem britischen Buch aus dem Jahre 1932, erwähnt, aber sie sind zweifellos viel älter.

---

[1]) ein Glücksspiel, A.d.Ü.

Die Kette ist manchmal aus Ringen in zwei verschiedenen Farben angefertigt; wenn Sie dann – sagen wir – einen roten Ring fallen lassen, sehen Sie scheinbar einen roten Ring hinunterfallen und am Ende hängen bleiben. Beginnt der Zauberer mit einem roten Ring in der einen Hand und einem grünen in der anderen, kann er scheinbar einen Ring jeder Farbe fallen lassen und jedesmal sieht es so aus, als fange er den Ring auf und entferne ihn, wenn er unten abfällt.

E. A. Brecht aus Chapel Hill in Nordkarolina fand eine gute Methode, die Kette herzustellen. Er fängt an mit einer 1-2-1-1 Kette einfach eingehängter Ringe. Der unterste Ring wird dann in der richtigen Weise in den einfachen Ring darüber eingehängt, was eine 1-2-2 Kette ergibt. Eine 2-Ring-Kette wird zugefügt, das ergibt eine 1-2-2-1-1 Kette, dann wird der unterste Ring wieder in der richtigen Weise in den Ring über ihm eingehängt. Eine weitere 2-Ring-Kette wird zugefügt und diese Prozedur wiederholt man beliebig oft.

Erklärungen über den Kippkreisel können Sie nachlesen in *C. M. Braams* „The Symmetrical Spherical Top"[1]), und „The Tippe Top"[2]), ferner in *John B. Hart* „Angular Momentum and Tippe Top"[3]).

Die Binärmethode, die ich angab, um die Lage einer Karte in einem Stoß von n Karten zu bestimmen (so daß sie die letzte Karte ist, wenn man das Verfahren anwendet, abwechselnd eine Karte auf den Tisch und eine Karte unter den Stoß zu legen), wurde von *Nathan Mendelsohn* in der Zeitschrift „American Mathematik Monthly" im August-September 1969 veröffentlicht. Ein gleichwertiger Weg, die Stelle zu berechnen, war schon lange vorher Zauberern bekannt: Man ziehe einfach von n die höchste Potenz von 2, die kleiner ist als n, ab und verdopple das Resultat. Das ergibt die Lage der Karte, wenn die erste Karte auf den Tisch gelegt wird. Wenn die erste Karte unter den Stoß geschoben wird, muß man 1 zum Resultat dazuzählen. (Ist n selbst eine Potenz von 2, so ist die Lage der Karte zuoberst auf dem Stoß, wenn die erste Karte unten angelegt wird – und zuunterst unter dem Stoß, wenn die erste Karte auf den Tisch gelegt wird.)

Zum erstenmal wurde – soweit ich weiß – ein Trick, der diese Formel anwendet, publiziert in *Bob Hummer's* „The Great Discovery"[4]). Seitdem

---

[1]) „Der symmetrische, kugelförmige Kreisel" (A.d.Ü.), Nature, Band 170, Nr. 4314, 5. Juli 1952
[2]) „Der Kippkreisel" (A.d.Ü.), American Journal of Physics, Band 22 (1954), p. 568
[3]) „Dreh-Impuls und Kippkreisel" (A.d.Ü.), American Journal of Physics, Band 27, Nr. 3 (März 1959), p. 189
[4]) „Die große Entdeckung" (A.d.Ü.); es handelt sich um ein Instruktionsblatt, das 1939 von Kanter's Magic Shop in Philadelphia veröffentlicht wurde.

sind Dutzende geistvoller Kartentricks, die dieses Prinzip verwenden, veröffentlicht worden und es erscheinen stets neue in der Literatur. *John Scarne*, der Karten- und Glücksspiel-Experte, veröffentlichte 1950 eine Schrift unter dem Titel „Scarnes Quartett", in der er vier Tricks mit diesem Prinzip erklärt[1]). Hier folgt aus einem dieser Tricks eine einfache Folge, die zeigt, wie schlau dieses Prinzip verborgen werden kann.

Jemand mischt ein Spiel Karten und reicht es Ihnen. Blättern Sie das Spiel durch, Bildseite zu Ihnen gewandt und sagen Sie, daß Sie eine Karte vorausbestimmen wollen, die herauszusuchen ist. Merken Sie sich die oberste Karte des Stoßes oder schreiben Sie sie auf und legen den Zettel beiseite, ohne jemanden sehen zu lassen, was Sie geschrieben haben. Nehmen wir an, die Karte sei die Herz Zwei.

Das Spiel halten Sie in Ihrer linken Hand, Bild nach unten. Bitten Sie einen Zuschauer, Ihnen eine Zahl zwischen 1 und 52 zu nennen, möglichst aber über 10, um den Trick interessanter zu machen. Nehmen wir an, er sagt 23. Im Kopf ziehen Sie die höchstmögliche Potenz von 2 — in diesem Falle 16 — davon ab und erhalten 7. Zweimal 7 ist 14. Ihre Aufgabe ist es nun, die oberste Karte, die Herz Zwei, auf die vierzehnte Stelle in einem Stoß von 23 Karten zu bringen. Sie machen das wie folgt: Sie zählen die Karten einfach, indem Sie sie mit Ihrem rechten Daumen oben vom Stoß nehmen. Das dreht die Reihenfolge der Karten um. Nachdem Sie 14 abgezählt haben, halten Sie inne und sagen, als hätten Sie es vergessen, „Welche Zahl haben Sie mir genannt?" Auf die Antwort 23 nicken Sie und sagen „Oh ja, dreiundzwanzig" und zählen weiter. Jetzt aber schieben Sie die Karten mit Ihrem linken Daumen vom Stoß nach rechts herunter und stecken jede Karte *unter* den Packen in Ihrer rechten Hand. Auf diese Weise ist die Herz Zwei beim Abzählen von dreiundzwanzig Karten unbemerkt an die vierzehnte Stelle gerückt. Ihre Pause und die Frage spalten das Zählen in zwei Hälften und es wird wahrscheinlich niemand bemerken, daß die zwei Zählarten nicht dieselben sind. Reichen Sie das Päckchen mit den 23 Karten dem Zuschauer mit der Bitte, die erste Karte auf den Tisch zu legen, die nächste unter den Stoß in seiner Hand, die nächste auf den Tisch und so weiter, bis eine einzige Karte übrigbleibt. Diese ist dann natürlich die gemerkte Karte, wie Sie voraussagten.

Sam Schwartz, ein Anwalt aus Manhattan, veröffentlichte 1962 die folgende Vorführung; ich stelle sie in leicht vereinfachter Form dar. Nehmen Sie von einem Spiel ein Päckchen von 4, 8, 16 oder 32 Karten; im Beispiel benützen

---

[1]) Sie erschienen später in *Bruce Elliott's* „The Best in Magic" („Das Beste aus der Magie", A.d.Ü.), Harper, New York, 1956, pp. 116—20

wir 16. Drehen Sie sich um und bitten Sie einen Zuschauer, hinter Ihrem Rücken einen kleinen Stoß Karten von dem restlichen Packen wegzunehmen (es müssen weniger als 16 sein) und sie in der Hand zu behalten ohne Ihnen zu sagen, wieviele er genommen hat. Lassen wir n die Anzahl sein, die er in der Hand hat. Blättern Sie Ihren Stoß von 16 Karten auf mit der Bildseite zum Zuschauer, und bitten Sie ihn, die n-te Karte von oben sich zu merken — natürlich ohne Sie den Namen der Karte bzw. den Wert von n merken zu lassen. Schieben Sie die Karten, die Sie halten, zusammen und lassen Sie ihn seinen Stoß daraufflegen. Dadurch wird die gewählte Karte automatisch an die 2n-te Stelle von 16 + n Karten plaziert; werden dann die Karten ausgeteilt, immer eine auf den Tisch, die andere unter den Stoß in der Hand und so weiter, dann muß die gewählte Karte übrigbleiben. Statt jedoch den Stapel Karten sofort dem Zuschauer zu geben, hält ihn *Schwartz* hinter seinen Rücken und behauptet, er würde die Karten noch ordnen, um die gewünschte Karte an die richtige Stelle zu bringen. In Wirklichkeit tut er aber hinter seinem Rücken überhaupt nichts. Er schützt dies nur vor, „um die Tatsache zu verbergen, daß der Trick automatisch abläuft".

Ronald Wohl, ein Chemiker an der Rutgers Universität, der unter dem Pseudonym „Ravelli" viele originelle mathematische Tricks von großer Geschliffenheit veröffentlicht hat, erlaubte mir, den folgenden unveröffentlichten Trick zu beschreiben. Er hat eine ähnliche Wirkung wie der vorausgegangene und wurde unabhängig um etwa dieselbe Zeit ausgearbeitet wie der von *Schwartz*. Ein Stoß von 2^n Karten — sagen wir 32 — wird von einem Zuschauer gemischt; der Vorführer bittet den Zuschauer, sich irgendeine Zahl zwischen 1 und 15 zu merken und diese Anzahl Karten in seine Taschen zu stecken, während er selbst den Rücken kehrt. Dann nimmt der Vorführer die übrigen Karten und legt sie, eine nach der anderen, in einen Stoß ab, wobei er das Bild jeder Karte zeigt, während er sie ablegt. Der Zuschauer merkt sich die Karte, die seiner gemerkten Zahl entspricht. Wenn alle Karten abgelegt sind (wobei sich natürlich ihre Reihenfolge umkehrt), wird der Stoß einem zweiten Zuschauer gereicht, dem der Vorführer erklärt, wie er sie auszuteilen hat — erste Karte unter den Stoß, die nächste auf den Tisch und so weiter, bis eine Karte — die gemerkte — übrigbleibt.

Eine andersartige Vorführmethode dieses Tricks hat *George Heubeck*, ein Kartenexperte aus New York, vorgeschlagen. Ein Zuschauer mischt einen Stoß von 2^n Karten, teilt sie in zwei nebeneinanderliegende Päckchen auf und stoppt, wann immer er will, vorausgesetzt, beide Päckchen haben in diesem Moment die gleiche Anzahl Karten. Er darf zwischen jedem der beiden Päckchen, dem auf dem Tisch und dem in seiner Hand, wählen.

Entscheidet er sich für eines der Päckchen auf dem Tisch, merkt er sich die oberste Karte und legt den Stoß aus seiner Hand oben auf das Päckchen. Diesen vergrößerten Stoß nimmt er hoch und deckt die gemerkte Karte auf, indem er in der Reihenfolge Unterschieben – Ablegen austeilt. Wenn er den Stoß in seiner Hand wählt, merkt er sich die *letzte* Karte dieses Päckchens, legt es auf einen der beiden anderen Stöße, nimmt auf und findet die gemerkte Karte durch Austeilen in der Reihenfolge Ablegen – Unterschieben.

Die Aufgabe, die Lage von Karten bei solchen Tricks zu bestimmen, ist der besondere Fall eines allgemeineren Problems, Freizeit-Mathematikern als Josephus-Aufgabe bekannt. Sie ist die Grundlage für viele alte Rätsel. Eine Gruppe von Männern steht in einem Kreis. Alle außer einem sollen hingerichtet werden. Der Henker beginnt im Kreis herum zu zählen und richtet jeden n-ten Mann hin, so lange, bis nur noch ein Mann übrigbleibt. Dem letzten Mann wird die Freiheit geschenkt. Wo muß ein Mann stehen, damit er der Hinrichtung entgeht? Bei n = 2 haben wir die Karten-Situation. Eine Geschichte der Josephus-Aufgabe und einiger ihrer Abwandlungen findet man in *W. W. Rouse Ball* „Mathematical Recreations and Essays"[1]).

Den frühesten Quellen-Nachweis, den ich zu der Fünf-Karten-Aufgabe finden konnte, ist im Kapitel 14 des Buches „Math Miracles" von *Wallace Lee* aus dem Jahre 1950 enthalten. Hier ist ein Kartentrick *Fitch Cheney's* erklärt, der dem oben beschriebenen ähnlich ist. Der Unterschied liegt darin, daß in *Cheney's* Version der Zauberer entscheiden darf, welche der fünf Karten die ausgewählte sein soll. Die Aufgabe, die fünfte Karte zu kodieren, wenn sie vom Zuschauer ausgewählt wird, wurde meines Wissens zum erstenmal von „*Rusduck*" in der dritten Ausgabe (Juni 1957) seiner ziemlich unbekannten kleinen Zeitschrift „The Cardiste"[2]) gestellt. Ausgaben 4 und 5 (September 1957 und Februar 1958) enthalten zwei unvollständige Methoden zur Ausführung des Tricks. Natürlich gibt es keine „perfekte Methode". Weitere Vorschläge werden von *Tom Ransom* in der kanadischen magischen Zeitschrift „Ibidem"[3]) gebracht und viele andere Methoden sind inzwischen in magischen Zeitschriften publiziert worden.

---

[1]) „Freizeit-Mathematik und andere mathematische Essays", A.d.Ü., überarbeitete Auflage, Macmillan, New York, 1960, pp. 32–36
[2]) „Der Kartenspiel-Liebhaber", A.d.Ü.
[3]) Nr. 24, Dezember 1961, p. 31

Antworten

Da keine der vier Karten die ausgewählte Karte sein kann, ist es nur nötig, den Namen einer von 48 Karten zu verschlüsseln. Der Zauberer und sein Helfer sind über eine bestimmte Reihenfolge aller 52 Karten übereingekommen, so daß jeder Karte eine Zahl zugeteilt wurde, von 1 bis 52, in der angesprochenen Reihenfolge, die vier Karten, die den Code tragen, stellen demnach vier Zahlen dar, mit A, B, C und D in der Reihenfolge ihres Wertes bezeichnet. Diese vier Karten können auf 24 verschiedene Arten gruppiert werden, genau die Hälfte von 48. Die 48 Karten (von denen eine verschlüsselt werden muß) werden in Gedanken in der Reihenfolge der ihnen zugeordneten Nummern geordnet, dann in zwei Hälften geteilt, wobei die eine Hälfte aus den 24 niedrigen Karten, die andere Hälfte aus den 24 höheren Karten besteht. Nehmen wir an, die gewählte Karte sei die siebzehnte Karte in der niederen Gruppe. Die Zahl 17 kann durch das Ordnen der vier Karten mitgeteilt werden, aber ein zusätzliches Zeichen ist nötig um anzuzeigen, ob es die siebzehnte Karte der höheren oder der niederen Gruppe ist.

Die Aufgabe, die letztlich noch zu lösen ist, lautet also, wie kann dieses abschließende Ja-Nein-Signal gegeben werden? Es kann durch die Anordnung der vier Karten nicht übermittelt werden. Die Aufgabe war so gestellt, daß verschiedene andere Methoden, die sich anbieten, wie Markieren der Karten, die Wahl der Person, die die Karten dem Helfer bringt, die Benützung eines Behälters für die Karten, die Prozedur, die eingehalten werden muß, der Zeitpunkt, zu dem die Karten dem Helfer gebracht werden, und so fort, ausgeschlossen waren.

Eine einzige spitzfindige Ausweichmöglichkeit war *nicht* bedacht: Die *Eigens* hatten *zwei* Zimmer gemietet, nebeneinander liegend und ineinandergehend. *Victor Eigen* gab die Nummer seines Hotelzimmers nicht an, bevor nicht die Karte gewählt worden war. Er ordnete die vier Karten, so daß sie die Stellung zwischen 1 und 24 wiedergaben und übermittelte dann den endgültigen Schlüssel — ob es sich um die höhere oder die niedrige Gruppe handelt — indem er eines seiner beiden Zimmer wählte. *Frau Eigen* ging einfach zu der Tür, an der sie das Klopfen hörte. Diese Information, verbunden mit dem Schlüssel der vier Karten, war genug, um die gewählte Karte herauszufinden.

Ein Leser aus Manhattan, *Robert S. Erskine Junior*, faßte diese Situation in dem folgenden Vierzeiler hübsch zusammen:

Zwei Türen, zwei Frauen oder einen anderen Plan, mein Herr,
Muß unser Freund haben, wenn er auch Gedankenleser ist,
Die Karten allein, einem Mädchen oder Mann gegeben,
Sind nur die halbe Antwort.

14. Teilbarkeit-Proben

Eine Dollar-Note, die ich eben aus meiner Brieftasche genommen habe, trägt die Seriennummer 61671142. Ein Schuljunge könnte sofort sagen, daß diese Zahl durch 2 teilbar ist, aber nicht durch 5. Ist sie teilbar — von nun an wird das Wort in dem Sinn: teilbar ohne Rest gebraucht — durch 3? Durch 4? Durch 11? Wenige Leute, einschließlich vieler Mathematiker, kennen all die einfachen Regeln, mit denen große Zahlen schnell auf ihre Teilbarkeit durch die Zahlen 1 bis 12 geprüft werden können. Die Regeln waren während der Renaissance vor der Erfindung der Dezimalrechnung weithin bekannt wegen ihrer Brauchbarkeit, vielstellige Brüche auf kleinste Ausdrücke zu reduzieren. Auch heute noch sind sie für jedermann bequeme Regeln. Für einen Liebhaber von Ziffernrätseln sind die folgenden Regeln unentbehrlich.

Prüfen auf 2: Eine Zahl ist durch 2 teilbar, wenn und nur wenn die letzte Ziffer gerade ist.

Prüfen auf 3: Addieren Sie die Ziffern. Wenn das Resultat mehr als eine Ziffer ergibt, addieren Sie nochmals und fahren so fort, bis eine Ziffer übrigbleibt. Diese Schlußziffer wird die Ziffernwurzel der Zahl genannt. Wenn sie ein Vielfaches von 3 ist, ist die Zahl durch 3 teilbar. Ist sie kein Vielfaches von 3, dann ist ihr Überschuß über 0, 3 oder 6 gleich dem Rest, der bleibt, wenn die ursprüngliche Zahl durch 3 geteilt wird. Beispiel: Die Seriennummer der Banknote hat eine Ziffernwurzel von 1. Darum wird der Rest 1 sein, wenn die Zahl durch 3 geteilt wird.

Prüfen auf 4: Eine Zahl ist ohne Rest durch 4 teilbar, wenn und nur wenn die Zahl, die ihre letzten zwei Ziffern bilden, durch 4 teilbar ist. (Das versteht man leicht, wenn man die Tatsache bedenkt, daß 100 und alle seine Vielfachen ohne Rest durch 4 teilbar sind.) Die Seriennummer der Dollarnote endet mit 42. Da 42 einen Rest von 2 hat, wenn man es durch 4 teilt, wird die Seriennummer, durch 4 geteilt, einen Rest von 2 ergeben.

Prüfen auf 5: Eine Zahl ist durch 5 teilbar, wenn und nur wenn sie auf 0 oder 5 endet. Sonst ist der Überschuß der letzten Ziffer über 0 oder 5 der Rest der ganzen Zahl.

Prüfen auf 6: Prüfen Sie die Teilbarkeit mit 2 und 3, den Faktoren von 6. Eine Zahl ist durch 6 teilbar, wenn und nur wenn sie eine gerade Zahl mit einer durch 3 teilbaren Ziffernwurzel ist.

Prüfen auf 8: Eine Zahl ist durch 8 teilbar, wenn und nur wenn die Zahl, die ihre letzten drei Ziffern bilden, durch 8 teilbar ist. (Dies kann man aus der Tatsache folgern, daß alle Vielfachen von 1000 durch 8 teilbar sind.) Sonst ist der Rest gleich dem Rest, wenn die ursprüngliche Zahl durch 8 geteilt wird. (Diese Regel gilt für alle Potenzen von 2. Eine Zahl ist teilbar durch 2^n, wenn und nur wenn die letzten n Ziffern eine durch 2^n teilbare Zahl bilden.)

Prüfen auf 9: Eine Zahl ist durch 9 teilbar, wenn und nur wenn die Ziffernwurzel 9 ist. Wenn nicht, dann ist die Ziffernwurzel gleich dem Rest. Die Seriennummer der Banknote hat eine Ziffernwurzel von 1, also hat sie einen Rest von 1, wenn man sie durch 9 teilt.

Prüfen auf 10: Eine Zahl ist durch 10 teilbar, wenn und nur wenn sie auf 0 endet. Sonst ist die letzte Ziffer gleich dem Rest.

Prüfen auf 11: Nehmen Sie die Ziffern von rechts nach links, wobei Sie abwechselnd abziehen und zuzählen. Nur wenn das Resultat durch 11 teilbar ist, ist auch die ursprüngliche Zahl durch 11 teilbar. (Es wird dabei angenommen, 0 sei durch 11 teilbar.) Auf die Nummer der Banknote angewendet: 2 - 4 + 1 - 1 + 7 - 6 + 1 - 6 = - 6. Die Endzahl ist kein Vielfaches von 11, so ist es auch die ursprüngliche Zahl nicht. Um den Rest herauszufinden, betrachte man die Endzahl. Ist sie kleiner als 11 und positiv, so ist sie der Rest. Ist sie negativ, so zähle man 11 hinzu und hat dann den Rest. Ist die Endzahl mehr als 11, vermindere man sie auf eine Zahl kleiner als 11, indem man sie durch 11 teilt und den Überschuß feststellt. Ist der Überschuß positiv, so ist er der gesuchte Rest; ist er negativ, zähle man 11 hinzu. (Im Beispiel ist -6 + 11 = 5. Dies sagt uns, daß die Nummer der Banknote, durch 11 geteilt, einen Rest von 5 ergibt.)

Prüfen auf 12: Prüfen Sie auf 3 und 4, die Faktoren von 12. Die Zahl muß beide Prüfungen bestehen, wenn sie durch 12 teilbar sein soll.

Der Leser hat unter den vorstehenden Regeln bestimmt eine einzige Auslassung bemerkt. Wie prüft man auf 7, die heilige Zahl mittelalterlicher Numerologie? Sie ist die einzige Zahl, für die bis jetzt noch niemand eine einfache Regel gefunden hat. Dieses unordentliche Benehmen hat die Studierenden der Zahlentheorie lange gefesselt. Dutzende von eigenartigen Siebener-Proben sind ausgearbeitet worden, scheinbar alle ohne Bezug zueinander; unglücklicherweise sind alle fast so zeitraubend wie die orthodoxe Prozedur des Teilens.

Eine der ältesten dieser Proben ist, die Ziffern einer Zahl in umgekehrter Reihenfolge, von rechts nach links, zu nehmen, sie nacheinander mit den Ziffern 1, 3, 2, 6, 4 und 5 zu multiplizieren und diese Folge des Multiplizierens fortzusetzen, so lange es nötig ist. Die Produkte werden addiert. Die ursprüngliche Zahl ist durch 7 teilbar, wenn und nur wenn diese Summe ein Vielfaches von 7 ist. Ist die Summe kein Vielfaches, so ist ihr Überschuß über ein Vielfaches von 7 gleich dem Rest, wenn die ursprüngliche Zahl durch 7 geteilt wird. So sieht es aus, wenn die Methode auf die Zahl der Banknote angewendet wird:

$$\begin{aligned} 2 \times 1 &= 2 \\ 4 \times 3 &= 12 \\ 1 \times 2 &= 2 \\ 1 \times 6 &= 6 \\ 7 \times 4 &= 28 \\ 6 \times 5 &= 30 \\ 1 \times 1 &= 1 \\ 6 \times 3 &= \underline{18} \\ &\ 99 \end{aligned}$$

Neunundneunzig geteilt durch 7 gibt einen Überschuß von 1. Dies ist der Rest, wenn die Nummer der Banknote durch 7 geteilt wird. Die Probe kann beschleunigt werden, indem man aus den Produkten „7er herauswirft": man schreibt 5 statt 12, 0 statt 28 und so weiter. Die Summe beträgt dann 22 statt 99. Der Test ist eigentlich nichts mehr als eine Methode, Vielfache von 7 aus der ursprünglichen Zahl zu entfernen. Er leitet sich aus der Tatsache ab, daß aufeinanderfolgende Potenzen von 10 kongruent sind (Modul 7) den Ziffern in den sich wiederholenden Serien 1, 3, 2, 6, 4, 5; 1, 3, 2, 6, 4, 5 ... (Zahlen sind Modul 7 kongruent, wenn sie denselben Rest haben, wenn man sie durch 7 teilt.) Statt 6, 4, 5 kann man die kongruenten (Modul 7) Vervielfältiger -1, -3, -2 einsetzen. Der interessierte Leser kann ausführliche Erklärungen darüber in dem Kapitel über Zahlenkongruenz in „What is Mathematics?"[1]) finden. Wenn der Grundgedanke einmal verstanden worden ist, ist es leicht, ähnliche Proben für jede beliebige Zahl zu erfinden, wie *Blaise Pascal* schon 1654 erklärt hat. Um zum Beispiel auf 13 zu prüfen, brauchen wir nur festzustellen, daß die Potenzen von 10 den sich wiederholenden Serien 1, -3, -4, -1, 3, 4 ... kongruent sind. Diese Serien wendet man auf eine Zahl genau so an wie die Serien in dem Test für die 7.

Welche Serie von Vervielfältigern ergibt sich, wenn wir diese Methode auf die Teilbarkeit durch 3, 9 und 11 anwenden? Die Potenzen von 10 sind kongruent (Modul 3 und Modul 9) den Serien 1, 1, 1, 1 ..., so daß wir sogleich bei den schon vorher festgestellten Regeln für 3 und 9 ankommen. Die Potenzen von 10 sind kongruent (Modul 11) der Serie -1, +1, -1, +1 ..., was zu der vorher festgestellten Regel für 11 führt. Der Leser mag sich

---

[1]) von *Richard Courant* und *Herbert Robbins* (1941)

amüsieren, die Vervielfältiger-Serien für die anderen Divisoren zu finden, um zu sehen, daß jede Serie mit ihrer entsprechenden Regel zusammenfällt oder in den Fällen für 6 und 12 zu anderen Regeln führt.

Eine bizarre Probe, die *D. S. Spence* zugeschrieben wird, erschien 1956 in „The Mathematical Gazette"[1]). Man streiche die letzte Ziffer, verdopple diese, ziehe sie von der gekürzten ursprünglichen Zahl ab und fahre in dieser Folge fort, bis nur eine Ziffer verbleibt. Die ursprüngliche Zahl ist durch 7 teilbar, wenn und nur wenn die Endziffer 0 oder 7 ist. Diese Prozedur wird auf unsere Seriennummer wie folgt angewendet:

```
6167114̸2
      4
6167110̸
      0
616711̸
      2
61669̸
    18
6148̸
   16
598̸
  16
48̸
   6
 -2
```

Die Endziffer ist durch 7 nicht teilbar, also ist es auch die ursprüngliche Zahl nicht. Ein Nachteil des Systems ist, daß es keinen einfachen Hinweis auf den Rest ergibt.

Die Siebener-Probe, die mir die leistungsfähigste zu sein scheint, besonders wenn man sie auf sehr große Zahlen anwendet, wurde von *L. Vosburgh Lyons*, einem New Yorker Neuropsychiater, entwickelt. Sie wird hier in Bild 72 das erstemal dargestellt, wobei die einzelnen Schritte auf eine beliebig ausgewählte Zahl mit 13 Stellen angewendet werden. Die Methode ist außerordentlich schnell, wenn man sie auf eine sechsstellige Zahl anwendet; man muß nur ein Dreieck bilden aus drei Ziffern, dann zwei und dann einer Endziffer, die den Rest ergibt.

[1]) Oktober 1956, p. 215. Die Methode geht auf 1861 zurück; siehe *L. E. Dickson*, „History of The Theory of Numbers, („Geschichte der Zahlentheorie", A.d.Ü.), Band 1, p. 339, wo sie *A. Zbikovski* aus Rußland zugeschrieben wird.

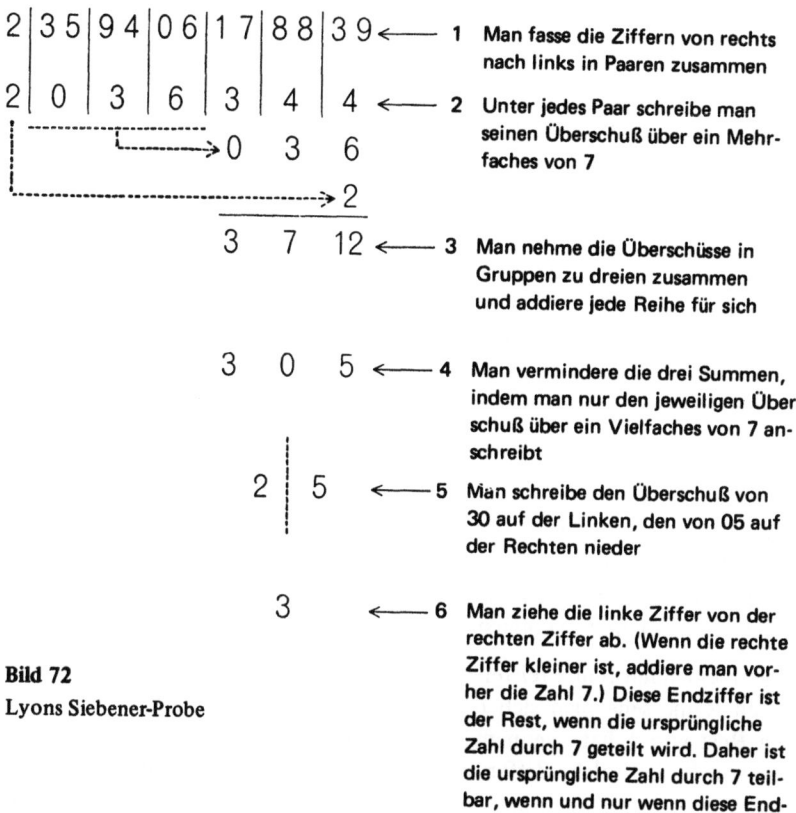

Bild 72
Lyons Siebener-Probe

1 — Man fasse die Ziffern von rechts nach links in Paaren zusammen

2 — Unter jedes Paar schreibe man seinen Überschuß über ein Mehrfaches von 7

3 — Man nehme die Überschüsse in Gruppen zu dreien zusammen und addiere jede Reihe für sich

4 — Man vermindere die drei Summen, indem man nur den jeweiligen Überschuß über ein Vielfaches von 7 anschreibt

5 — Man schreibe den Überschuß von 30 auf der Linken, den von 05 auf der Rechten nieder

6 — Man ziehe die linke Ziffer von der rechten Ziffer ab. (Wenn die rechte Ziffer kleiner ist, addiere man vorher die Zahl 7.) Diese Endziffer ist der Rest, wenn die ursprüngliche Zahl durch 7 geteilt wird. Daher ist die ursprüngliche Zahl durch 7 teilbar, wenn und nur wenn diese Endziffer 0 ist

Mit Hilfe dieser Methode hat *Lyons* viele bemerkenswerte sechsstellige Zahlen-Tricks vom Typ des „Blitzrechners" entdeckt. Hier folgt einer, der in „Ibidem", Nr. 5 vom April 1956 erschien. Bitten Sie jemanden, auf eine Tafel irgendeine sechsstellige Zahl anzuschreiben, die nicht durch 7 teilbar ist. Nehmen wir an, er schreibt 431576. Sie schlagen vor, daß Sie jede Ziffer nacheinander rasch so ändern, daß sechs neue Zahlen entstehen, die jede ein Vielfaches von 7 darstellt.

In der Ausführung schreibt man die Zahl sechsmal in quadratischer Anordnung (wie links in Bild 73 gezeigt), wobei man eine Stelle freiläßt und zwar die letzte Ziffer in der obersten Reihe, die vorletzte Ziffer in der zweiten Reihe und so weiter. (Die Stellen sind hier mit A bis F gekennzeichnet, um die Erläuterung zu unterstützen; wenn man den Trick ausführt, bleiben die

4	3	1	5	7	A
4	3	1	5	B	6
4	3	1	C	7	6
4	3	D	5	7	6
4	E	1	5	7	6
F	3	1	5	7	6

4	3	1	5	7	1
4	3	1	5	3	6
4	3	1	6	7	6
4	3	6	5	7	6
4	7	1	5	7	6
3	3	1	5	7	6

Bild 73 Ein Berechnungskunststück mit der Teilbarkeit durch 7

Stellen frei.) Nachdem man die Zahl zuvor geprüft hat, daß sie sicher nicht durch 7 teilbar ist, hat man dabei schon festgestellt, daß sie einen Rest von 5 hat. Offensichtlich muß auf die Stelle A statt der ursprünglichen 6 eine 1 gesetzt werden, damit die oberste Zahl ein Vielfaches von 7 wird.

Die verbleibenden fünf Freistellen können nun rasch gefüllt werden. In der zweiten Reihe sehe man sich die Nummer B 6 an. Über ihr steht 71, die einen Rest von 1 hat, wenn man sie durch 7 teilt. Man muß also auf die Stelle von B eine solche Ziffer setzen, daß die Zahl B 6 auch einen Rest von 1 hat. Das tritt ein, wenn man eine 3 auf die Stelle von B setzt. (Man zieht im Kopf einfach 1 von 6 ab, erhält 5 und fragt sich dann, welches zweistellige Vielfache von 7 mit 5 endet. Die Antwort kann nur 35 sein.) Die Zahl C 7 behandelt man in der gleichen Weise. Über ihr steht 53, das einen Rest von 4 hat; damit also C 7 denselben Rest bekommt, setzt man 6 auf die Stelle C. In gleicher Art verfährt man mit den übrigen Reihen. Das Resultat sieht man im Bilde rechts. Jede Reihe ist jetzt durch 7 teilbar. Für einen Mathematiker, der mit den Schwierigkeiten, die Teilbarkeit durch 7 festzustellen, vertraut ist, ist das Kunststück recht erstaunlich. Der Trick ist natürlich ganz leicht ausführbar, wenn die gesuchten Zahlen durch 9 teilbar sein sollen.

Die Kenntnis der Teilbarkeitsregeln verschafft oft Abkürzungen bei der Lösung von Zahlenaufgaben, die sonst außerordentlich schwierig wären. Wenn zum Beispiel neun Spielkarten, im Wert von As bis Neun, willkürlich gelegt werden, um eine neunstellige Zahl zu ergeben, wie hoch ist dann die Wahrscheinlichkeit, daß sie durch 9 teilbar sein wird? Da die Summe der

Ziffern von 1 bis 9 gleich 45 ist, das die Ziffernwurzel 9 hat, weiß man sofort, daß die Wahrscheinlichkeit 1 ist (Gewißheit). Vier Karten, von As bis Vier, werden willkürlich geordnet. Wie hoch ist die Wahrscheinlichkeit, daß diese vierstellige Zahl durch 3 teilbar ist? Entsinnt man sich der Regel für 3, so weiß man sofort, daß die Wahrscheinlichkeit 0 ist (Unmöglichkeit).

Ein nettes Gesellschaftsspiel beginnt damit, daß man neun Spielkarten im Wert von As bis Neun austeilt. Während man den Rücken kehrt, soll jemand die As, Zwei, Drei und Vier in eine beliebige Ordnung bringen, um eine vierstellige Zahl zu bilden. Ohne sich umzudrehen, kann man sagen, daß die Zahl durch 3 nicht teilbar ist. Nun bittet man, die Fünf dazuzunehmen und eine fünfstellige Zahl zu bilden. Noch immer abgekehrt, kann man versichern, daß die neue Zahl durch 3 teilbar ist.

Bevor der Leser die Antworten nachschlägt, darf er sein Geschick an den folgenden Zahlenrätseln erproben, die alle eng mit dem Thema dieses Kapitels verbunden sind.

1. Eine Person, die älter ist als neun Jahre und jünger als hundert, wird gebeten, ihr Alter dreimal hintereinander zu schreiben und daraus eine sechsstellige Zahl zu machen (z. B. 484848). Beweise, daß die Zahl durch 7 teilbar sein muß.

2. Sieben verschiedene Spielkarten, im Wert von As bis Sieben, werden in einem Hut geschüttelt, dann einzeln herausgenommen und in eine Reihe gelegt. Wie groß ist die Wahrscheinlichkeit, daß diese siebenstellige Zahl durch 11 teilbar ist?

3. Finde die kleinste Zahl, die einen Rest von 1 hat, wenn sie durch 2 geteilt wird, einen Rest von 2, wenn durch 3 geteilt, einen Rest von 3, wenn durch 4 geteilt, einen Rest von 4, wenn durch 5 geteilt, einen Rest von 5, wenn durch 6 geteilt, einen Rest von 6, wenn durch 7 geteilt, einen Rest von 7, wenn durch 8 geteilt, einen Rest von 8, wenn durch 9 geteilt, und einen Rest von 9, wenn durch 10 geteilt.

4. Ein Kind hat n kleine Holzwürfel zur Verfügung, alle von der gleichen Größe. Damit versucht es, den größtmöglichen Würfel zu bauen, aber es entdeckt, daß ihm genau eine Reihe kleiner Würfel fehlt, die einen Rand des großen Würfels bilden würden. Beweisen Sie, daß n durch 6 teilbar ist.

5. Was ist der Rest, wenn 3, in die Potenz 123 456 789 erhoben, durch 7 geteilt wird?

6. Finden Sie vier verschiedene Ziffern, außer 0, die nicht so gestellt werden können, daß sich eine vierstellige, durch 7 teilbare Zahl ergibt.

Die Aufgaben sind leichter, als man zunächst annehmen möchte, wenn man sie richtig anfaßt, außer der letzten, die nur der Holzhammer-Methode nachzugeben scheint. Aber jeder Leser, der alle sechs löst, wird dabei entdecken, daß er eine anregende Übung in elementarer Zahlentheorie hatte.

Anhang

Meine Zeitschriftenserie über Teilbarkeit-Proben hat mir eine Flut von Briefen eingebracht. Viele Leser sandten Erklärungen, warum die *Zbikovski*-Methode stimmt, wie sie auf die Teilbarkeit durch andere Primzahlen als 7 angewandt werden kann, und Verfahren, durch die der Rest ermittelt werden kann. Auch Erklärungen über die *Lyons'sche* Methode wurden eingesandt, jedoch waren die meisten für mein Verständnis technisch zu hoch.

Dutzende von Lesern brachten andere Methoden der Siebener-Probe. Ich führe hier nur das Verfahren an, das die größte Anzahl von Korrespondenten erwähnt hat. Es ist alt und wohlbekannt und leitet sich aus der hübschen Tatsache ab, daß 1 001 (übrigens auch die Zahl der Geschichten in der bekannten arabischen Märchensammlung) das Produkt der drei sich folgenden Primzahlen 7, 11 und 13 ist. Die zu prüfende Zahl wird in dreistellige Teile, von rechts beginnend, geteilt. Zum Beispiel wird 61671142 in 61/671/142 gespalten. Abwechselnd addiert und subtrahiert man diese Teile, rechts beginnend: 142 - 671 + 61 = - 148. Das Resultat hat denselben Rest, wenn man es durch 7, 11 oder 13 teilt wie die ursprüngliche Zahl.

Antworten

1. Um zu beweisen, daß eine Zahl der Art ABABAB ohne Rest durch 7 teilbar sein muß, haben wir nur zu überlegen, daß eine solche Zahl das Produkt aus AB und 10101 ist. Da 10101 ein Vielfaches von 7 darstellt, muß die Zahl ABABAB es auch sein.

2. Wenn die Ziffern von 1 bis 7 willkürlich zu einer Zahl angeordnet werden, ist die Wahrscheinlichkeit, daß die Zahl durch 11 teilbar ist, gleich 4:35. Um durch 11 teilbar zu sein, müssen die Ziffern so angeordnet sein, daß der Unterschied zwischen der Summe einer Reihe abwechselnd genommener Ziffern und der Summe der anderen Reihe abwechselnd genommener Ziffern entweder 0 oder ein Vielfaches von 11 ist. Die Summe aller sieben Ziffern ist 28. Es ist leicht herauszufinden, daß 28 nur auf zwei Arten geteilt werden kann, die den 11er Test bestehen: 14/14 und 25/3. Die 25/3 Teilung muß wegfallen, denn keine Summe dreier verschiedener Ziffern kann so niedrig wie 3 sein. Darum brauchen wir nur die Teilung 14/14 in Betracht zu

ziehen. Es gibt 35 verschiedene Kombinationen dreier Ziffern, die in die B-Positionen der Zahl ABABABA fallen können. Von den 35 addieren sich nur vier (167, 257, 347 und 356) auf 14 auf. Daher ist die Wahrscheinlichkeit, daß die Zahl durch 11 teilbar ist, gleich 4:35.

Die kleinste Zahl, die einen Rest von eins weniger als dem Divisor hat, wenn sie durch eine ganze Zahl von 2 bis 10 einschließlich geteilt wird, ist 2519. Es ist belustigend, daß *„Professor Hoffmann"* in seinem Buch „Puzzles Old and New"[1]) dies ein „schwieriges Problem" nennt und ihm mehr als zwei Seiten widmet, wobei er es durch komplizierte Anwendung von Teilbarkeitsregeln löst. Hoffmann ist entgangen, daß jede Teilung gerade eins weniger als einen genauen Teil ergibt; so brauchen wir nur das kleinste gemeinsame Vielfache von 2, 3, 4, 5, 6, 7, 8, 9 und 10 zu finden, was 2520 ergibt, davon 1 abzuziehen, und wir haben die Antwort.

4. Die Aufgabe des Würfels mit der fehlenden Kante kleiner Würfel ist dieselbe wie der Beweis, daß eine Zahl der Form $n^3 - n$ (wobei n irgendeine ganze Zahl ist) immer ohne Rest durch 6 teilbar sein muß. Das Folgende ist vielleicht der einfachste Nachweis:

$$n^3 - n = n(n^2 - 1) = n(n-1)(n+1).$$

Der Ausdruck rechts des zweiten Gleichheitszeichens zeigt, daß die Zahl ($n^3 - n$) das Produkt dreier aufeinanderfolgender ganzer Zahlen ist. In jedem Satz dreier aufeinanderfolgender ganzer Zahlen kann man leicht erkennen, daß eine ganze Zahl genau durch 3 teilbar sein muß und daß mindestens eine ganze Zahl eine gerade Zahl sein muß. (Diese zwei Eigenschaften können sich freilich auch in *derselben* ganzen Zahl, z. B. 17, *18*, 19, vereinen.) Nachdem 2 und 3 Faktoren des Produkts der drei aufeinanderfolgenden ganzen Zahlen sind, muß das Produkt durch 2 x 3, also 6 teilbar sein.

5. Wenn 3 in der Potenz 123456789 durch 7 geteilt wird, ist der Rest 6. Der Clou ist hier, daß aufeinanderfolgende Potenzen von 3, wenn sie durch 7 geteilt werden, Reste haben, die endlos die sechs-Ziffern-Folge 3, 2, 6, 4, 5, 1 wiederholen. Man teile 123456789 durch 6, wobei man einen Rest von 3 erhält, dann stelle man die dritte Ziffer der Folge fest. Es ist 6, die Antwort auf die Aufgabe.

Jede Zahl, in sich folgende Potenzen erhoben und durch 7 geteilt, hat Reste, die ein Muster wiederholen, und das Muster ist dasselbe für alle Zahlen, die Modul 7 äquivalent sind. Jede Potenz einer Zahl, die 1 ist (mod 7), hat einen Rest 1, wenn sie durch 7 geteilt wird. Potenzen von Zahlen, die 2 sind (mod

---

[1]) „Alte und Neue Rätsel", A.d.Ü.; 1893.

7), haben die Reste-Folge: 2, 4, 1. Die Folge für Potenzen von Zahlen, die 3 sind (mod 7), ist oben angeführt; für 4 ist es 4, 2, 1; für 5 ist es 5, 4, 6, 2, 3, 1; für 6 ist es 1, 1; für 7 ist es natürlich 0.

Was ist der Rest, wenn 123456789 in die Potenz von 123456789 erhoben und durch 7 geteilt wird? Nachdem 123456789 gleich 1 (mod 7) ist, wissen wir sofort, daß der Rest 1 ist.

6. Die Aufgabe fragte nach einem Satz aus vier verschiedenen Ziffern, außer 0, die nicht so angeordnet werden können, daß sie eine vierstellige, durch 7 teilbare Zahl ergeben. Von den 126 verschiedenen Kombinationen von vier Ziffern entsprechen nur drei: 1238, 1389 und 2469.

15. Neun Aufgaben

1. Die sieben Karteikarten

Schneiden Sie aus einem DIN A 4 Millimeterpapier ein Blatt von der Größe 25 x 17 cm. Aus einem zweiten Bogen schneiden Sie sieben Kärtchen der Größe 10 x 6 cm aus. Das Blatt 25 x 17 cm hat eine Fläche von 425 cm². Die sieben Kärtchen 10 x 6 cm haben zusammen eine Fläche von 420 cm². Offensichtlich ist es nicht möglich, das große Blatt mit den sieben Karten völlig zu bedecken; aber welche größte Fläche kann bedeckt werden? Die Karten müssen flachgelegt werden, sie dürfen nicht gefaltet und auch in keiner Weise beschnitten werden. Sie dürfen jedoch die Kanten des Blattes überragen, und ihre Seiten müssen nicht zu den Seiten des Blattes parallel sein. Bild 74 zeigt, wie die sieben Karten angeordnet werden können, damit sie eine Fläche von 395 cm² bedecken. Das ist nicht das Maximum.

Jeder in der Familie, jung und alt, wird an dem Rätsel seinen Spaß haben.

Die Aufgabe wurde das erstemal von *Jack Halliburton* in „Recreational Mathematics Magazine" vom Dezember 1961 gestellt.

2. Eine ohne-blau Graphik

Sechs Hollywood-Stars bilden eine soziale Gruppe, die ganz besondere Charakteristiken aufweist. Je zwei Stars der Gruppe lieben sich gegenseitig oder hassen sich gegenseitig. Es gibt keine Gruppe dreier Einzelpersonen, die

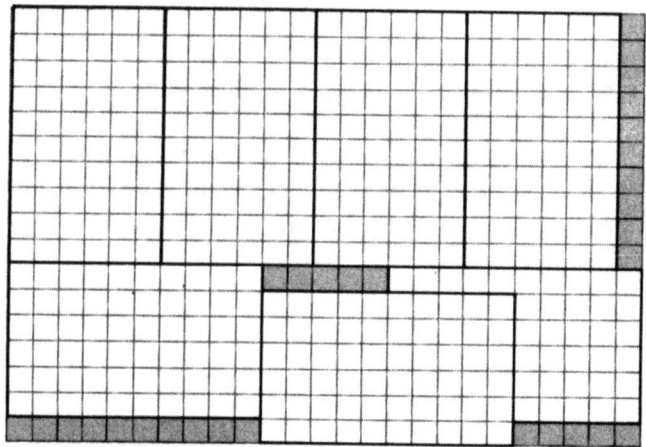

Bild 74 Wieviel von dem Papier kann mit sieben Karten bedeckt werden?

sich gegenseitig lieben. Beweisen Sie, daß es mindestens eine Gruppe dreier Einzelpersonen gibt, die sich gegenseitig hassen. Die Aufgabe führt in ein fesselndes neues Feld der Graphik-Theorie, „ohne-blau chromatische Graphiken", deren Natur erklärt werden soll, wenn die Antwort gegeben wird.

3. Zwei Spiele hintereinander

Ein Mathematiker, seine Frau und ihr halbwüchsiger Sohn spielen alle ziemlich gut Schach. Eines Tages, als der Sohn seinen Vater um zehn Dollar für ein Samstag-Abend-Stelldichein bat, zog sein Vater einen Augenblick an seiner Pfeife und erwiderte dann:

Wir werden das folgendermaßen regeln: Heute ist Mittwoch. Du wirst heute Abend ein Schachspiel machen, ein weiteres morgen und ein drittes am Freitag. Deine Mutter und ich werden uns als Deine Gegner abwechseln. Wenn Du zwei Spiele hintereinander gewinnst, kriegst Du das Geld."

„Gegen wen spiele ich zuerst, gegen Dich oder Mama? "

„Du kannst wählen", sagte der Mathematiker und zwinkerte mit den Augen. Der Sohn wußte, daß sein Vater besser spielte als seine Mutter. Sollte er in der Reihenfolge Vater-Mutter-Vater oder Mutter-Vater-Mutter spielen, um seine Chance, zwei Spiele hintereinander zu gewinnen, zu vergrößern?

Leo Moser, ein Mathematiker an der Universität von Alberta, ist für diese unterhaltsame Frage aus der elementaren Wahrscheinlichkeitstheorie verantwortlich. Natürlich müssen Sie Ihre Antwort beweisen, nicht nur erraten.

4. Ein Paar Zahlenrätsel

In den meisten Zahlenrätseln wird ein jeweils verschiedener Buchstabe für jede Ziffer einer einfachen arithmetischen Aufgabe eingesetzt. Die zwei bemerkenswerten Zahlenrätsel des Bildes 75 sind in ihrer Abweichung von diesem Brauch unorthodox, aber jedes kann man leicht durch logische Überlegung lösen und jedes hat eine einzige Lösung.

```
    E E O           P P P
      O O             P P
   -------         -------
    E O E O         P P P P
    E O O           P P P P
   -------         ---------
    O O O O O       P P P P P
```

Bild 75
Zwei unorthodoxe Zahlenrätsel

In der Multiplikationsaufgabe links in der Zeichnung, die *Fitch Cheney* von der Universität Hartford neu entworfen hat, steht jedes E für eine gerade Ziffer, jedes O für eine ungerade Ziffer. Die Tatsache, daß jede gerade Ziffer durch ein E dargestellt wird, bedeutet natürlich nicht, daß alle geraden Ziffern die gleichen sind. Zum Beispiel kann ein E für 2, ein anderes für 4 stehen und so weiter. Null wird als eine gerade Zahl angesehen. Der Leser wird gebeten, die Rechenaufgabe zu rekonstruieren.

In der Multiplikationsaufgabe rechts steht jedes P für eine Primzahl (2, 3, 5 oder 7). Diese reizende Aufgabe wurde vor etwa fünfundzwanzig Jahren von *Joseph Ellis Trevor*, einem Chemiker der Cornell Universität, vorgeschlagen. Sie ist seitdem in ihrer Art klassisch geworden.

5. Aufteilen eines Quadrats

Wenn man ein Viertel eines Quadrates aus seiner Ecke wegnimmt, ist es dann möglich, die verbleibende Fläche in vier kongruente (von gleicher Größe und Form) Teile zu trennen? Ja, man macht es in der Art, wie Bild 76 links zeigt. Ähnlich kann auch ein gleichseitiges Dreieck, dem ein Viertel seiner Fläche an einer Ecke weggeschnitten ist, wie die mittlere Figur des Bildes zeigt, in vier kongruente Teile geteilt werden. Diese beiden sind für eine große Auswahl an geometrischen Rätseln typisch. Eine gewisse geometrische Figur wird gegeben und die Aufgabe ist, sie in eine bestimmte Anzahl identischer Formen, die die größere Figur vollständig füllen, zu zerschneiden.

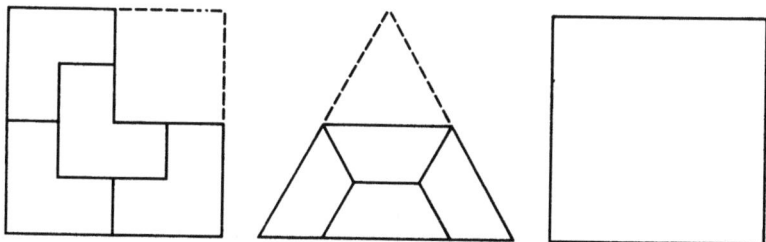

Bild 76 Drei Aufteilungsrätsel

Kann das Quadrat rechts im Bild in fünf kongruente Teile geteilt werden? Ja, und es gibt nur eine einzige Lösung. Die Teile können jede Form, so komplex oder bizarr auch immer, haben, vorausgesetzt, daß sie identisch in

Form und Größe sind. Ein asymmetrisches Stück kann „umgekehrt" werden; das heißt, es wird als identisch mit seinem Spiegelbild betrachtet. Die Aufgabe erscheint ärgerlich schwierig, bis die Lösung plötzlich wie ein Blitz einschlägt.

6. Verkehrsfluß in Floyd's Knob

Robert Abbott, Verfasser von Abbotts Neuen Kartenspielen[1]) veröffentlichte die sonderbare Straßenkarte, die in Bild 77 wiedergegeben ist, mit der folgenden Geschichte:

„Weil das Städtchen Floyd's Knob, Indiana nur siebenunddreißig gemeldete Automobile hatte, hielt es der Bürgermeister für ungefährlich, seinen Vetter

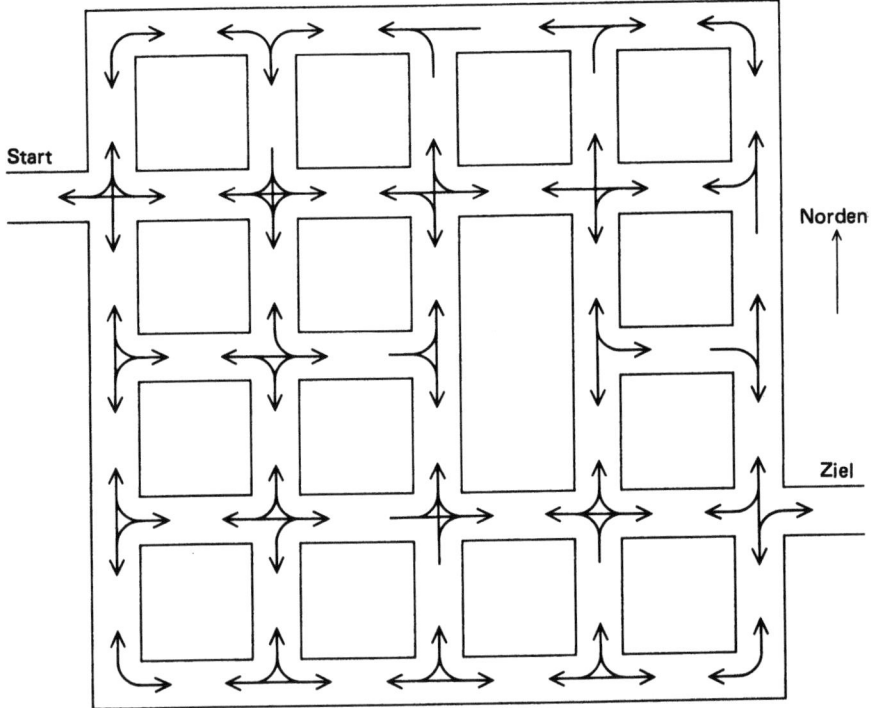

Bild 77 Das Verkehrslabyrinth in Floyd's Knob

[1]) Stein und Day, New York, 1963

Henry Stables, den Spaßvogel der Stadt, zum Verkehrsbeauftragten zu ernennen. Aber er bereute seine Entscheidung bald. Als die Stadt eines Morgens erwachte, fand sie sich mit Schildern überschwemmt, die zahlreiche Einbahnstraßen und verwirrende Verbote an den Kreuzungen vorsahen.
Die Bürger waren alle dafür, diese Schilder wieder einzureißen, als der Polizeichef, ein anderer Vetter des Bürgermeisters, eine überraschende Entdeckung machte. Kraftfahrer, die die Stadt durchquerten, waren so erschöpft, daß sie früher oder später verboten abbogen. Der Polizeichef fand heraus, daß die Stadt an diesen Übertretungen sogar mehr Geld verdiente als an seiner Geschwindigkeitsfalle an einer Ausfallstraße.
Natürlich freute sich jedermann darüber, besonders da der nächste Tag ein Samstag war und Moses MacAdam, der reichste Bauer des Kreises, auf seinem Weg zur Kreisverwaltung wie gewöhnlich durch die Stadt kommen würde. Sie erwarteten, eine hohe Verkehrsstrafe aus Moses herauszuziehen, weil sie es für unmöglich hielten, ohne mindestens eine Verkehrsübertretung durch die Stadt zu fahren. Aber Moses hatte die Schilder heimlich studiert. Als der Samstag Morgen kam, setzte er die ganze Stadt in Erstaunen, indem er von seinem Hof durch die Stadt zur Kreisverwaltung ohne eine einzige Übertretung fuhr!
Können Sie den Weg, den Moses nahm, entdecken? Bei jeder Kreuzung müssen Sie einem der Pfeile folgen. Das heißt, Sie dürfen nur dann in eine gegebene Richtung einbiegen, wenn eine gebogene Linie in diese Richtung zeigt, und Sie dürfen nur dann geradeaus fahren, wenn Sie dabei einem geradeaus weisenden Pfeil folgen können. Es darf nicht abgebogen werden, indem der Wagen rückwärts um eine Ecke gefahren wird. U-förmige Wendungen sind nicht erlaubt. Jede Kreuzung darf nur in der Richtung eines Pfeiles verlassen werden. Zum Beispiel haben Sie an der ersten Kreuzung, nachdem Sie den Hof verlassen haben, nur eine zweifache Wahl: nach Norden oder geradeaus zu fahren. Wenn Sie geradeaus fahren, müssen Sie an der nächsten Kreuzung entweder geradeaus fahren oder nach Süden einbiegen. Es ist dort zwar eine gebogene Linie nach Norden, aber es deutet kein Pfeil nach Norden, so ist es verboten, diese Kreuzung in nördlicher Richtung zu verlassen."

7. Littlewoods Fußnoten

Hin und wieder einmal bringt eine Zeitschrift ein Titelbild, das ein Bild der gleichen Zeitschrift enthält, auf deren Umschlag man ein noch kleineres Bild der Zeitschrift sehen kann und so weiter, wahrscheinlich bis ins Unendliche. Unendliche Wiederholungen dieser Art sind in Logik und Semantik eine allgemeine Quelle der Verwirrung. Manchmal kann die endlose Hierarchie vermieden werden, manchmal nicht. Der englische Mathematiker *J. E. Littlewood*, der dieses Thema in seinem „A Mathematician's Miscellany"[1]) kommentierte, erinnert sich an die Fußnoten, die am Ende einer seiner Schriften erschienen sind. Die Arbeit war in einer französischen Zeitschrift veröffentlicht worden. Die Fußnoten, alle auf französisch, lauteten:

„1. Ich bin Prof. Riesz für die Übersetzung der vorliegenden Schrift sehr verbunden.
2. Ich bin Prof. Riesz für die Übersetzung der vorhergehenden Fußnote sehr verbunden.
3. Ich bin Prof. Riesz für die Übersetzung der vorhergehenden Fußnote sehr verbunden."

Nehmen wir an, daß *Littlewood* von der französischen Sprache überhaupt nichts verstand; mit welcher vernünftigen Begründung vermied er dann eine unendliche Wiederholung identischer Fußnoten, indem er nach der dritten aufhörte?

8. Neun zu eins ist gleich 100

Ein altes Rechenrätsel, das in Rätselbüchern immer wieder erscheint, als wäre es nie analysiert worden, ist die Aufgabe, zwischen den Ziffern 1, 2, 3, 4, 5, 6, 7, 8 und 9 beliebige mathematische Zeichen zu setzen und daraus den Ausdruck gleich 100 zu bilden. Die Ziffern müssen in der gleichen Reihenfolge verbleiben. Es gibt viele Hunderte von Lösungen, am leichtesten ist vielleicht zu finden

$$1 + 2 + 3 + 4 + 5 + 6 + 7 + (8 \times 9) = 100.$$

Die Aufgabe fordert mehr heraus, wenn die mathematischen Zeichen auf plus und minus beschränkt werden. Hier gibt es wiederum viele Lösungen, zum Beispiel

$$1 + 2 + 34 - 5 + 67 - 8 + 9 = 100,$$
$$12 + 3 - 4 + 5 + 67 + 8 + 9 = 100,$$
$$123 - 4 - 5 - 6 - 7 + 8 - 9 = 100,$$
$$123 + 4 - 5 + 67 - 89 = 100,$$
$$123 + 45 - 67 + 8 - 9 = 100,$$
$$123 - 45 - 67 + 89 = 100.$$

[1]) „Anmerkungen eines Mathematikers", A.d.Ü.; Methuen, London, 1953

„Die letzte Lösung ist einzigartig einfach", schreibt der englische Rätselmacher *Henry Ernest Dudeney* in der Antwort auf seine Aufgabe Nr. 94 der „Amusements in Mathematics", „und ich glaube nicht, daß sie je geschlagen werden kann."

Angesichts der Popularität dieser Aufgabe ist es überraschend, daß anscheinend so wenige Anstrengungen gemacht wurden, die Aufgabe in umgekehrter Form zu bringen. Das heißt, man nehme die Ziffern in absteigender Folge von 9 bis 1 und bilde einen Ausdruck, der 100 ausmacht, wobei man die kleinstmögliche Anzahl an Plus- oder Minus-Zeichen einsetzt.

9. Die gekreuzten Zylinder

Eine der größten Leistungen von *Archimedes* war seine Vorwegnahme einiger der fundamentalen Gedanken der Infinitesimalrechnung. Die Aufgabe, die in Bild 78 gezeichnet wird, ist ein klassisches Beispiel für eine Aufgabe, die heute die meisten Mathematiker als unlösbar ohne Kenntnis der Infinitesimalrechnung betrachten würden (man findet sie wirklich in vielen einschlägigen Lehrbüchern), die sich aber durch *Archimedes'* geistreiche Methoden leicht bezwingen läßt. Die zwei kreisrunden Zylinder schneiden sich in rechten Winkeln. Wenn beide Zylinder denselben Radius haben, welches Volumen hat dann die getönt dargestellte feste Figur, die beiden Zylindern gemeinsam ist?

Kein überkommener Nachweis zeigt genau, wie Archimedes diese Aufgabe löste. Es gibt jedoch einen überraschend einfachen Weg, zur Antwort zu kommen; eigentlich braucht man wenig mehr als die Formel für die Kreisfläche ($r^2 \pi$) und die Formel für das Volumen einer Kugel ($\frac{4}{3} r^3 \pi$) zu wissen.

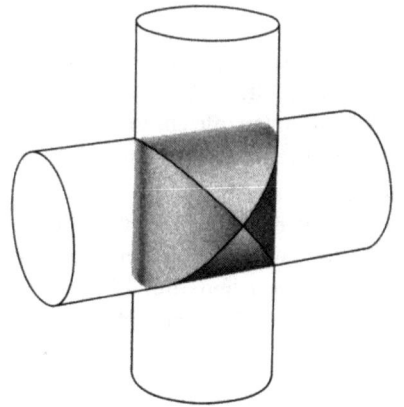

Bild 78
Archimedes' Aufgabe der gekreuzten Zylinder

Dies kann die Methode des Archimedes gewesen sein. Auf jeden Fall ist sie ein berühmter Beweis dafür geworden, wie man oft um die Infinitesimalrechnung herumkommen kann, wenn man eine Aufgabe auf einfachem Wege angeht.

Antworten

1. Wenn verlangt wird, daß die Karten mit ihren Kanten parallel zu den Kanten des Blattes gelegt werden, kann ein Maximum von 400 cm^2 bedeckt werden. Bild 79 zeigt eine der vielen verschiedenen Arten, wie die Karten gelegt werden können.

Stephen Barr war der erste, der darauf hinwies, daß die bedeckte Fläche auf 400,236 cm^2 vergrößert werden kann, wenn man die mittlere Karte verschiebt, wie Bild 80 zeigt. Dann berichtete *Donald Vanderpool*, daß die bedeckte Fläche noch weiter vergrößert werden kann, wenn man die Karte etwas mehr um sich dreht (wobei man sie mitten auf dem leeren Feld läßt). Den Winkel, bei dem die höchste Bedeckung erreicht wird, muß man durch Differentialrechnung feststellen.

James A. Block fand heraus, daß der Winkel zwischen 6°12' und 6°13' variiert werden kann, ohne die bedeckte Fläche, bis auf 5 Dezimalstellen ausgedrückt, zu verändern: 400,26332 cm^2. Die Geschichte der Aufgabe ist in *Joseph S. Madchy's* „Mathematics on Vacation"[1]) dargestellt worden. Er gibt eine Kalkulation von *R. Robinson Rowe* für einen Winkel von 6°12'37,8973", die eine Bedeckung von 400,263337992 cm^2 erbringt.

2. Je zwei Menschen einer Gruppe von sechs Leuten lieben sich entweder gegenseitig oder hassen sich gegenseitig und es gibt keine Gruppe von dreien, die sich gegenseitig lieben. Die Aufgabe ist, zu beweisen, daß es eine Gruppe von dreien gibt, die sich gegenseitig hassen.

Die Aufgabe kann man durch eine graphische Darstellung leicht lösen. Sechs Punkte stellen die sechs Einzelpersonen dar (siehe Bild 81). Alle möglichen Paarungen werden durch gestrichelte Linien verbunden, die entweder gegenseitige Liebe oder gegenseitigen Haß ausdrücken. Lassen wir blaue Linien Liebe und rote Linien Haß symbolisieren.

Betrachten wir Punkt A. Von den fünf Linien, die von ihm ausstrahlen, müssen mindestens drei von der gleichen Farbe sein. Die Argumentation ist dieselbe, ganz gleich, von welcher Farbe und welchen drei Linien wir ausgehen, so nehmen wir an, drei Linien seien rot (in dem Bild schwarz

---

[1]) „Freizeit-Mathematik", A.d.Ü.; Scribner's, New York, 1966, pp. 133–35

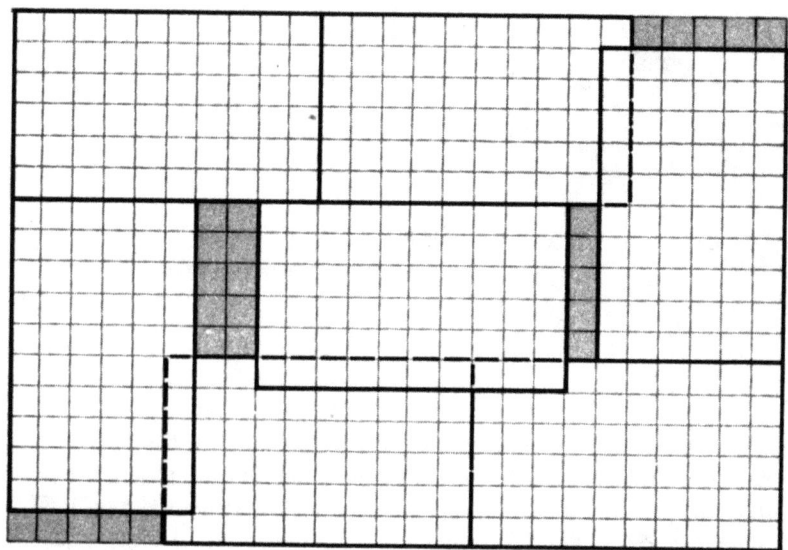

Bild 79 Sieben Karteikarten werden so angeordnet, daß sie 400 Quadratzentimeter bedecken

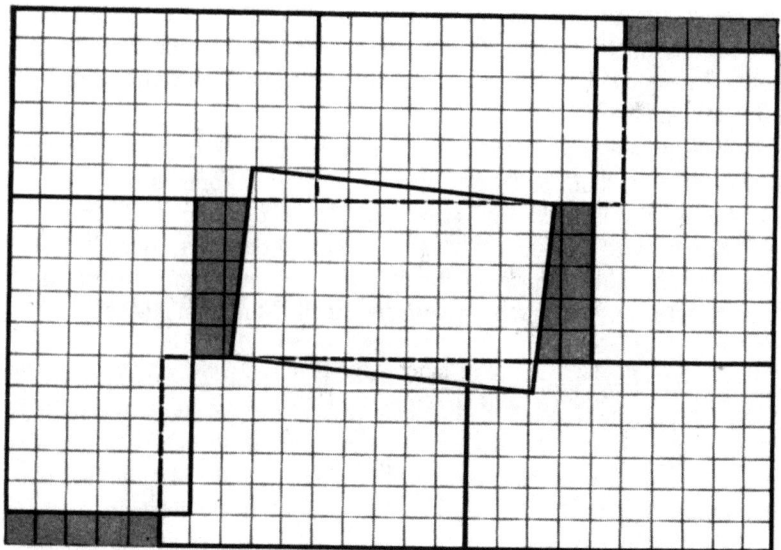

Bild 80 Die Karteikarten sind so angeordnet, daß sie den Bruchteil eines Quadratzentimeters mehr bedecken

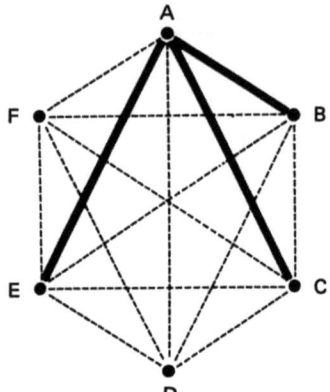

Bild 81
Graphische Lösung der Aufgabe 2

gezeichnet). Wenn die Linien, die das Dreieck BCE bilden, alle blau sind, dann haben wir eine Gruppe von drei Personen, die sich gegenseitig lieben. Es wurde uns gesagt, daß eine solche Gruppe nicht existiere; darum muß mindestens eine Seite dieses Dreiecks rot sein. Ungeachtet dessen, welche Seite wir für rot wählen: Wir bekommen immer ein ganz rotes Dreieck (das heißt, drei Leute, die sich gegenseitig hassen). Das gleiche Resultat wird erreicht, wenn wir uns entschließen, die ersten drei Linien blau statt rot zu machen. In diesem Fall müssen die Seiten des Dreiecks BCE alle rot sein; sonst würde eine blaue Seite ein ganz blaues Dreieck bilden. Kurz gesagt, es muß mindestens ein Dreieck da sein, das entweder ganz blau oder ganz rot ist. Die Aufgabenregeln schließen ein ganz blaues Dreieck aus, also muß es ein ganz rotes geben.

Es ist eine noch zwingendere Schlußfolgerung möglich. Wenn es kein ganz blaues Dreieck gibt, kann nachgewiesen werden (durch komplizierte Überlegung), daß es mindestens zwei ganz rote Dreiecke geben muß. In der Graphik-Theorie wird eine zweifarbige Graphik dieser Art, ohne blaue Dreiecke, eine ohne-blau chromatische Graphik genannt. Wenn die Anzahl der Punkte sechs ist, wie in dieser Aufgabe, ist die Minimum-Anzahl roter Dreiecke zwei.

Wenn die Anzahl der Punkte in einer ohne-blau Graphik weniger als sechs ist, ist es leicht, solche Graphiken ohne rote Dreiecke zu zeichnen. Wenn die Anzahl der Punkte sieben ist, müssen wenigstens vier rote Dreiecke vorhanden sein. Für eine ‚acht-Punkte ohne-blau Graphik' ist die Minimum-Zahl der roten Dreiecke acht; für eine neun-Punkte-Graphik ist sie dreizehn.

3. A spielt besser Schach als B. Wenn es Ihr Ziel ist, zwei Spiele hintereinander zu gewinnen, was ist dann besser: gegen A, dann B, dann A zu spielen oder gegen B, dann A, dann B?

Setzen wir P_1 für die Wahrscheinlichkeit, daß Sie A schlagen, und P_2 für die Wahrscheinlichkeit, daß Sie B schlagen. Die Wahrscheinlichkeit, daß Sie gegen A nicht gewinnen, wird dann $1 - P_1$ sein und die Wahrscheinlichkeit, daß Sie gegen B nicht gewinnen, wird $1 - P_2$ sein.

Wenn Sie gegen Ihre Gegner in der Reihenfolge ABA spielen, dann gibt es drei Möglichkeiten, wie Sie zwei Spiele hintereinander gewinnen können:

1. Sie können alle drei Spiele gewinnen. Die Wahrscheinlichkeit, daß dies vorkommt, ist $P_1 \times P_2 \times P_1 = P_1^2 P_2$.

2. Sie können nur die zwei ersten Spiele gewinnen. Die Wahrscheinlichkeit dafür ist $P_1 \times P_2 \times (1 - P_1) = P_1 P_2 - P_1^2 P_2$.

3. Sie können nur die zwei letzten Spiele gewinnen. Die Wahrscheinlichkeit ist $(1 - P_1) \times P_2 \times P_1 = P_1 P_2 - P_1^2 P_2$.

Die drei Wahrscheinlichkeiten werden nun addiert, was $P_1 P_2 (2 - P_1)$ ergibt. Dies ist die Wahrscheinlichkeit, daß Sie zweimal hintereinander gewinnen werden, wenn Sie in der Reihenfolge ABA spielen.

Wenn die Reihenfolge BAB ist, so zeigt eine entsprechende Berechnung, daß die Wahrscheinlichkeit, alle drei Spiele zu gewinnen, $P_1 P_2^2$ ist; die, die ersten zwei Spiele zu gewinnen $P_1 P_2 - P_1 P_2^2$, und die, die letzten zwei Spiele zu gewinnen $P_1 P_2 - P_1 P_2^2$. Die Summe der drei Wahrscheinlichkeiten ist $P_1 P_2 (2 - P_2)$. Dies ist die Wahrscheinlichkeit, zwei Spiele hintereinander zu gewinnen, wenn Sie in der Reihenfolge BAB spielen.

Wir wissen, daß P_2, die Wahrscheinlichkeit, gegen B zu gewinnen, größer ist als P_1, die Wahrscheinlichkeit gegen A zu gewinnen, so ist es offensichtlich, daß $P_1 P_2 (2 - P_1)$ stärker sein muß als $P_1 P_2 (2 - P_2)$. Mit anderen Worten, Sie haben eine bessere Chance, zweimal hintereinander zu gewinnen, wenn Sie ABA spielen: erst den stärkeren Spieler, dann den schwächeren, dann den stärkeren.

Fred Calvin, *Donald MacIver*, *Akiva Skidell*, *Ernest W. Stix Jr.* und *George P. Yost* waren die ersten von vielen Lesern, die dieselbe Folgerung durch die anschließende einfache Überlegung erreichten. Um zwei Spiele hintereinander zu gewinnen, ist es wesentlich, daß der Sohn das zweite Spiel gewinnt, darum ist es zu seinem Vorteil, das zweite Spiel gegen den schwächeren Spieler zu spielen. Außerdem muß er mindestens einmal gegen den stärkeren Spieler gewinnen, also ist es zu seinem Vorteil, gegen den stärkeren Spieler zweimal zu spielen. Also ABA. *Calvin* wies darauf hin, daß die Antwort, wenn die Aufgabe ohne Kenntnis der Wahrscheinlichkeitsverhältnisse gelöst werden darf, in jedem einzelnen Fall erreicht werden kann. Bedenken wir den extremen Fall, daß der Sohn sich sicher ist, seine Mutter zu schlagen. Er ist dann sicher, zwei Spiele hintereinander zu gewinnen, wenn er seinen Vater einmal schlagen kann; so verstärkt er natürlich seine Chancen, wenn er gegen seinen Vater zweimal spielt.

4. *Fitch Cheney's* Zahlenrätsel hat die einzige Antwort

$$\begin{array}{r} 285 \\ \underline{39} \\ 2565 \\ \underline{855} \\ 11115 \end{array}$$

Die einzige Antwort auf *Joseph Ellis Trevors* Zahlenrätsel ist

$$\begin{array}{r} 775 \\ \underline{33} \\ 2325 \\ \underline{2325} \\ 25575 \end{array}$$

Trevor's Aufgabe, die schwierigere der beiden, geht man am besten so an, daß man nach allen dreistelligen Zahlen sucht, die sich aus Primziffern zusammensetzen, und die dann vier Primziffern ergeben, wenn man sie mit einer Primzahl multipliziert. Es gibt nur vier:

775 x 3 = 2325,
555 x 5 = 2775,
755 x 5 = 3775,
325 x 7 = 2275.

Keine dreistellige Zahl hat mehr als einen Multiplikator, darum muß der Multiplikator der Aufgabe aus zwei identischen Ziffern bestehen. Man braucht also nur vier Möglichkeiten zu prüfen.

5. Ein Quadrat kann in fünf kongruente Teile nur auf die in Bild 82 gezeigte Art zerlegt werden. Die Verblüffung derjenigen, die diese Aufgabe nicht zu lösen vermochten, wird aufgewogen durch die Überrumpelung, wenn sie die Antwort gezeigt bekommen.

6. Um durch *Floyd's Knob* ohne eine Verkehrsübertretung zu fahren, schlage man bei jeder Kreuzung nacheinander die folgenden Richtungen ein (die Buchstaben bedeuten Nord, Süd, Ost und West):

O-O-S-S-O-N-N-N-O-S-W-S-O-S-S-W-W-W-W-N-N-O-S-W-S-O-O-O-O-N-O.

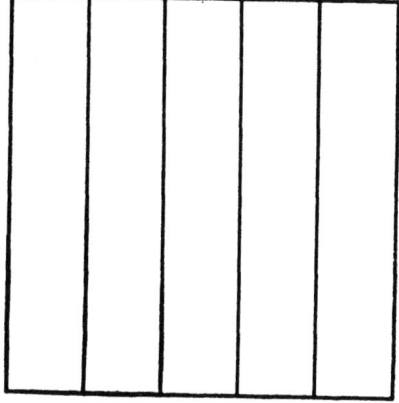

Bild 82
Lösung der Aufgabe 5

7. „Wenn ich auch wenig Französisch kann," sagt *J. E. Littlewood* (wenn er erklärt, warum er nicht eine unendliche Folge von Fußnoten zu einem Artikel, den ein Freund übersetzt hatte, schreiben mußte), „so bin ich doch fähig, einen französischen Satz abzuschreiben."

8. Um einen Ausdruck gleich 100 zu bilden, können vier Plus- und Minus-Zeichen zwischen den Ziffern in ihrer umgekehrten Reihenfolge eingeschoben werden wie folgt:

$$98 - 76 + 54 + 3 + 21 = 100.$$

Es gibt keine andere Lösung mit nur vier Zeichen. Wegen einer vollständigen Übersicht aller Lösungen sowohl für die aufsteigende wie für die absteigende Folge siehe meine „Numerology of Dr. Matrix"[1]).

9. Zwei kreisrunde Zylinder mit gleichem Radius schneiden sich im rechten Winkel. Welches Volumen haben die beiden Zylinder gemeinsam? Die Aufgabe wird leicht gelöst – ohne Gebrauch der Infinitesimalrechnung – in der folgenden eleganten Methode:

Man stelle sich eine Kugel des gleichen Radius' innerhalb des Volumens, das den beiden Zylindern gemeinsam ist, vor, die ihre Mitte in dem Punkt hat, wo sich die Achsen der Zylinder schneiden. Nehmen wir an, wir schneiden die Zylinder und die Kugel in Hälften und zwar mit einer Ebene, die durch den Mittelpunkt der Kugel und der beiden Zylinderachsen geht (links in Bild 83). Der Querschnitt des Volumens, das die Zylinder gemeinsam haben, wird ein Quadrat ergeben. Der Querschnitt der Kugel wird ein Kreis sein, der in dem Quadrat anliegt.

[1]) *Simon und Schuster*, New York, 1967, pp. 64–65

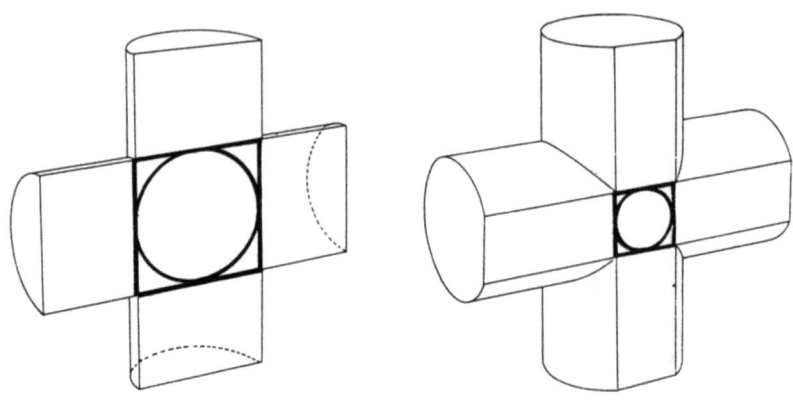

Bild 83 Zwei Querschnitte der Archimedischen Zylinder und der innenliegenden Kugel

Nun nehmen wir an, daß die Zylinder und die Kugel durch eine Ebene angeschnitten werden, die parallel zu der vorigen ist, aber nur einen kleinen Teil jedes Zylinders abschält (rechts in Bild 83). Dies bringt parallele Linien auf jedem Zylinder hervor, die sich wie vorher schneiden und dabei einen quadratischen Querschnitt des Volumens, das beiden Zylindern gemeinsam ist, ergeben. Auch der Querschnitt der Kugel wird wie zuvor ein dem Quadrat inliegender Kreis sein. Es ist nicht schwer zu erkennen (mit etwas Phantasie und Bleistiftskizze), daß jeder ebene Schnitt durch die Zylinder, parallel zu den Zylinderachsen, immer das gleiche Resultat hat: einen quadratischen Querschnitt des Volumens, das den Zylindern gemeinsam ist, inliegend einen kreisförmigen Querschnitt der Kugel.

Denken wir uns alle diese ebenen Schnitte zusammengepackt wie die Blätter eines Buches. Sicher wird das Volumen der Kugel die Summe aller kreisförmigen Querschnitte sein, und das Volumen des Körpers, der den beiden Zylindern gemeinsam ist, wird die Summe aller quadratischen Querschnitte sein. Wir schließen daraus, daß das Verhältnis des Volumens der Kugel zu dem Volumen des Körpers, der den Zylindern gemeinsam ist, das gleiche ist wie das Verhältnis der Fläche eines Kreises zu der Fläche eines sie einschließenden Quadrates. Eine kurze Berechnung ergibt, daß das letztere Verhältnis $\frac{\pi}{4}$ ist. Das gestattet die folgende Gleichung, in der x das gesuchte Volumen darstellt:

$$\frac{4\pi\frac{r^3}{x}}{x} = \frac{\pi}{4}$$

Die π's fallen heraus, was für x einen Wert von $\frac{16\,r^3}{3}$ ergibt. Der Radius ist in diesem Fall 1, so beträgt das Volumen, das beiden Zylindern gemeinsam ist, $\frac{16}{3}$. Wie *Archimedes* betonte, ist es genau $\frac{2}{3}$ des Volumens eines Würfels, der die Kugel umschließt; das heißt eines Würfels mit einer Seitenlänge gleich dem Durchmesser jedes Zylinders.

Eine Anzahl von Lesern wies darauf hin, daß diese Lösung von „Cavalieri's Satz" Gebrauch macht; benannt nach *Bonaventura Cavalieri*, einem italienischen Mathematiker des siebzehnten Jahrhunderts. „Dieser Satz in seiner einfachsten Form", schrieb *Fremont Reizman*, „sagt, daß zwei Körper im Volumen gleich sind, wenn sie gleiche Höhen und gleiche Querschnitte bei gleichen Entfernungen von der Grundlinie haben. Um es aber zu beweisen, mußte *Cavalieri* ein wenig Infinitesimalrechnung vorwegnehmen, indem er seine Figuren aus einem Stoß von Schnitten aufbaute und einen Grenzübergang vollzog." Das Prinzip war *Archimedes* bekannt. In einem verlorenen Buch, „Die Methode" genannt, das erst 1906 gefunden wurde (es ist das Buch, in dem Archimedes die Antwort zu der Aufgabe der gekreuzten Zylinder gibt), schreibt er das Prinzip *Demokrit* zu, der es benützte, um die Formel für das Volumen einer Pyramide oder eines Kegels zu finden.

Mehrere Leser lösten das Problem, indem sie Cavalieris Satz in leicht unterschiedlicher Weise anwandten. *Granville Perkins* zum Beispiel umschrieb einen Würfel (um den Körper, den beide Zylinder gemeinsam haben). Indem er die beiden, den zwei Achsen parallelen Flächen als Basis benützte, konstruierte er zwei Pyramiden mit ihren Spitzen im Mittelpunkt des Würfels. Wenn man parallel zu diesen Grundlinien Schnitte legt, kann man die Aufgabe leicht lösen.

Für Leser, die gerne die Aufgabe anpacken möchten, das Volumen des Körpers zu finden, der drei rechtwinklig sich schneidenden Zylindern mit gleichem Radius gemeinsam ist, gebe ich nur die Lösung: $8(2-\sqrt{2})$.

16. Die acht Königinnen und andere Brettspielereien

> Pennypackers Büro roch noch immer nach Linoleum, ein sauberer, trauriger Geruch, der von dem quadratisch gemusterten Fußboden in wechselnder Intensität auszuströmen schien; dieses Schachbrettmuster hatte Clyde, als er noch ein Junge war, ein seltsam erregendes Gefühl der Zwiespältigkeit gegeben, und nun stand er hin- und hergerissen von einem zweifachen Gefühl seiner selbst.
>
> *John Updike:* Pidgeon Feathers[1])

Das Kreuz und Quer eines karierten Musters mag manchen Menschen „ein seltsam erregendes Gefühl" vermitteln, sieht jedoch ein Freizeit-Mathematiker einen schachbrettartig gemusterten Fußboden, so springt sein Geist mit Vergnügen auf Rätsel-Möglichkeiten ein. Man kann ruhig behaupten, daß kein anderes geometrisches Muster ähnlich sorgfältig für Erholungszwecke erforscht worden ist. Ich beziehe mich dabei nicht auf Spiele wie Dame, Schach und Go, die das karierte Muster als Spielbrett benutzen, sondern auf die endlose Vielzahl von Puzzle-Spielen, die sich aus der Metrik und den topologischen Eigenschaften des Musters selbst ergeben.

Betrachten wir für einen Augenblick ein Problem, das ich im Jahre 1957 in meiner Kolumne erwähnte und das mittlerweile sehr bekannt ist. Wenn man zwei sich diagonal gegenüberliegende Eckfelder eines 8 x 8 Schachbrettes entfernt, können dann die restlichen 62 Felder von 31 Steinen vollständig besetzt werden? Da jeder Stein zwei nebeneinanderliegende Felder besetzen kann — ein weißes und ein schwarzes — so besetzen folglich 31 Steine 31 schwarze Felder und 31 weiße Felder. Diagonal sich gegenüberliegende Felder sind jedoch von gleicher Farbe, also besteht das verstümmelte Brett aus 32 Feldern der einen und 30 Feldern der anderen Farbe; es kann daher von 31 Steinen selbstverständlich nicht besetzt werden. Diese Beweisführung ist ein klassisches Beispiel für die Art, wie sich die Kolorierung eines Brettes als ein mächtiges Werkzeug zur Analyse vieler Arten von Schachbrettaufgaben erweist. Das geht weit hinaus über die Absicht, das Muster noch ästhetischer oder besser geeignet für die Vorausplanung von Zügen des Dame und Schachspiels zu machen.

Nehmen wir an, wir entfernen anstelle der beiden Felder gleicher Farbe zwei Felder verschiedener Farbe. Sie können an irgendeiner Stelle des Brettes entfernt werden. Gibt es immer die Möglichkeit, die restlichen 62 Felder mit

---

[1]) „Taubenfedern", A.d.Ü.

31 Steinen zu besetzen? Die Antwort lautet ja. Doch gibt es einen einfachen Weg, dies zu beweisen? Man könnte selbstverständlich alle Möglichkeiten fehlender Felder ausprobieren, doch diese Methode wäre ermüdend und wenig elegant. *Dana Scott*, ein Mathematiker der Universität von Californien, hat meine Aufmerksamkeit auf einen schönen Beweis gelenkt, den sein Freund *Ralph Gomory*, ein Forschungsmathematiker, entdeckt hat. Man zieht dicke Striche auf dem Brett (wie Bild 84 zeigt), so daß ein geschlossenes Band entsteht, an dem die Felder liegen wie abwechselnd schwarze und weiße Perlen an einem Halsband. Entfernt man zwei Felder verschiedener Farbe von zwei beliebigen Stellen an dem Band, so zerschneidet man es damit in zwei Teile mit freien Enden (oder ein Teil mit freiem Ende, wenn die entfernten Felder an dem Band benachbart liegen). Da jeder Teil aus einer geraden Anzahl von Feldern bestehen muß, kann jeder Teil (und also das ganze Brett) vollständig mit Steinen besetzt werden.

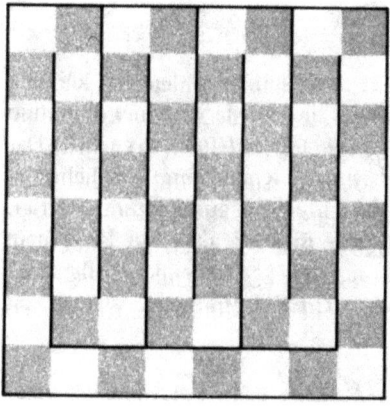

Bild 84
Gomory's Beweis eines Domino- und Schachbrett-Lehrsatzes

Anstelle des Versuchs, ein verstümmeltes Schachbrett mit Steinen zu besetzen, wollen wir nun ein Schachbrett so verändern, daß kein einziger Stein gesetzt werden kann. Was ist die kleinste Anzahl von Feldern, die wir wegnehmen müssen, damit man auf der restlichen Fläche keinen einzigen Stein mehr plazieren kann? Es ist leicht einzusehen, daß 32 Felder, alle von einer Farbe, entfernt werden müssen. Das Problem ist jedoch nicht so einfach zu lösen, wenn wir den Dominostein durch einen größeren „Polyomino-Stein" ersetzen. (Ein Polyomino ist jede Figur, gebildet aus Schachbrettfeldern, die an ihren Kanten zusammenhängen.) *Solomon W. Go-*

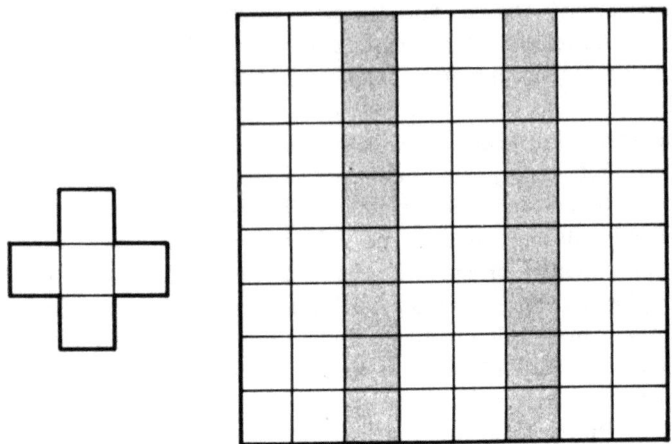

Bild 85 Golombs Aufgabe des gleicharmigen Kreuzes

lomb[1]), Mathematiker an der Universität von Südkalifornien, hat kürzlich diese Version der Aufgabe vorgeschlagen und sie für jede Art von Polyomino bis hinauf zu den zwölf Pentominos (Figuren aus fünf Feldern) gelöst. Das Pentomino, das aussieht wie ein gleicharmiges Kreuz, birgt ein hübsches Problem. Nehmen wir an, das 8 x 8 Schachbrett sei aus Karton gefertigt. Wenn man sechzehn Felder schattiert, wie Bild 85 zeigt, so kann man offensichtlich kein gleicharmiges Kreuz aus den verbleibenden hellen Feldern ausschneiden. Sechzehn ist jedoch nicht das Minimum. Was ist das Minimum?

Eine faszinierende, bis heute ungelöste Aufgabe beim Zerschneiden eines Schachbrettes ist die Feststellung verschiedener Möglichkeiten, das 8 x 8 Schachbrett entlang den festen Linien, die die einzelnen Felder abgrenzen, zu halbieren. Die beiden Hälften müssen von gleicher Größe und Form sein, so daß man sie aufeinander legen kann, ohne daß eine von ihnen übersteht. *Henry Ernest Dudeney*, der englische Puzzle-Erfinder, stellte diese Aufgabe als erster und berichtete, daß er sie „knisternd vor Schwierigkeiten" gefunden habe. Es war ihm unmöglich, eine vollständige Übersicht der Muster anzufertigen. Selbstverständlich kann man ein 2 x 2 Brett nur auf eine einzige Art halbieren. Das 3 x 3 Brett kann nicht in zwei gleiche Teile

[1]) Autor des Buches „Polyominoes", Scribner's, New York, 1965

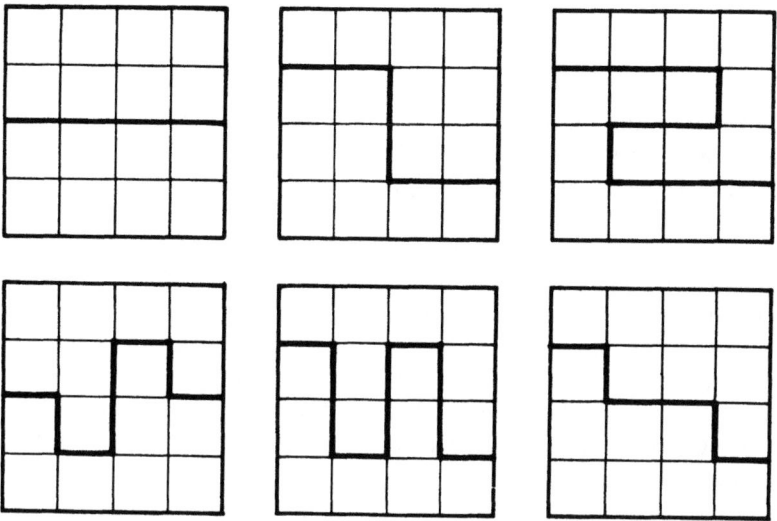

Bild 86 Sechs Möglichkeiten, ein 4 x 4 Brett zu halbieren

zerlegt werden (da es eine ungerade Anzahl Felder enthält); stellt man sich jedoch das Feld in der Mitte als Loch vor, so kann wiederum nur auf eine einzige Weise halbiert werden.

Das 4 x 4 Brett erfordert ein bißchen Denkarbeit, aber es ist nicht so schwer zu entdecken, daß es nur sechs Lösungsmöglichkeiten gibt (siehe Bild 86). Sie können auf verschiedene Weisen gedreht und gespiegelt werden, aber die Muster, die man dadurch erhält, betrachten wir nicht als „unterschiedlich". *Dudeney* gelang der Beweis, daß das 5 x 5 Brett (mit fehlendem Mittelfeld) 15 und das 6 x 6 Brett 255 Lösungen hat. An diesem Punkt hörte er auf. Die 7 x 7 und 8 x 8 Aufgaben müßten sich leicht durch einen modernen Computer lösen lassen, es ist mir jedoch nicht bekannt, daß irgend jemand bis jetzt einen Computer mit einer dieser Aufgaben gefüttert hätte.

Ein eng verwandtes Problem wurde zuerst von *Howard Grosman*, einem Mathematiklehrer aus New York, gestellt: Man zerlege ein quadratisches Schachbrett in kongruente Viertel. Wie zuvor müssen die vier Stücke gleiche Größe und Form aufweisen und dieselbe „Händigkeit" haben. Die Farbe der Felder wird ignoriert. Das 2 x 2 Brett kann offensichtlich nur auf eine Weise geviertelt werden; das gleiche gilt für das 3 x 3 Brett mit dem Loch in der

Mitte. Wie steht es mit dem 4 x 4 Brett? Auf wieviele fundamental unterschiedliche Arten kann es geviertelt werden, wobei Rotationen und Spiegelbild-Lösungen nicht gezählt werden? Es dürfte dem Leser keine Schwierigkeiten bereiten, alle Muster zu zeichnen. Noch ehrgeizigere Leser wagen sich vielleicht an das 5 x 5 Brett (mit dem Loch in der Mitte), das sieben Muster bietet. (Die Tatsache, daß es möglich ist, jedes Brett mit gerader Felderzahl und jedes Brett mit ungerader Felderzahl und einem Loch in der Mitte in vier Teile zu zerlegen, ergibt sich daraus, daß das Quadrat jeder geraden Zahl genau durch vier teilbar ist und das Quadrat jeder ungeraden Zahl einen Rest von 1 hat, wenn man es durch vier teilt.) Sogar die Aufgabe des 6 x 6 Brettes ist leicht ohne Computerhilfe zu lösen, obwohl sich die Zahl der Muster auf 37 erhöht. Wie bei der vorhergehenden Aufgabe sind die Lösungen für das 7 x 7 und das 8 x 8 Brett nicht bekannt, es sei denn, irgendwo wäre ein Computer in einigen Minuten seiner Freizeit mit der Erwägung dieser Aufgabe betraut worden.

Sowohl für das Halbieren wie für das Vierteln quadratischer Schachbretter gibt es Analogien in der dritten Dimension, wo die Analyse beträchtlich komplexer ist. Bereits die niedrige Form 2 x 2 x 2 ist hinterhältig. So mancher würde darauf tippen, daß es nur einen Weg gäbe, so einen Würfel zu halbieren (nur an den Flächen entlang zu schneiden, die die Zellen des Würfels voneinander trennen); tatsächlich jedoch gibt es drei Möglichkeiten. (Kann der Leser sie sich bildlich vorstellen?) Für das Vierteln gibt es zwei Wege. Was den 4 x 4 x 4 Würfel anlangt, so hat meines Wissens niemand auch nur die geringste Vorstellung davon, auf wieviele Arten er halbiert oder geviertelt werden kann.

Wenn man Figuren verschiedener Arten auf das Brett stellt, so eröffnet sich eine unendliche Vielzahl von Puzzle-Möglichkeiten. Ist z. B. ein Schachbrett der Größe n gegeben (die Größe ist die Anzahl der Felder an einer Seite), welches ist dann die größtmögliche Anzahl Schachköniginnen, die man auf dem Brett so plazieren kann, daß keine Königin die andere angreifen kann? Da sich die Königin unbegrenzt viele Felder nach oben und unten, links und rechts und in der Diagonale bewegen darf, ist die Aufgabe identisch mit der, eine größtmögliche Anzahl von Figuren so zu plazieren, daß keine zwei in einer Reihe, Senkrechten oder Diagonalen stehen. Es ist leicht einzusehen, daß das Maximum nicht über die Größe des Brettes hinausgehen kann und es ist bewiesen, daß auf jedem Brett der Größe n — wobei n größer ist als 3 — n Königinnen nach den Bedingungen der Aufgabe plaziert werden können. .

Rechnet man Drehungen und Spiegelungen nicht als verschiedenartig, so gibt es nur einen einzigen Weg, die Königinnen auf einem 4 x 4 Brett zu plazieren, zwei Wege auf einem 5 x 5 Brett und einen Weg auf einem 6 x 6 Brett. (Vielleicht macht es dem Leser Spaß, diese Muster herauszufinden. Die 6 x 6 Brett Aufgabe ist oft als „Stein-und-Brett-Rätsel" verkauft worden.) Ein 7 x 7 Brett hat sechs Lösungen, das 8 x 8 hat 12, das 9 x 9 hat 46 und das 10 x 10 Brett 92. (Es ist keine Formel bekannt, mit der die Zahl der Lösungen mit der Größe n bestimmt werden kann.) Ist die Größe nicht durch 2 oder 3 teilbar, so ist es möglich, n Lösungsmöglichkeiten einander zu überlagern, die alle Felder völlig ausfüllen. Auf diese Weise kann man auf ein 5 x 5 Brett 25 Königinnen plazieren – jeweils fünf in einer anderen Farbe – und zwar so, daß keine Königin eine andere derselben Farbe angreift.

Die zwölf Grundlösungen für das Standard 8 x 8 Schachbrett sind in Bild 87 dargestellt. Um dieses Problem herum – gewöhnlich das „Problem der Acht Königinnen" genannt – hat sich eine Menge Literatur gebildet, seit es zum erstenmal von *Max Bezzel* in der „Berliner Schachzeitung" vom September 1848 aufgeworfen worden war. Die zwölf Lösungen wurden 1850 von *Franz Nauck* in der „Leipziger Illustrierten Zeitung" veröffentlicht. Der Beweis, daß diese zwölf Muster alle Möglichkeiten erschöpfen, ist nicht leicht zu führen. Ein solcher Beweis – geführt mit Hilfe von Determinanten – wurde schließlich von dem englischen Mathematiker *J. W. L. Glaisher* gefunden und im Dezember 1874 im „Philosophical Magazine" veröffentlicht.

Jede der zwölf Grundlösungen kann gedreht und gespiegelt werden und ergibt dabei sieben andere Muster, ausgenommen Lösung 10, die wegen ihrer Symmetrie nur drei andere Muster ergibt. Wenn man alle zusammenrechnet, ergeben sich also 92 Lösungen. Lösung 10 ist einzigartig, da sie auf ihren sechzehn Mittelfeldern keine Königinnen aufweist. Mit Lösung 1 teilt sie die Tatsache, daß entlang den beiden Hauptdiagonalen keine Königinnen stehen. Lösung 7 ist die interessanteste von allen: Sie ist die einzige, bei der keine drei Königinnen (als Mittelpunkt ihrer Felder betrachtet) auf einer Geraden stehen. Vielleicht macht es dem Leser Spaß, dies zu beweisen, indem er auf allen anderen Mustern Gerade findet, die über drei oder vier Königinnen laufen. (Gemeint sind hierbei nicht Diagonalen der Felder auf dem Brett, sondern Gerade im geometrischen Sinn, die in irgendeine Richtung laufen.) Immer wieder einmal verkündet ein Puzzle-Freund, er habe noch ein zweites Muster entdeckt, das ebenfalls diese Drei-Königinnen-Gerade vermeidet, bei genauerem Hinsehen jedoch erweist es sich jedesmal, daß es sich nur um ein Versehen handelt oder einfach um eine Drehung oder Spiegelung der Lösung 7. Übrigens wird manchmal behauptet, daß es für die

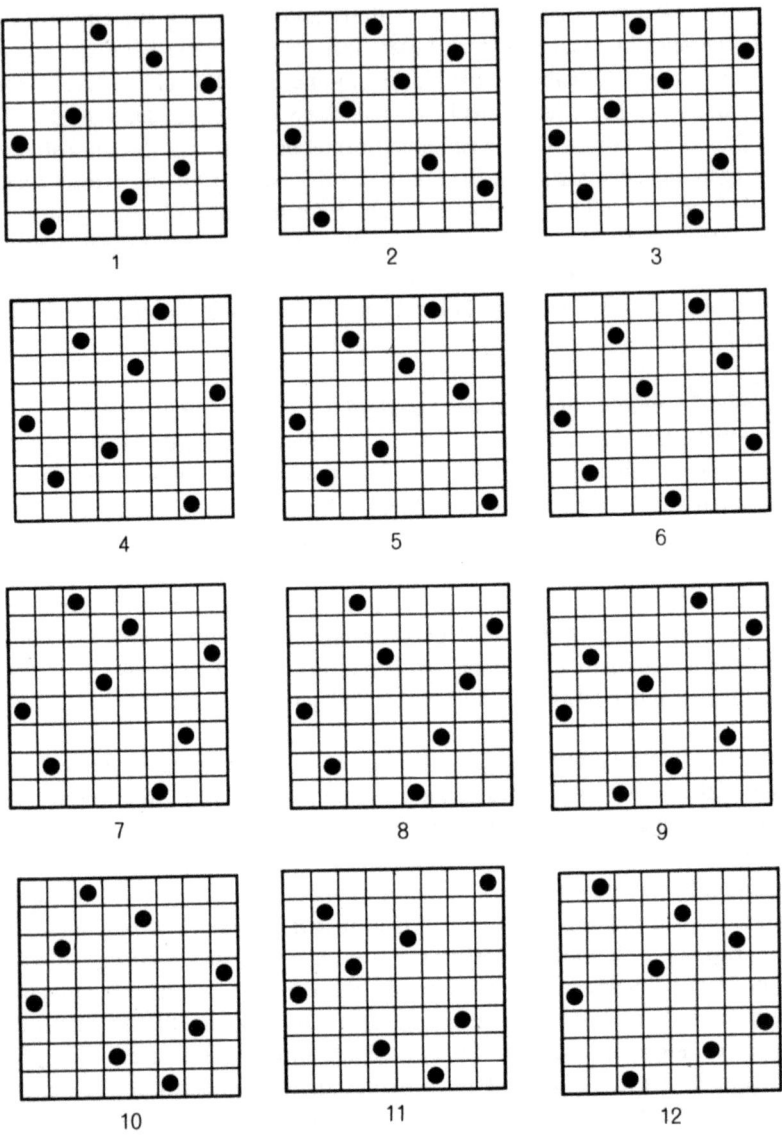

Bild 87 Die 12 Lösungen der klassischen Aufgabe der Acht Königinnen

Acht-Königinnen-Aufgabe keine Lösung mit einer Königin auf einem Eckfeld gebe; wie das Bild zeigt, gibt es tatsächlich sogar zwei solche Lösungen. Ich möchte noch darauf hinweisen, daß bei jeder Lösung eine Königin am äußeren Brettrand in einem Feld stehen muß, das das vierte Feld von einer Ecke aus gesehen ist.

Natürlich kann man die Königinnen durch andere Schachfiguren ersetzen. Für Türme gilt offensichtlich wie für Königinnen, daß ein Maximum von n Türmen auf ein Brett von der Größe n gesetzt werden kann; bei einer größeren Anzahl würden mindestens zwei Türme in einer der Reihen stehen. Eine Methode, die auf jedes beliebige Brett angewandt werden kann, ist die, einfach alle Türme an einer der Hauptdiagonalen entlang aufzureihen. Die Anzahl der Wege, auf denen dies erreicht werden kann, ist n! (das heißt, $1 \times 2 \times 3 ... n$), aber die Aufgabe, Verdoppelungen durch Drehung und Spiegelung auszuschließen, ist so schwierig, daß nicht bekannt ist, wieviele wesentlich unterschiedliche Lösungen es selbst bei einem so kleinen wie dem 8×8 Brett gibt.

Für Läufer beträgt das Maximum $2n - 2$. Um dies zu beweisen, bedenke man, daß die Anzahl von Diagonalen in einer Richtung $2n - 1$ beträgt. Die beiden Diagonalen, die nur aus einem einzigen Feld bestehen, können nicht beide besetzt werden, da sonst zwei Läufer auf der Hauptdiagonalen stünden, die in der anderen Richtung verläuft. Diese Tatsache reduziert das Maximum auf $2n - 2$. Also können auf dem Standardbrett nicht mehr als vierzehn Läufer so plaziert werden, daß keiner einen anderen angreift. *Dudeney* hat bewiesen, daß dies auf sechsunddreißig wesentlich verschiedene Arten geschehen kann. Die Summe aller Lösungen für ein Brett der Größe n ist 2^n; aber es ist (wie bei den Türmen) nicht einfach, Doppellösungen durch Rotation und Reflektion auszuscheiden. Eine Methode, auf ein beliebig großes Brett ein Maximum von Läufern zu setzen, ist die, in eine Felderreihe am Rand entlang n Läufer und $n - 2$ Läufer in die Mitte der gegenüberliegenden Reihe zu plazieren.

Das Maximum für Könige beträgt $\frac{n^2}{4}$ auf Brettern mit gerader Felderzahl, $\frac{(n+1)^2}{4}$ auf Brettern mit ungerader Felderzahl. Ein Muster: Die Könige sind in Form eines quadratischen Gitters angeordnet, jeder vom anderen durch je ein freies Feld getrennt. Es ist sehr schwierig, die Anzahl der verschiedenen Möglichkeiten zu bestimmen, ein Maximum an Königen, die sich nicht angreifen können, auf ein $n \times m$ großes Brett zu plazieren. Es wurde erst kürzlich von *Karl Fabel* und *Olavi C. E. Kemp* gelöst[1]). Einschließlich Drehungen und Spiegelungen gibt es 281 571 Lösungen für das 8×8 Brett.

---

[1]) Siehe *Eero Bonsdorff, Karl Fabel* und *Olavi Riihimaa*, „Schach und Zahl", Walter Rau Verlag, Düsseldorf, 1966, pp. 51–54.

Der Springer, den *Dudeney* wegen seiner seltsamen Art zu springen den „unverantwortlich schlechten Komödianten des Schachbretts" nennt, ist vielleicht noch schwieriger zu analysieren als die anderen Figuren. Welches ist die größte Anzahl von Springern, die man auf einem 8 x 8 Brett so plazieren kann, daß keiner einen anderen angreift? Auf wieviele verschiedene Arten kann dies geschehen?

Anhang
Die Aufgabe, quadratische Schachbretter zu halbieren und zu vierteln, erregte die Begeisterung vieler Leser. *R. B. Tasker* aus Sherman Oaks in Kalifornien und *William E. Patten* aus South Boston in Virginia haben voneinander unabhängig – und ohne einen Computer zu benützen – *Dudeney's* Ergebnis der 255 verschiedenen Wege, ein 6 x 6 Brett zu halbieren, bewiesen. *John McCarthy* vom Rechenzentrum in Stanford stellte seinen Studenten die Aufgabe, ein Computerprogramm für die Größen 7 und 8 zu entwerfen. Die Ergebnisse, die er mir im November 1962 zusandte, lauten: 1 897 Muster für die Größe 7 und 92 263 für die Größe 8. Soweit mir bekannt ist, war dies die erste Bestimmung dieser Zahlen. Sie wurden durch spätere Computerprogramme von *Bruce Fowler* aus Pine Brook in New Jersey und von *Norwood* und *Ruth Grove* aus Washington D.C. bestätigt. *Joh. Kraaijenhof* aus Amsterdam sandte mir 1963 die Zahl 1 972 653 für die Größe 9 und im Jahr 1966 berichtete *Robert Maas* von der Universität von Santa Clara die Zahl 213 207 210 für die Größe 10. Das Ergebnis für die Größe 9 wurde im Jahre 1968 durch *Michael Cornelison* von der General Electric in Bethesda, Maryland, bestätigt. Er benützte ein GE 635 GECOS-System bei einer Laufzeit von 22 Minuten.

Die Details des Stanford-Programms sind mir nicht bekannt. *Fowler* berichtet, daß sein Programm auf der Tatsache basiert, daß jede Halbierungslinie durch den Mittelpunkt des Brettes gehen muß und daß die beiden Hälften der Linie im Hinblick auf den Mittelpunkt symmetrisch sind. „Das Programm läuft ähnlich ab, wie sich die Maus im Irrgarten bewegt", schreibt er. „Es beginnt im Mittelpunkt, bewegt sich um jeweils ein Feld weiter und macht alle möglichen Drehungen nach rechts. Stößt es auf seinen vorherigen Pfad, macht es einen Schritt zurück, dreht sich um 90 Grad und fährt fort. Wenn es den Rand des Bretts erreicht, vermerkt es eine Lösung, macht einen Schritt zurück, wendet sich nach links und so weiter. Auf diese Weise erhält man alle möglichen Lösungen. Die Summe erscheint, wenn das Programm den direkten Weg vom ursprünglichen Start aus gesehen entdeckt."

Das „Rückspur"-Programm, das soeben beschrieben wurde, kann man nur auf Bretter mit gerader Felder-Zahl anwenden. Bretter mit ungerader Felder-Zahl, bei denen das Mittelfeld entfernt wurde, sind komplizierter.

In Bezug auf die Aufgabe des Viertelns wurden die 37 Lösungsmuster für das Brett der Größe 6 von *Harry Langman* in seinem Buch „Play Mathematics"[1]) veröffentlicht; sie können aus der Darstellung der 95 Muster (einschließlich Drehungen und Spiegelungen) entnommen werden, abgebildet in dem Buch „Ingenious Mathematical Problems and Methods", Verfasser *L. A. Graham*[2]). *John F. Moore* von der Firma Lockheed Electronics Corporation in Plainfield, New Jersey, fand als erster — ohne Hilfe eines Computers — die 104 Muster für die Viertelung eines Brettes der Größe 7. Als einziger Leser errechnete er die 766 Muster für das Brett der Größe 8. Unabhängig davon kam *W. H. Grindley* aus Staffordshire in England — ebenfalls ohne Computer — zu dem gleichen Ergebnis für das Brett der Größe 7, genau wie *John Reed* aus Lexington in Massachusetts, der ein Computerprogramm benützte, das er zusammen mit *Charles Peck* geschrieben hatte.

Für Leser, die sich für das Problem der Acht Königinnen interessieren — für seine Geschichte, seine Verallgemeinerung und seine seltsamen Nebenerscheinungen — habe ich die besten Literaturhinweise zusammengetragen, die ich kenne:

A. Ahrens, Mathematische Unterhaltungen und Spiele. Leipzig: Teubner, 1910. Band 1, Kapitel 9.

W. W. Rouse Ball, Mathematical Recreations and Essays, revised edition. New York: Macmillan, 1960. Kapitel 6.

Maurice Kraitchik, Mathematical Recreations, revised edition. New York: Dover Publications, 1953. Kapitel 10.

Édouard Lucas, ed., *Récréations Mathématiques*. Paris: Blanchard, 1960. Kapitel 4. Ein Neudruck der Originalausgabe aus dem Jahr 1882.

Das Werk von *Ahrens* ist das umfassendste. Er gibt die Anzahl der Gesamtlösungen und der Grundlösungen für alle Größen bis hinauf zur Größe 13. Die Anzahl der Gesamtlösungen für Bretter mit größerer Felder-Zahl ist bereits bekannt; wenn die Anzahl der Grundlösungen für Größe 14 schon bestimmt worden sein sollte, so habe ich sie jedoch noch nicht in Erfahrung gebracht.

---

[1]) Hafner, New York, 1962
[2]) Dover Publications, New York, 1959, pp. 164–165

Warren Lushbaugh aus Los Angeles lenkte meine Aufmerksamkeit auf einen elegant einfachen Beweis dafür, daß die zwölf Lösungen der Größe 8 nicht einander überlagert werden können, um die 64 Felder des Brettes zu besetzen. Dieser Beweis wurde von *Thorold Gosset* in „Messenger of Mathematics"[1]) erbracht. Man zeichne das 8 x 8 Brett, dann koloriere man die vier mittleren Felder an jedem Rand und die vier Eckfelder des 6 x 6 Brettes, das in der Mitte übrigbleibt. Die Untersuchung der zwölf Möglichkeiten, die Königinnen zu plazieren, zeigt, daß in jedem Muster mindestens drei Königinnen auf die zwanzig farbigen Felder zu stehen kommen. Wenn mehr als sechs Lösungen überlagert werden können, so würden mindestens 21 Königinnen auf die 20 farbigen Felder entfallen, also jeweils eine Königin pro Feld, was einfach unmöglich ist.

Eine interessante Variante der Königinnen-Aufgabe besteht darin, jeder Königin zusätzlich die Fähigkeit zu verleihen, sich wie ein Springer zu bewegen. Können n solche Superköniginnen auf einem Brett der Größe n plaziert werden, von denen keine eine andere angreift? Der Beweis ist leicht zu führen, daß es auf Brettern bis zur Größe 8 keine Lösungen gibt. Auch für das Brett der Größe 9 gibt es noch keine Möglichkeit. *Hilario Fernandez Long* aus Buenos Aires hat die 92 Muster für die Königinnen auf dem Brett der Größe 10 geprüft und er schreibt, daß es ein Muster gibt, aber nur ein einziges, das allen zehn Königinnen erlaubt, Superköniginnen zu sein und dabei einander nicht anzugreifen. Dem Leser mag es Spaß machen, dieses einzige Muster selbst herauszufinden.

Die Aufgabe mit den Türmen auf dem normalen Schachbrett, die sich nicht angreifen können, wurde im Jahre 1962 von zwei Lesern unabhängig voneinander gelöst. *David F. Smith*, Cocoa Beach, Florida, und *Donald B. Charnley* aus Los Angeles, die beide ohne Computer arbeiteten, fanden 5 282 Grundlösungen für das Brett der Größe 7 und 46 066 für das Brett der Größe 8. *Charnley* berichtete von 456 454 Lösungen für das Brett der Größe 9, aber meines Wissens ist dies bis jetzt noch nicht bestätigt worden. Für interessierte Leser gebe ich zu der Turm-Aufgabe einige Literaturhinweise.

Henry Ernest Dudeney, Amusements in Mathematics. London: Thomas Nelson and Sons, 1917. New York: Dover Publications, 1958. S. 76, 88 (Aufgabe 296) und 96.

---

[1]) Band 44, Juli 1914, p. 48

A. M. Yaglom and *I. M. Yaglom, Challenging Mathematical Problems with Elementary Solutions.* San Francisco: Holden-Day, 1964. Section III.
Joseph S. Madachy, Mathematics on Vacation. New York: Scribner, 1966. Kapitel 2.

Die jeweilige Anzahl der Lösungsmöglichkeiten für die Größen 2 bis 7 lauten, in dieser Reihenfolge: 1, 2, 7, 23, 115, 694.

Antworten

Ein Minimum von zehn Feldern muß aus einem 8 x 8 Brett herausgeschnitten werden, damit man aus dem Rest kein gleicharmiges Kreuz, das aus fünf Feldern besteht, mehr ausschneiden kann. Es gibt dafür viele Lösungen. Eine davon, dargestellt in Bild 88, wurde von *L. Vosburgh Lyons* aus New York entdeckt.

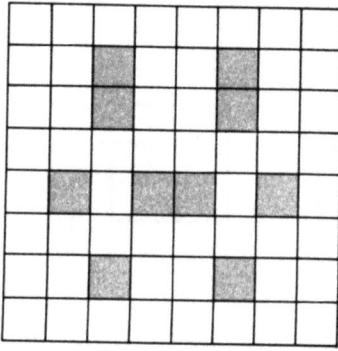

Bild 88
Eine Lösung für die Aufgabe des gleicharmigen Kreuzes

Das 4 x 4 Brett kann auf nur fünf verschiedene Arten geviertelt werden, wie Bild 89 oben zeigt. Die Hälfte des zweiten Musters kann man spiegeln, doch dann haben zwei Teile nicht mehr die gleiche Händigkeit wie die beiden anderen. Die sieben Möglichkeiten, ein 5 x 5 Brett (mit einem Loch in der Mitte) zu vierteln, zeigt Bild 89 unten.

Auf einem normalen Schachbrett können 32 Springer so gesetzt werden, daß kein Springer einen anderen angreifen kann. Man setzt einfach die Springer auf alle Felder gleicher Farbe. *Jay Thomson* aus New York City schreibt, daß eine Gruppe Schachspieler in einem Hotel im Mittelwesten über dieser Aufgabe so ins Argumentieren geriet, daß der Nachtportier einen Polizisten zu Hilfe holen mußte, um seine Schachnarren aus dem Foyer hinausbefördern zu lassen.

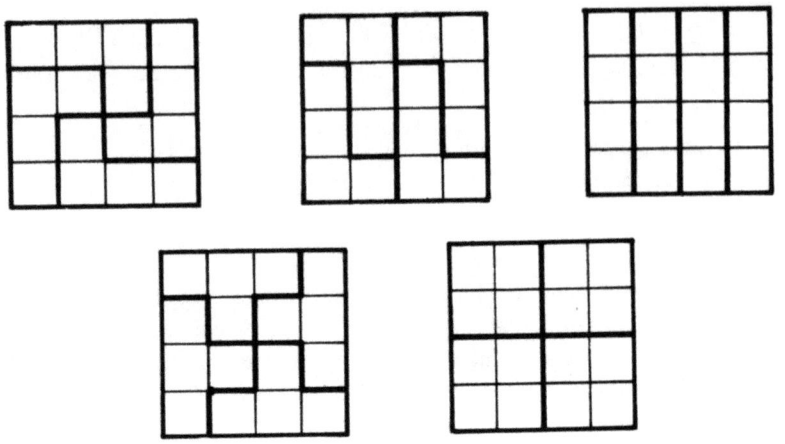

Vierteln des 4 x 4 Brettes

Bild 89 Vierteln des 5 x 5 Brettes

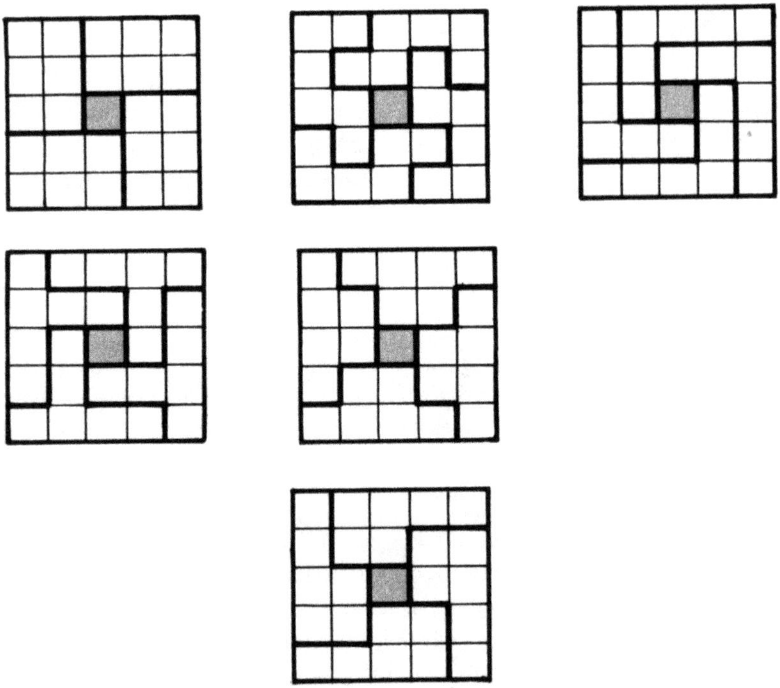

17. Eine Schnur-Schlinge

„Jane Ellin Joyce platzte in unseren großen neuen Laden ... Sie sprang auf einen Hocker an der Bar und streifte ihr schwarzes Abendcape, das sie über einem weitausgeschnittenen weißen Kleid trug, hinter die Ellenbogen zurück ... Ihre Hände hielt sie vor sich ausgestreckt. Eine weite Schnurschlinge lag zwischen ihnen."

So beginnt „Leopard Cat's Cradle", ein ausgefallener Gruselroman von *Jerome Barry*. Ein Anthropologe an der Columbia Universität hat Jane Ellin mit den Geheimnissen des Schnurspiels der primitiven Kulturen vertraut gemacht. Sie probt für eine ungewöhnliche Nachtclubvorstellung, in der sie eine amüsante Geschichte erzählt, unterstrichen durch verblüffende Serien von Schnurmustern, in schneller Folge mit einer goldenen Schnur auf ihren Fingern ausgeführt.

So wie der Charme von Origami, der japanischen Kunst des Papierfaltens, in der unglaublichen Vielfalt der Dinge liegt, die mit einem einzigen Blatt Papier hergestellt werden können, so liegt der Charme des Schnurspiels in der unglaublichen Vielfalt unterhaltender und sogar wunderschöner Dinge, die mit einer Schnurschlinge vollbracht werden können. Die Schnur sollte etwa zwei Meter lang und an den Enden verknotet sein. Die Schlinge ist natürlich ein Modell einer einfachen, in sich geschlossenen Kurve. Nur die Länge der Schnur und ihre topologischen Eigenschaften bleiben unveränderlich, so daß man in gewissem Sinn vom Schnurspiel als einem topologischen Zeitvertreib sprechen kann.

Es gibt zwei Grundkategorien des Schnurspiels: Auflösungen und Bindungen, und Muster. In Kunststücken der ersten Kategorie erscheint die Schnur mit einem Gegenstand verbunden oder verwirrt, aber, zu jedermanns Überraschung, kann man sie plötzlich freiziehen; oder umgekehrt verhängt sich die Schlinge unversehens an irgendetwas. Zum Beispiel kommt die Schnur plötzlich aus einem Knopfloch frei, oder Schlingen werden um den Hals, einen Arm, einen Fuß gelegt – sogar um die Nase – und werden plötzlich freigezogen. In vielen Auflösungen wird die Schnur ein- oder mehrere Male um jemandes ausgestreckten Finger geschlungen und dann durch eine Folge seltsamer Manipulationen freigezogen. In anderen Auflösungen wird die Schnur in hoffnungsloser Verwirrung um die Finger der linken Hand geschlungen und ein Zug setzt die Hand frei. Es gibt viele Variationen eines alten Jahrmarktsschwindels, „Strumpfband-Trick" genannt (in den Tagen, als die Männer noch Seidenstrümpfe trugen, wurde er oft mit einem Strumpfband ausgeführt), wobei die Schnur in einem Muster auf den Tisch

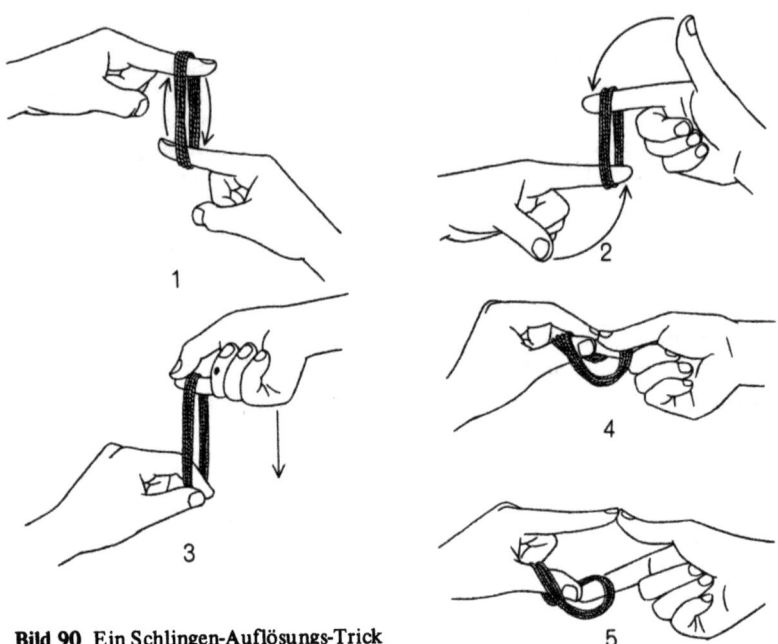

Bild 90 Ein Schlingen-Auflösungs-Trick

gelegt wird; ein Zuschauer steckt seinen Finger in eine der Schlingen und wettet, ob die Schnur an seinem Finger hängen bleiben wird oder nicht, wenn der Zauberer die Schnur nach einer Seite zieht. Natürlich hat der Ausführende schlaue Wege, das Resultat zu manipulieren.

Eine lustige Auflösung, die immer auf alle, die sie sehen, Eindruck macht, beginnt mit der dreimal doppelt genommenen Schnur, so daß sie eine acht-Faden-Schlinge mit etwa drei Zoll Durchmesser bildet. Man steckt die beiden Zeigefinger in die Schlinge und dreht sie, indem man die Finger schnell kreist, so wie in Zeichnung Nr. 1 des Bildes 90 gezeigt wird. Nachdem man einige Augenblicke gekreist hat, hält man in der bei 2 gezeigten Stellung, berührt dann die Spitze jedes Daumens mit der Spitze jedes Zeigefingers, wie unter 3 gezeigt. Führen Sie Ihre rechte Hand nach unten, wie bei 4 gezeigt. Achten Sie darauf, daß der rechte Daumen den linken Finger und der linke Daumen den rechten Finger berührt. (Lenken Sie nicht die Aufmerksamkeit darauf. Es ist das Geheimnis des Tricks!) Die Daumen auf die Finger gepreßt, heben Sie Ihren rechten Daumen und den linken Finger, wie in 5 gezeigt. Die Schlinge liegt nun auf dem unteren Daumen und Zeigefinger. An diesem Punkt wirft dann ein kleiner Ruck nach vorwärts (wobei man den Kreis zwischen Fingern und Daumen intakt erhält) die Schlinge frei aus den Händen heraus.

Fordern Sie irgend jemanden auf nachzumachen, was Sie gerade vorführten. Er wird es erstaunlich schwierig finden. Die meisten Leute nehmen an, daß der Daumen den Daumen und der Finger den Finger berührt. Bei dieser Vorbedingung ist es unmöglich, die Schlinge zu befreien, ohne den Kreis zu brechen, den Finger und Daumen bilden – und ein solcher Bruch ist nicht gestattet. Üben Sie, bis Sie die Sache leicht und schnell ausführen können. Sie werden herausfinden, daß Sie sie immer wieder vorführen können, ohne daß es jemandem gelingt, die Bewegungen richtig zu kopieren.

Eine gänzlich andere Art des Auflösens ist die Befreiung eines Ringes von einer Schnur. Die aufrechten Daumen eines Zuschauers halten die Schnur, wie Bild 91 zeigt, mit dem Ring über beide Fäden gezogen. Die folgende Technik ist die einfachste von vielen zur Entfernung des Rings: Legen Sie Ihren ausgestreckten linken Zeigefinger über beide Fäden an den mit A bezeichneten Punkt. Mit Ihrer rechten Hand nehmen Sie den Ihnen am nächsten liegenden Faden beim Punkt B auf. Ziehen Sie ihn nach links hoch und legen Sie ihn über des Zuschauers rechten Daumen (von Ihnen aus links), wobei Sie ihn von vorn nach hinten bewegen. Machen Sie Ihren linken Zeigefinger krumm, um die beiden Fäden fest im Griff zu behalten. Schieben Sie den Ring so weit nach links wie möglich. Nehmen Sie den obersten Faden auf, der rechts neben dem Ring liegt, ziehen ihn hoch und nach links und schlingen ihn (diesmal von hinten nach vorn) über seinen rechten Daumen.

Halten Sie an diesem Punkt ein und bitten Sie den Zuschauer, die Spitze jedes Daumens mit der Spitze jedes Zeigefingers zu berühren. Dies, erklären Sie, diene dazu, sicher zu gehen, daß keine Schlinge von den Daumen fallen kann. Halten Sie den Ring mit Ihrer rechten Hand fest. Sagen Sie ihm, daß

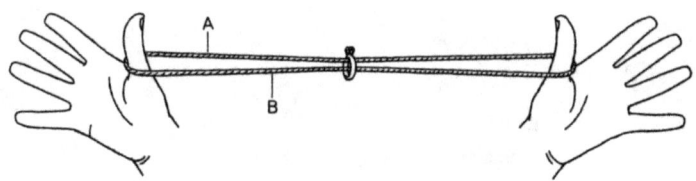

Bild 91 Ein Ring-Befreiungs-Trick

er, wenn Sie bis drei gezählt haben, seine Hände voneinander weg bewegen solle, um die freie Länge, die sich in der Schnur bilden werden, aufzufangen. Wenn Sie „Drei" sagen, ziehen Sie Ihren linken Zeigefinger zurück. Während er seine Hände auseinander bewegt, wird der Ring frei. Die Schnur bleibt auf seinem Daumen genau wie am Anfang, ohne jeden Knick. Während der Ring frei wird, können Sie ihn die Schnur entlang gleiten lassen nach rechts, so daß es aussieht, als käme er nahe bei seinem *linken* Daumen frei, wo er doch weiß, daß die Schlinge auf seinem Daumen festsitzt. Kinder sind immer über diesen Trick entzückt, besonders weil er leicht erlernbar ist und sie ihn Freunden zeigen können.

Wenn Sie diese Auflösung gemeistert haben, möchten Sie vielleicht die anspruchsvollere Variation versuchen: drei Ringe auf der Schnur, von denen nur der mittlere entfernt wird. Beginnen Sie wie zuvor und legen Sie die erste Schlinge über des Zuschauers Daumen. Schieben Sie die ersten beiden Ringe nach links und lassen Sie den dritten Ring nahe bei seinem linken Daumen. Fassen Sie den oberen Faden wie zuvor, rechts der beiden Ringe, aber ziehen Sie ihn durch den ersten Ring, bevor Sie ihn über seinen Daumen legen. Halten Sie den mittleren Ring mit Ihrer rechten Hand und beenden Sie wie zuvor. Kann sich der Leser eine entsprechende Folge von Bewegungen ausdenken, die den Ring wieder mitten auf die Schnur zurückbefördern?

Bild 92 zeigt eine Ring- und Schnur-Auflösung in der Form eines Rätsels. Befestigen Sie eine Schere an einem Ende der Schnur wie gezeigt. Das andere Ende wird an den Rücken eines Stuhles gebunden. Die Aufgabe ist, die Schere zu befreien, ohne die Schnur zu zerschneiden oder abzubinden. Das Rätsel ist zu leicht, als daß es eine Antwort am Ende des Kapitels erfordern würde, obwohl viele Leser es schwerer finden mögen, als es aussieht.

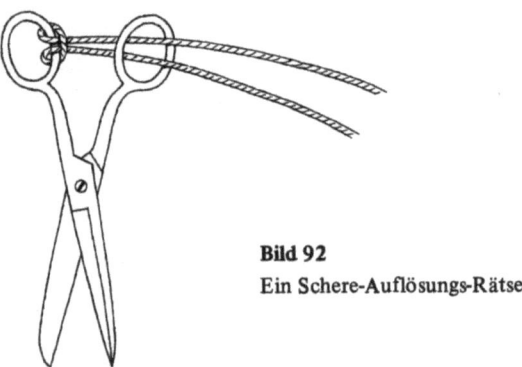

Bild 92
Ein Schere-Auflösungs-Rätsel

Ein Spiel, das Bedingungen und Auflösungen einschließt und das der Leser wohl noch nicht kennt, weil ich es erst erfunden habe, kann mit einer Schnurschlinge und einer Münze gespielt werden. Die Münze legt man flach auf einen Tisch. Ein Spieler nimmt die Schnur am Knoten und hält sie über die Münze, so daß die Schlinge gerade nach unten hängt und die Münze berührt. Er läßt sie in einem Durcheinander zusammenfallen. Dann steckt er die Spitze eines Bleistifts durch eine beliebige Öffnung in diesem Durcheinander auf irgendeine Stelle der Münze, darf dabei aber die Lage der Schnur nicht wesentlich ändern. Mit einer Hand hält er den Bleistift gegen die Münze gedrückt, ergreift mit der anderen den Knoten und zieht die Schnur nach einer Seite. Die Wahrscheinlichkeit ist hoch, daß sie sich am Bleistift verfängt. Er erhält einen Punkt, wenn die Schnur einmal um den Bleistift liegt, und einen zusätzlichen Punkt für jede zusätzliche Schlinge. Wenn die Schnur dreimal um den Bleistift liegt, erhält er also drei Punkte. Zieht sich die Schnur gänzlich frei, so erhält er fünf Strafpunkte. Die Spieler wechseln sich ab und der erste, der 30 Punkte erreicht, ist der Sieger.

Bei der zweiten weiten Kategorie des Schnurspiels werden auf den Händen verschiedene Muster und Figuren geformt. Diese Kunst ist Teil der Bräuche aller primitiven Kulturen, in denen die Schnur eine bedeutende Rolle spielt. Ungezählten Generationen von Eskimos war sie ein Hauptzeitvertreib, den sie mit Rentiersehnen und Streifen aus Seehundshaut spielen. Andere Kulturen, in denen Schnurfiguren ein hohes Niveau erreicht haben, sind die der nordamerikanischen Indianer, eingeborener Stämme in Australien, Neuseeland, den Karolinen-Inseln, den Hawaii-Inseln, den Marschall-Inseln, den Philippinen, Neuguinea und den Torres-Strait-Inseln. Über Jahrhunderte haben diese Eingeborenen — besonders die Eskimos — die Kunst zu einem Grad der Perfektion entwickelt, der mit dem des Papierfaltens im Orient und in Spanien konkurrieren kann. Tausende von Mustern sind erfunden worden, einige so komplex, daß noch niemand (aus den Zeichnungen, die Anthropologen früher von fertigen Mustern machten) die Fingerbewegungen herausgefunden hat, mit denen sie gebildet wurden. Ein eingeborener Experte kann die Muster in großer Schnelligkeit machen. In den meisten Fällen benützt er nur seine Hände, obgleich er manchmal auch seine Zähne oder Zehen mit ins Spiel bringt. Oft singt oder erzählt er eine Geschichte, während er arbeitet.

Die meisten Schnurmuster haben Namen bekommen, die eingebildete Ähnlichkeit zu einem Tier oder natürlichem Objekt wiedergeben, und viele dieser „realistischen" Figuren können auf irgendeine Weise belebt werden.

Ein Zickzackblitz erscheint plötzlich zwischen den Händen, eine Sonne geht langsam unter, ein Junge klettert auf einen Baum, ein Mund öffnet und schließt sich, zwei Kopfjäger kämpfen, ein Pferd galoppiert, eine Schlange ringelt sich von Hand zu Hand, ein Speer wird hin- und hergeworfen, eine Raupe läßt man den Oberschenkel entlangkriechen, eine Fliege verschwindet, wenn man versucht, sie zwischen den Händen zu zerdrücken, und so weiter. Sogar bei den statischen Mustern entstehen oft Darstellungen von bemerkenswertem Realismus. Eine Schmetterlingsfigur zum Beispiel hat einen Schnurabschnitt, der sich in einen spiraligen Rüssel aufwindet. In dem Gruselroman, der vorhin erwähnt wurde, findet man jedes Mordopfer mit einem Schnurmuster auf seinen Fingern oder auf einem Stück Karton befestigt; in jedem Fall symbolisiert das Muster in irgendeiner Weise den Charakter des Opfers.

Das traditionelle Spiel „Die Katzenwiege", das einzige Schnurspiel, das in Großbritannien und den Vereinigten Staaten weithin bekannt ist, gehört zu einer interessanten Gruppe von Mustern, welche die Zusammenarbeit zweier Spieler erfordern. Die Schnur wird zwischen den Spielern hin- und hergereicht, und bei jedem Wechsel bildet sich ein neues Muster. So allgemein ist dieser Zeitvertreib, daß nach *David Riesman*[1] „unsere Heerführung Soldaten und Fliegern den Rat gab, immer ein Stück Schnur bei sich zu tragen und, wenn sie im pazifischen Dschungel niedergehen müßten, anzufangen Katzenwiege zu spielen, wenn ein verdächtiger Eingeborener sich nähere; der Eingeborene finge manchmal an mitzuspielen."

Die Literatur über Schnurfiguren ist fast so ausgedehnt wie die über Origami. Die frühesten Hinweise sind kurze Erwähnungen des Zeitvertreibs durch einige wenige Schriftsteller des achtzehnten und neunzehnten Jahrhunderts. Kapitän *William Bligh* spricht in seinem Bordbuch über die Reise der Bounty 1787–1790 (die Zeit der berühmten Meuterei) davon, Eingeborene von Tahiti mit der Schnur spielen gesehen zu haben. *Charles Lamb* erinnert sich an Schnurspiele während seiner Schultage. 1879 lenkte der englische Anthropologe *Edward Burnett Tylor* die Aufmerksamkeit auf die Bedeutung der Schnurfiguren als einen Hinweis auf Kulturstufen, und 1888 schrieb *Franz Boas* die erste vollständige anthropologische Beschreibung, wie ein Eingeborener ein Muster produziert. Eine Nomenklatur und eine Beschreibungsmethode für die Fertigung von Schnurfiguren wurde von *W. H. R. Rivers* und *Alfred C. Haddon* 1902 veröffentlicht. Seitdem ist eine große Anzahl wichtiger Artikel über Schnurspiele in anthropologischen Zeitschriften erschienen, und viele Bücher sind dem Thema gewidmet worden. Es gab

[1] in seinem Buch „Individualism Reconsidered", p. 216

eine Zeit (um 1910), in der ein Mann, den man mit einer Schnurschlinge in der Tasche traf, vermutlich ein Anthropologe war. Leider stellte sich das Schnurspiel als weniger bedeutend für die kulturelle anthropologische Arbeit heraus, als man geglaubt hatte. Heute kann man in einem Mann mit einer Schnurschlinge eher einen Amateurzauberer vermuten.

Die meisten Bücher über das Schnurspiel sind längst vergriffen, aber Dover Publications legten 1962 eines der verständlichsten Werke wieder auf: „String Figures and How to Make Them"[1]) von *Caroline Furness Jayne*. Dieses reich illustrierte Sammelwerk von mehr als vierhundert Seiten enthält detaillierte Anweisungen für die Fertigung einiger hundert Figuren und ist eine ausgezeichnete Einführung in eine fesselnde Beschäftigung. Es ist sehr schade, daß die Kunst nicht bekannter ist, vor allem unter Lehrern der Unterstufe, Pflegerinnen, die mit Bettlägerigen arbeiten und Psychiatern, die handwerkliche Beschäftigung als Therapie empfehlen.

Um den Appetit des Lesers anzuregen, werde ich eines der einfachsten und bekanntesten der sogenannten Diamanten-Muster erklären. *Mrs. Jayne* nennt es die Osage-Diamanten, weil es ihr das erstemal von einem Osage Indianer aus Pawhuska in Oklahoma gezeigt wurde, es ist aber hierzulande als Jakobsleiter besser bekannt. Der Leser möge ein zwei Meter langes Stück weiche Schnur nehmen, die Enden verknoten und sehen, ob er die Figur meistern kann. Mit etwas Übung kann das Diamant-Muster in weniger als zehn Sekunden gemacht werden.

Die Figur beginnt, wie die meisten Schnurmuster, mit der Schnur über die Daumen und kleinen Finger geschlungen, wie Bild 93 Zeichnung 1 zeigt. Stecken Sie die Spitze Ihres rechten Zeigefingers unter die Schnur, die Ihre linke Handfläche kreuzt, und ziehen Sie mit dem Rücken dieses Fingers den Faden nach rechts. Tun Sie dasselbe mit Ihrem linken Zeigefinger, wobei Sie ihn zwischen die Fäden stecken, die jetzt am rechten Zeigefinger hängen. Die Schnur muß so aussehen wie bei 2. Ziehen Sie Ihre Daumen heraus und strecken Sie die Schnur stramm.

Drehen Sie Ihre Handflächen von sich weg, damit Sie die Spitzen Ihrer Daumen leichter unter den am weitesten entfernten Fäden bei den in 3 mit A bezeichneten Punkten stecken können. Ziehen Sie diese mit den Daumen unter allen anderen Fäden hindurch zu der bei 4 gezeigten Position. Krümmen Sie Ihre Daumen über den Faden, der ihnen am nächsten ist und fassen Sie den nächsten Faden an den Punkten A der Zeichnung 4 mit den Rücken der Daumen. Entlassen Sie die kleinen Finger aus ihren Schlingen. Die Schnur sollte wie in 5 aussehen.

[1]) „Schnurfiguren und wie man sie macht", A.d.Ü.; 1906 das erstemal veröffentlicht.

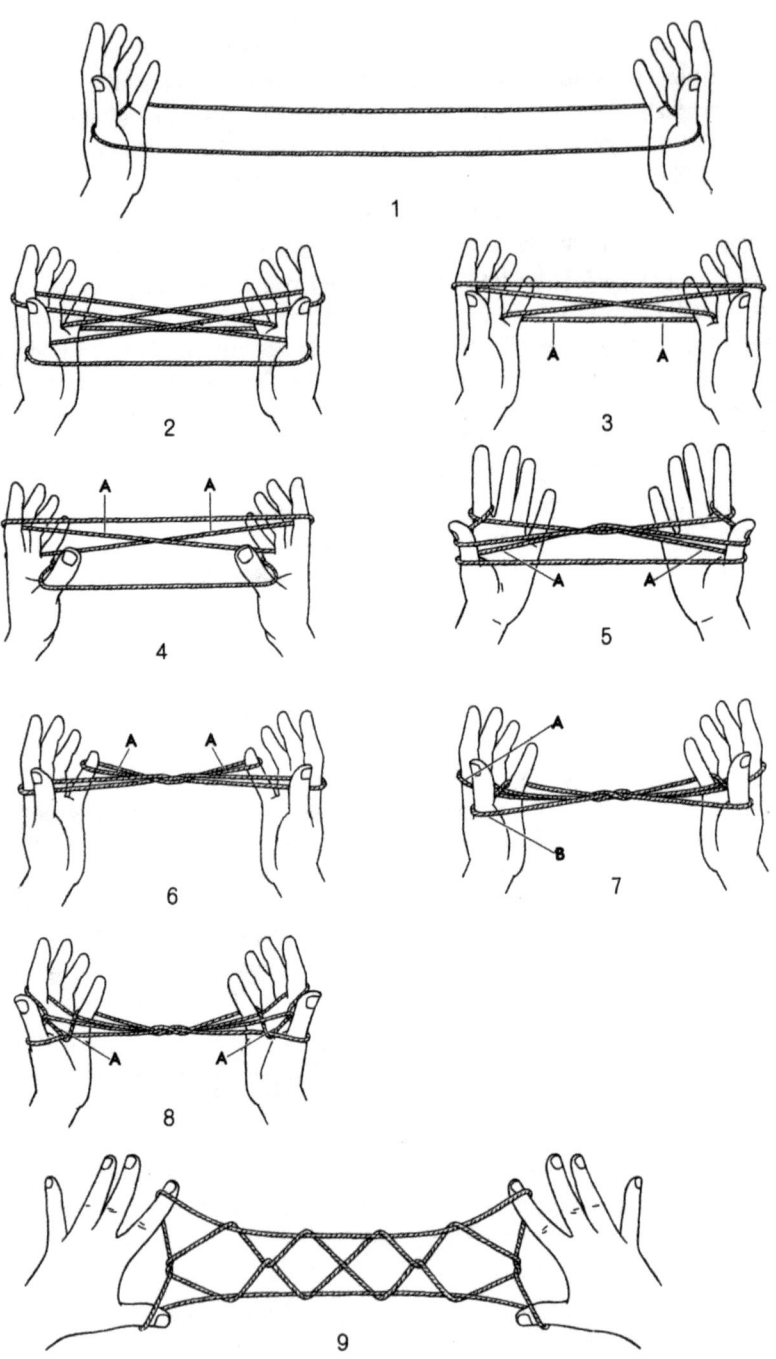

Bild 93 Wie man die Jakobsleiter macht

Krümmen Sie die kleinen Finger über die Fäden, die ihnen am nächsten sind, und nehmen Sie mit den Rücken der Finger die Fäden bei den Punkten A in der Zeichnung 5 auf. Ziehen Sie die Daumen heraus. Dies bringt die Schnur in die bei 6 gezeigte Position. Krümmen Sie jeden Daumen über die zwei Fäden, die ihm am nächsten sind, und nehmen Sie mit den Rücken der Daumen die nächsten Fäden an den mit A bezeichneten Punkten nach Zeichnung 6 auf. Strecken Sie die Daumen wieder aus. Das Schnurmuster sollte nun wie bei 7 aussehen.

Nehmen Sie mit Ihrem rechten Daumen die Schnur bei Punkt A (7) auf, ziehen Sie sie auf sich zu und heben Sie die Schlinge über den linken Daumen; dann nehmen Sie die Schlinge, die schon auf dem linken Daumen ist, halten sie an dem Punkt B (7) und heben sie über den Daumen, wobei Sie sie auslassen. Dieser Schlingenaustausch ist bekannt als „Navahoing the loops" – ein Gang, der bei der Anfertigung vieler Schnurfiguren vorkommt. Mit Ihrer linken Hand tauschen Sie die Schlingen auf dem rechten Daumen in der gleichen Weise aus. (Ein Experte kann beide Daumen gleichzeitig austauschen ohne Hilfe der anderen Hand, aber ein Anfänger macht es besser in der beschriebenen Art.) Die Schnur erscheint nun wie bei 8.

Sie sind fertig für den letzten Gang. Krümmen Sie Ihre Zeigefinger, wobei Sie ihre Spitzen in die kleinen, in Zeichnung 8 mit A bezeichneten Dreiecke führen. Ziehen Sie Ihre kleinen Finger aus der Schnur heraus und drehen Sie gleichzeitig Ihre Handflächen von sich weg, wobei Sie die Zeigefinger so hoch heben, wie Sie nur können. (Lassen Sie die Schnur während dieses Schlußmanövers so locker wie möglich, sonst öffnet sich das Muster nicht voll.) Ziehen Sie die Schnur stramm. Wenn die Handgriffe richtig ausgeführt wurden, bildet sich nun das Diamant-Muster, wie bei 9 gezeigt. Dieses plötzliche Erscheinen eines hübschen Musters aus scheinbarem Chaos ist eine der entzückenden Seiten der meisten Schnurmuster.

Zwei Leute, die die Figur gut können, werden es unterhaltsam finden, sie gemeinsam zu machen, wobei die Schnur von dem einen Spieler mit der linken und vom anderen Spieler mit der rechten Hand gehalten wird. Es ist nicht schwer, gleichzeitig zwei identische Muster auf diese Art zu fertigen, jedes auf einem Paar Händen von je zwei Spielern. Die äußerste Probe der Geschicklichkeit ist für zwei Spieler, schnell und gleichzeitig mit geteilten Händen zwei verschiedene Muster zu formen, aber dies verlangt große Fertigkeit und Zusammenarbeit.

Ein Rätselgruß ist in Bild 94 verborgen. Es ist ein Gedicht, „Selbstmord" genannt, von *Louis Aragon*, dem französischen Schriftsteller, während seiner früheren Verbindung mit der surrealistischen Bewegung geschrieben. Es soll

a	*b*	*c*	*d*	*e*	*f*	
	g	*h*	*i*	*j*	*k*	*l*
	m	*n*	*o*	*p*	*q*	*r*
	s	*t*	*u*	*v*	*w*	
		x	*y*	*z*		

Bild 94 Louis Aragons Gedicht „Selbstmord"

nach meiner Auffassung wohl das Leben symbolisieren, wie es dem Depressiven erscheint: All seine reiche Vielfalt ist entschwunden, es bleibt nur eine idiotische Anordnung bedeutungsloser Symbole.

Als ich über diesem Gedicht brütete, entdeckte ist, daß *Aragon* unabsichtlich darin einen Anruf in zwei Worten verbarg, der im Lichte des Atomwaffenwettlaufs eine angemessene Botschaft für unsere Zeit zu sein scheint. Um ihn zu entschlüsseln, setzen Sie die Spitze eines Bleistifts auf einen bestimmten Buchstaben, bewegen ihn von einem Buchstaben zum nächsten, auf- oder abwärts, links oder rechts oder diagonal und buchstabieren Sie die Botschaft. (In anderen Worten, bewegen Sie sich wie der König des Schachspiels.) Ein Buchstabe kann – auch in einem Wort – mehrmals verwendet werden. Trotz der engen Grenzen, die die geringe Anzahl der Vokale setzt, ist es möglich, ziemlich lange Sätze zu bilden. Der Ausdruck in zwei Worten, den ich hier im Sinn habe, ist besonders angebracht, wenn man ihn an eine Welt richtet, die dabei ist, sich selbst die Kehle durchzuschneiden; außerdem hat er eine herrliche Mehrdeutigkeit.

Anhang
Jerome Barry, der die Gruselgeschichte über Schnurfiguren schrieb, arbeitete für eine Reklameagentur in Manhattan, als ich ihn 1962 besuchte. Er erzählte mir, daß er zuerst vom Schnurspiel so gefesselt worden war, daß er ständig eine Schnurschlinge mit sich herumtrug und in müßigen Augen-

blicken Figuren formte. Er erläuterte so vielen Leuten, dies habe mit einer Gruselgeschichte zu tun, an der er schriebe, daß er schließlich eine schreiben mußte. Um 1950 benützte er Schnurfiguren ein zweitesmal in einer Geschichte, die er für die Fernsehshow „Lichter aus" schrieb. Der Mann, der darin die Hauptrolle spielte, so erzählte er mir, konnte die Figuren nicht meistern; deshalb wurden sie vorher verfertigt und mit Klebstoff bestrichen, um der Schnur eine beständige Form zu geben. Die Kamera zeigte dann jeweils den Schauspieler, der den ersten Gang machte, schnitt auf eine Nahaufnahme von Barrys Händen um, bis die Figur fertig war und dann zurück auf den Schauspieler mit dem geklebten Muster auf seinen Fingern.

A. Richard King, der 1962 in einer vierten Klasse in Carcross, Yukon Territory, Kanada, lehrte, sandte mir den folgenden Brief:

„Lieber Herr Gardner,

Osage Diamanten, das Wort „charge"[1]) und ein Gefühl der Demütigung sind feste Assoziationen in meiner Erinnerung. Die ganze Sache begann mit Ihrem Artikel über Schnurspiele ...

Ich bin Lehrer einer vierten Klasse an unserer indianischen städtischen Schule. Dieses Schnurspiel schien mir ein natürliches Mittel, um das Interesse der Kinder einzufangen. Ich hatte sie nie bei irgendeinem Schnurspiel beobachtet. Als ich einmal einigen kleineren die Katzenwiege gezeigt hatte, erregte ich zwar einen freundlichen Widerhall, konnte aber keine Aktivität damit vermerken. (Diese Kinder kommen aus verschiedenen Teilen des inneren Yukon; sie haben keine Stammesidentität; sie sprechen keine andere Sprache als englisch; sie sind hauptsächlich Nachkommen Athapaskansprechender Gruppen nomadischer Stämme, die als Kutchin, Han oder Kaska bekannt waren.)

Meine eigenen Anstrengungen, die Osage Diamanten hervorzubringen, waren ausgesprochen entnervend. Nachdem ich in jeder Richtung fehlerhafte Variationen vollbracht hatte, kam ich schließlich auf eine korrekte Reihe von Handgriffen, aber ich war recht ungeschickt mit dem Schlußgriff. Ich verwarf den Vorsatz, es meine Kinder lehren zu wollen, denn es war offensichtlich für sie zu schwer zu meistern.

Ungefähr einen Monat später kämpfte ich mich an einem warmen Nachmittag durch eine Schulstunde. Wir blieben beim Schreibunterricht an dem Wort ‚charge' hängen. Wir waren mit der Bedeutung ‚Angriff' und ‚für etwas verantwortlich sein' ganz gut vorangekommen und sogar ‚Kredit' war nicht schwer. Aber die Schwierigkeit war, zwischen ‚Belastung' und ‚für etwas belastet zu werden und es sofort zahlen zu sollen' zu unterscheiden.

[1]) deutsch: Belastung, Auftrag, Forderung, Kredit, Angriff u. ä. m., A. d. Ü.

Eine der besseren Schülerinnen, die meistens den Begriff beherrscht, mit dem wir uns gerade herumschlagen, saß gelangweilt da und spielte müßig mit einem Stück Garn herum. Eine rasche Bewegung ihrer Hand und da war der Osage Diamant! Dieser Augenblick ist unauslöschlich in meinem Gedächtnis. Ich weiß nicht, was ich sagte, aber ich fühle noch, wie mein Mund offenstand. Vorsichtig, damit sie nicht meinen sollte, ich würde sie bestrafen, tastete ich mich vor um herauszubekommen, woher ihre Geschicklichkeit kam.

Meine Überraschung war gar nichts im Vergleich zu der der Kinder, daß ich an solchen Albernheiten Interesse zeigte. Natürlich, jeder in der Klasse kannte das! An weitere Schularbeit war an dem Tag nicht mehr zu denken. Wenn der Lehrer verrückt genug war, Schnurtricks zu erlauben – und sie anscheinend zu mögen – sie konnten ihm genug zeigen. So sah ich den ‚Besen' und die ‚Tasse' und ‚Das Kind auf der Schaukel' und alle Variationen der Diamanten immer und immer wieder für den Rest des Tages. Ich bezweifle, daß wir die verschiedenen Bedeutungen von ‚charge' noch unterscheiden können.

Sie lernten die Schnurmuster von anderen wenig älteren Kindern. Die Erwachsenen können sich erinnern, sich mit diesen Dingen beschäftigt zu haben, als sie jung waren, aber diejenigen, mit denen ich sprach, konnten sich der einzelnen Techniken nicht mehr entsinnen. Sie sagten, sie könnten sie ‚mit ein wenig Übung' leicht wieder machen. Dem Schnurspiel wird keine besondere Bedeutung beigemessen. Es ist ‚nur etwas, was Kinder immer tun'.

Die Osage Diamanten, wie sie in Ihrem Artikel abgebildet und beschrieben sind, sind eine Figur aus einer Serie, die diese Kinder einfach ‚Zweier', ‚Dreier', ‚Vierer' usw. nennen. Sie können bis auf ‚Sechser' gehen, womit die Anzahl der Diamanten gemeint ist, die in der fertigen Figur gezeigt werden. Beigefügt ist ein Bild eines unserer Kinder, das ‚Zweier', ‚Vierer' und den ‚Besen' macht. Sie haben ganz richtig festgestellt, daß diese leicht in zehn Sekunden oder weniger gemacht werden können. Die Variation, die Sie angeboten haben, daß zwei Personen die Diamanten zusammen machen, wobei jeder eine Hand benützt, war den Kindern etwas Neues. Sie haben die Technik schnell gemeistert und freuten sich darüber ...

Ich danke Ihnen für eine äußerst interessante Erfahrung."

Antworten

Der Ausdruck in zwei Worten, in Aragons Gedicht verborgen, den ich im Sinn hatte, heißt „Chin up"[1]). Er kann natürlich in zwei verschiedenen Bedeutungen verstanden werden.

[1]) „Kinn hoch", A.d.Ü.

Zwei Leser, beide aus Toronto, fanden neue Möglichkeiten in Aragons Gedicht. Das in seiner Wirkung unübersetzbare Gedicht, das *Dannis Burton* mir sandte, lautet:

> Zut!
> Chin up John,
> You Pout?
> Gab!
> Yup!
> Hop not on pont,
> JOHN HIP?
> No, idiot, no dice.
> Nuts!
> fed up. fed up Id,
> Ide to hide,
> chide bag,
> ion, pion, pin.
>
> To die?
> no point,
> top too hot.

„The Varsity", die Studentenzeitung der Universität von Toronto, bat seine Leser in der Ausgabe vom 8. Februar 1963, neue Verse in Aragons Gedicht herauszufinden. Am 15. Februar veröffentlichte sie das folgende Gedicht von *Eleanor Anderson:*

> To the Leaders Who
> „put out no opinion."
> Snide idiots!
> Snide feints, not stopping,
> hiding,
> chopping.
>
> No point to hide in,
> I chide: „Idiots, stop!
> Join in stoppin, not
> to join in hiding."
> Hoping not to, I die.

Es ist bemerkenswert, daß dieses ganze Gedicht in einer ununterbrochenen Folge von Königszügen buchstabiert werden kann.

18. Geschlossene Kurven mit konstantem Durchmesser

Ein besonders schwerer Gegenstand soll von einer Stelle zu einer anderen bewegt werden. Es wäre nicht praktisch, ihn auf Rädern zu transportieren. Achsen könnten sich verbiegen oder unter der Last knicken. Statt dessen wird der Gegenstand auf eine flache Plattform gesetzt, die ihrerseits auf zylindrischen Rollen ruht. Während man die Plattform vorwärts schiebt, werden die Rollen, die hinten freiwerden, aufgenommen und vorne wieder niedergelegt.

Ein Gegenstand, der auf diese Weise über eine flache, horizontale Ebene bewegt wird, schwankt offensichtlich nicht auf und nieder, während er dahinrollt. Der Grund ist einfach der, daß die zylindrischen Rollen einen kreisförmigen Querschnitt haben, und ein Kreis ist eine geschlossene Kurve, die einen – mathematisch ausgedrückt – „konstanten Durchmesser" besitzt. Wird eine geschlossene konvexe Kurve zwischen zwei parallele Linien gelegt und werden die Linien aufeinander zu bewegt, bis sie die Kurve berühren, so ist der Abstand zwischen den Parallelen der „Durchmesser" der Kurve in einer Richtung. Eine Ellipse hat augenscheinlich nicht gleiche Durchmesser in allen Richtungen. Eine Plattform, die auf elliptischen Rollen bewegt wird, würde auf und ab tanzen, wenn sie vorwärts rollt. Weil ein Kreis gleichen Durchmesser in allen Richtungen hat, kann er zwischen zwei parallelen Linien rotieren, ohne den Abstand zwischen den Linien zu verändern.

Ist der Kreis die einzige geschlossene Linie mit konstantem Durchmesser? Die meisten Leute würden diese Frage bejahen, womit sie ein überzeugendes Beispiel dafür gäben, wie weit das mathematische Gefühl abirren kann. In Wirklichkeit gibt es eine Unmenge solcher Kurven. Jede von ihnen kann der Querschnitt einer Rolle sein, die eine Plattform ebenso weich wie ein kreisförmiger Zylinder rollen würde! Die Unfähigkeit, derartige Kurven zu erkennen, kann in der Industrie verheerende Folgen haben und hat sie auch gehabt. Um nur ein Beispiel zu nennen: Man möchte annehmen, daß der zylindrische Körper eines halbfertigen Unterseebootes ganz einfach durch Messen des Maximum-Durchmessers in allen Richtungen auf seine Kreisförmigkeit getestet werden kann. Wie man sich schnell klarmachen kann, kann ein solcher Körper enorm einseitig sein und doch die Prüfung bestehen. Aus ebendiesem Grunde wird die Rundheit des Schiffskörpers eines U-Boots immer durch Anlegen gebogener Schablonen geprüft.

Die einfachste nicht-kreisförmige Kurve mit konstantem Durchmesser wurde das Reuleaux'sche Dreieck genannt, nach *Franz Reuleaux* (1829–1905), einem Ingenieur und Mathematiker, der an der Königlichen Technischen

Hochschule in Berlin lehrte. Die Kurve selbst war schon früheren Mathematikern bekannt, aber *Reuleaux* war der erste, der ihre Eigenschaften des konstanten Durchmessers demonstrierte. Sie ist leicht zu konstruieren. Zuerst zeichnet man ein gleichseitiges Dreieck ABC (siehe Bild 95). Mit der Spitze eines Zirkels in A zieht man einen Bogen BC. In gleicher Weise zieht man die beiden anderen Bogen. Es ist offensichtlich, daß das „gekurvte Dreieck" – wie *Reuleaux* es nannte – einen konstanten Durchmesser gleich der Seite des innenliegenden Dreiecks haben muß.

Wenn eine Kurve mit konstantem Durchmesser durch zwei Paar paralleler Linien im rechten Winkel zueinander begrenzt wird, bilden die begrenzenden Linien notwendigerweise ein Quadrat. Wie der Kreis oder jede andere Kurve mit konstantem Durchmesser wird das Reuleaux'sche Dreieck innerhalb eines Quadrats sich genau drehen lassen, wobei es zu jeder Zeit mit den vier Seiten des Quadrats Kontakt behält (siehe Bild 95). Wenn der Leser ein Reuleaux'sches Dreieck aus Karton ausschneidet und innerhalb einer quadratischen Öffnung der entsprechenden Dimensionen in einem anderen Stück Karton rotiert, wird er sehen, daß dies wirklich der Fall ist.

Wenn sich das Reuleaux'sche Dreieck in einem Quadrat dreht, verfolgt jede Spitze einen Weg, der fast ein Quadrat ist; die einzige Abweichung ist an den Ecken, wo eine kleine Rundung auftritt. Das Reuleaux'sche Dreieck hat viele Anwendungen in der Mechanik gefunden, aber keine ist so ausgefallen wie die, die sich aus eben dieser Eigenschaft ableitet. 1914 erfand *Harry James Watts*, ein englischer Ingenieur, der damals in Turtle Creek in Pennsylvanien lebte, einen Bohrer, mit dem man nach dem Prinzip des Reuleaux'schen Dreiecks viereckige Löcher bohren konnte! Seit 1916 sind diese

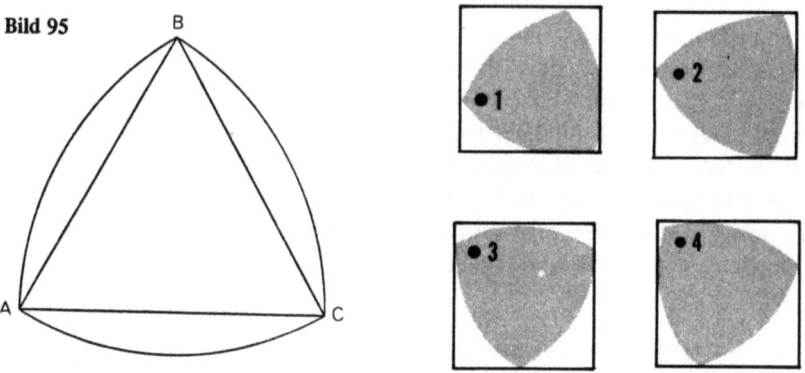

Bild 95

Konstruktion des Reuleaux'schen Dreiecks   Reuleaux's Dreieck rotiert in einem Quadrat

eigenartigen Bohrer von den Watts Brothers Werkzeugfabriken in Wilmerding in Pennsylvanien hergestellt worden. „Wir haben alle von Schraubenschlüsseln für Linkshänder, mit Pelz ausgelegten Badewannen, gußeisernen Bananen gehört", steht in einem ihrer Reklameheftchen. „Wir haben alle diese Dinge als lächerlich abgetan und uns geweigert zu glauben, daß etwas derartiges noch einmal erfunden werden könnte, und da kommt ein Werkzeug, das quadratische Löcher bohrt".

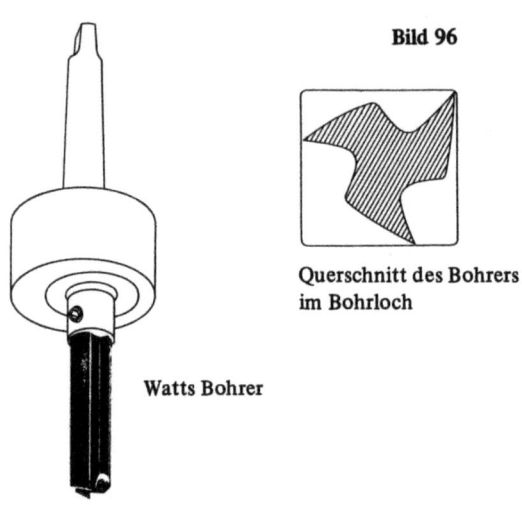

Bild 96

Querschnitt des Bohrers im Bohrloch

Watts Bohrer

Der Watt'sche Bohrer für quadratische Löcher wird in Bild 96 gezeigt. Rechts sehen Sie einen Querschnitt des Bohrers, wie er sich in einem Loch, das er bohrt, dreht. Eine metallische Führungsplatte mit einer quadratischen Öffnung wird als erstes auf das Metall gelegt, das man anbohren will. Während sich der Bohrer innerhalb der Führungsplatte dreht, schneiden die Kanten des Bohrers das quadratische Loch durch das Material. Wie Sie sehen können, ist der Bohrer einfach ein Reuleaux'sches Dreieck, an drei Stellen konkav ausgefräst, um für die Schneidkanten und das Auswerfen des Abfalls Platz zu haben. Da der Mittelpunkt des Bohrers wackelt, während sich der Bohrer dreht, ist es nötig, die Lagerung, die den Bohrer hält, mit speziellen Eigenschaften für diese exzentrische Bewegung auszustatten. Eine patentierte „voll schwimmende Lagerung", wie die Gesellschaft es nennt, bringt dies zuwege.[1])

[1]) Leser, die gerne mehr Information über den Bohrer und die Lagerung hätten, können die Patente Nr. 1 241 175, 1 241 176 und 1 241 177 der Vereinigten Staaten nachschlagen, alle vom 25. September 1917.

Das Reuleaux'sche Dreieck ist die Kurve mit konstantem Durchmesser, die die kleinste Fläche auf einen gegebenen Durchmesser aufweist (die Fläche ist $\frac{1}{2}(\pi-\sqrt{3})w^2$, wobei w der Durchmesser ist). Die Ecken sind Winkel von 120 Grad, die spitzesten, die bei einer solchen Kurve möglich sind. Diese Ecken können abgerundet werden, indem man jede Seite eines gleichseitigen Dreiecks an jeder Ecke um eine gleiche Strecke verlängert (siehe Bild 97). Mit der Spitze eines Zirkels in A zieht man den Bogen DI; dann öffnet man den Zirkel und zieht den Bogen FG. Dasselbe macht man an den anderen Ecken. Die sich ergebende Kurve hat einen Durchmesser in allen Richtungen, der gleich der Summe derselben zwei Radien ist. Das macht sie natürlich zu einer Kurve mit konstantem Durchmesser. Andere symmetrische Kurven mit konstantem Durchmesser ergeben sich, wenn man mit einem regelmäßigen Fünfeck (oder jedem anderen regulären Vieleck einer ungeraden Seitenzahl) beginnt und der gleichen Prozedur folgt.

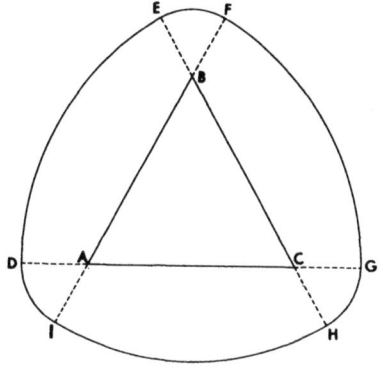

Bild 97
Kurve mit konstantem Durchmesser mit symmetrisch abgerundeten Ecken

Es gibt auch Wege, unsymmetrische Kurven mit konstantem Durchmesser zu zeichnen. Eine Methode ist die, mit einem unregelmäßigen sternförmigen Vieleck zu beginnen (es hat notwendigerweise eine ungerade Anzahl von Eckpunkten) — wie dem siebenzackigen Stern, der in Bild 98 schwarz dargestellt ist. Alle seine Segmentlinien müssen von gleicher Länge sein. Setzen Sie die Zirkelspitze in jeder Ecke des Sterns ein und verbinden Sie die beiden gegenüberliegenden Ecken mit einem Bogen. Nachdem alle diese Bögen denselben Radius haben, wird die sich ergebende Kurve (grau gezeichnet) einen konstanten Durchmesser aufweisen. Ihre Ecken können durch die vorher gezeigte Methode abgerundet werden. Man verlängert dazu die Seiten des Sterns an allen Ecken um eine gleiche Strecke (mit gestrichelten Linien

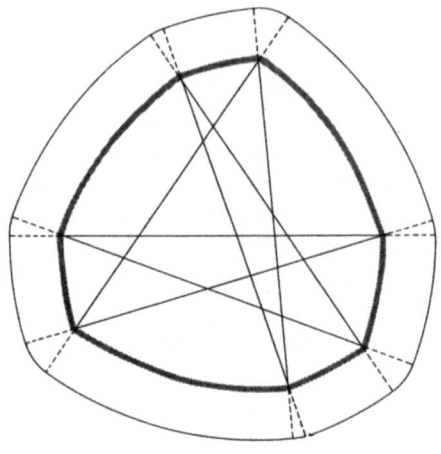

Bild 98
Die Methode, mit einem sternförmigen Vieleck eine Kurve mit konstantem Durchmesser zu zeichnen

angedeutet); danach werden die Enden der verlängerten Seiten durch Bögen verbunden, die man mit der Zirkelspitze in jeder Ecke des Sterns zeichnet. Die Kurve mit abgerundeten Ecken, die in ausgezogener schwarzer Linie gezeigt ist, ist wiederum eine Kurve mit konstantem Durchmesser.

Bild 99 demonstriert eine andere Methode. Ziehen Sie so viele gerade Linien, wie Sie wollen, die sich alle gegenseitig schneiden. Jeder Bogen wird mit der Zirkelspitze im Schnittpunkt der beiden Linien gezeichnet, die den Bogen begrenzen. Man kann mit jedem Bogen beginnen, dann die Kurve entlang fortfahren, dabei jeden Bogen mit dem vorhergehenden verbindend. Wenn man es sorgfältig macht, schließt sich die Kurve und hat einen konstanten Durchmesser. (Zu beweisen, daß die Kurve sich schließen und einen konstanten Durchmesser haben muß, ist eine interessante und nicht schwierige Übung.) Die vorhergegangenen Kurven wurden aus Bögen von nicht mehr als zwei verschiedenen Kreisen gebildet. Kurven aber, die auf diese Art gezeichnet werden, können Bögen beliebig vieler verschiedener Kreise haben.

Eine Kurve mit konstantem Durchmesser braucht nicht aus kreisförmigen Bögen zu bestehen. Man kann tatsächlich eine weitgehend willkürliche konvexe Kurve von der Ober- zur Unterseite eines Quadrates, seine linke Seite berührend, zeichnen (Bogen ABC in Bild 99), und diese Kurve ist gleichzeitig die linke Seite einer eindeutig bestimmten Kurve mit konstantem Durchmesser. Um die fehlende Hälfte zu finden, zeichnet man eine große Anzahl von Linien, jede parallel zu einer Tangente des Bogens ABC und in einem Abstand von der Tangente, der gleich der Seite des Quadrates ist. Dies kann man rasch tun, wenn man die beiden Seiten eines Lineals

Bild 99

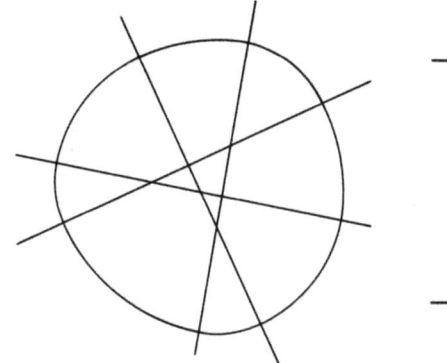
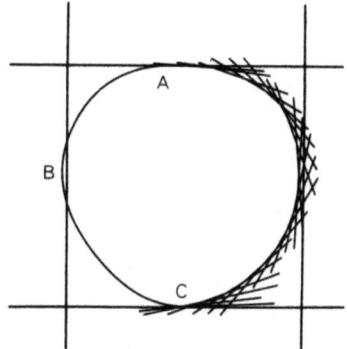

Methode der gekreuzten Linien   Beliebige Kurve und ihre Tangenten

benützt. Das Original-Quadrat muß in seiner Seitenlänge mit der Breite des Lineals übereinstimmen. Man legt eine Kante des Lineals so, daß sie den Bogen ABC als Tangente berührt und benützt dann die entgegengesetzte Kante des Lineals, um eine parallele Linie zu ziehen. Man tut dies an vielen Punkten von einem Ende des Bogens ABC zum anderen. Der fehlende Teil der Kurve ist die alle diese Linien berührende Kurve. Auf diese Weise kann man die rohen Umrisse einer unendlichen Vielzahl unsymmetrischer Kurven mit konstantem Durchmesser erhalten.

Es sollte noch erwähnt werden, daß der Bogen ABC nicht vollständig willkürlich sein kann. Grob gesprochen darf seine Rundung an keinem Punkt weniger sein als die Rundung eines Kreises mit einem Radius, der der Seite des Quadrates gleich ist. Er kann zum Beispiel keine Segmente gerader Linien einschließen. Wegen einer genaueren Erklärung hierfür wie auch detaillierter Nachweise für viele elementare Lehrsätze, die Kurven mit konstantem Durchmesser berühren, sei der Leser auf das ausgezeichnete Kapitel über solche Kurven in dem Buch „The Enjoyment of Mathematics" von *Hans Rademacher* und *Otto Toeplitz* verwiesen.

Wenn Sie die Werkzeuge und das Geschick für Holzbearbeitung haben, macht es Ihnen vielleicht Freude, eine Anzahl hölzerner Rollen herzustellen, deren Querschnitte verschiedene Kurven mit demselben konstanten Durchmesser darstellen. Die meisten Leute sind in Verlegenheit beim Anblick eines großen Buches, das waagrecht über solche einseitige Rollen gleitet, ohne auf und ab zu schwanken. Eine einfachere Art, solche Kurven zu demonstrieren, ist die, aus Karton zwei Kurven mit konstantem Durchmesser auszuschneiden und sie auf die entgegengesetzten Enden einer hölzernen Achse von etwa zwei Meter Länge zu nageln. Die Kurven brauchen nicht dieselbe Form zu haben und es kommt auch nicht darauf an, wo Sie jeden Nagel einschlagen, solange er ungefähr da sitzt, wo Sie den „Mittelpunkt" der Kurve vermuten. Halten Sie eine große, leichte, leere Schachtel an einem Ende, lassen Sie das andere waagrecht auf den verbundenen Kurven ruhen und rollen Sie die Schachtel hin und her. Die Achse wackelt an beiden Enden auf und ab, aber die Schachtel reitet darauf so weich und eben, als stünde sie auf kreisförmigen Rollen!

Die Eigenschaften der Kurve mit konstantem Durchmesser sind ausführlich erforscht worden. Eine überraschende Eigenschaft, die man nicht leicht beweisen kann, ist die, daß der Umfang aller Kurven des konstanten Durchmessers n gleich ist. Da der Kreis eine solche Kurve ist, muß der Umfang jeder Kurve mit dem konstanten Durchmesser n natürlich πn sein, also dasselbe wie der Umfang eines Kreises mit dem Durchmesser n.

Das dreidimensionale Analogon einer Kurve mit konstantem Durchmesser ist der Körper mit konstantem Durchmesser. Eine Kugel ist nicht der einzige solche Körper, der innerhalb eines Würfels rotieren kann, indem er zu jeder Zeit alle sechs Seiten des Würfels berührt; diese Eigenschaft wird von allen Körpern mit konstantem Durchmesser geteilt. Das einfachste Beispiel eines nicht-kugeligen Körpers dieser Art erhält man durch Drehen eines Reuleaux'schen Dreiecks um eine seiner Symmetrieachsen (siehe Bild 100 links). Es gibt eine unendliche Anzahl weiterer Möglichkeiten. Die Körper mit konstantem Durchmesser, die das kleinste Volumen haben, werden aus dem regelmäßigen Tetraeder (Dreieckskörper) in etwa der gleichen Weise abgeleitet wie das Reuleaux'sche Dreieck aus dem gleichseitigen Dreieck. Kugelförmige Kappen werden zuerst auf jede Fläche des Tetraeders gesetzt, dann muß man drei der Kanten leicht ändern. Diese geänderten Kanten können entweder im Dreieck liegen oder von einer Ecke ausgehen. Der Körper rechts in Bild 100 ist das Beispiel eines gerundeten Tetraeders mit konstantem Durchmesser.

Bild 100
Zwei Körper
mit konstantem
Durchmesser

Da alle Kurven mit demselben konstanten Durchmesser denselben Umfang haben, könnte man versucht sein anzunehmen, daß auch alle Körper mit demselben konstanten Durchmesser dieselbe Oberflächenausdehnung besäßen. Das ist nicht der Fall. *Hermann Minkowski* – der polnische Mathematiker, der einen so großen Beitrag zur Relativitätstheorie beisteuerte – hat jedoch bewiesen, daß alle Schatten von Körpern mit konstantem Durchmesser (wenn die projektierenden Strahlen parallel sind und der Schatten auf eine Ebene im rechten Winkel zu den Strahlen fällt) Kurven mit demselben konstanten Durchmesser sind. Alle solchen Schatten haben gleichen Umfang (π mal Durchmesser).

Michael Goldberg, ein Ingenieur beim Büro für Waffen der Marine in Washington, hat viele Aufsätze über Kurven und Körper mit konstantem Durchmesser geschrieben und wird als führender Experte des Landes auf diesem Gebiet anerkannt. Er hat den Ausdruck „Rotor" für jede konvexe Figur eingeführt, die innerhalb eines Vielecks oder eines Polyeders rotieren kann, indem sie zu allen Zeiten jede Seite oder Fläche berührt.

Das Reuleaux'sche Dreieck ist, wie wir gesehen haben, der Rotor mit der kleinsten Fläche in einem Quadrat. Der Rotor mit der kleinsten Fläche für das gleichseitige Dreieck ist links in Bild 101 gezeigt. Diese linsenförmige Figur (sie ist natürlich keine Kurve mit konstantem Durchmesser) wird aus zwei 60-Grad-Bögen eines Kreises gebildet, dessen Radius gleich der Höhe des Dreiecks ist. Beachten Sie, daß ihre Ecken, wenn sie rotiert, die ganze Begrenzung des Dreiecks nachzeichnen, ohne die Ecken abzurunden. Mechanische Gründe machen es schwierig, einen Bohrer dieser Figur entsprechend rotieren zu lassen, aber *Watts Brothers* stellen andere Bohrer her, die auf Rotoren für reguläre Vielecke höherer Ordnung basieren und scharfeckige Löcher in Form von Fünfecken, Sechsecken und sogar Achtecken bohren. *Goldberg* hat gezeigt, daß es im dreidimensionalen Raum nicht-kugelige

Bild 101

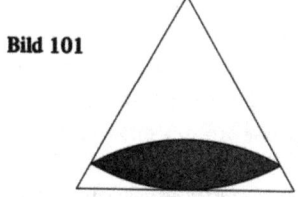

Rotor mit der kleinsten Oberfläche im gleichseitigen Dreieck

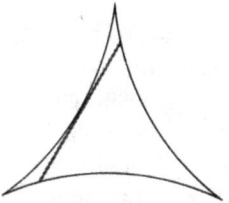

Linie, die in delta-artiger Kurve rotiert

Rotoren für das reguläre Tetraeder und Oktaeder gibt, ebenso wie für den Würfel, aber keine für das reguläre Dodekaeder und Ikosaeder. Für Rotoren in Dimensionen, die höher als drei liegen, ist fast keine Forschung betrieben worden.

Eng verwandt mit der Theorie der Rotoren ist ein berühmtes Problem, „Kakeya-Nadel-Problem" genannt nach dem japanischen Mathematiker *Sôichi Kakeya*, der es 1917 das erstemal vorstellte. Die Frage lautet: Welches ist die ebene Figur geringster Ausdehnung, in der eine Strecke der Länge 1 um 360 Grad gedreht werden kann? Die Drehung kann offensichtlich innerhalb eines Kreises des gegebenen Durchmessers vollzogen werden, aber das ist weit von der geringsten Ausdehnung entfernt.

Viele Jahre lang glaubten die Mathematiker, die delta-artige Kurve rechts in Bild 101 sei die Antwort; sie hat eine Ausdehnung von genau der Hälfte des Einheits-Kreises. (Das Deltoid ist die Kurve, die ein Punkt auf dem Umfang eines Kreises zeichnet, wenn er die Innenseite eines größeren Kreises entlangrollt, wobei der Durchmesser des kleineren Kreises entweder ein Drittel oder zwei Drittel desjenigen des größeren Kreises beträgt.) Wenn Sie einen Zahnstocher zu der Länge der gezeigten Teilstrecke abbrechen, können Sie durch Experiment herausfinden, daß er innerhalb des Deltoids rotieren kann wie eine Art eindimensionaler Rotor. Beachten Sie, daß seine Endpunkte zu allen Zeiten auf dem Umfang des Deltoids verbleiben.

1927, zehn Jahre, nachdem *Kakeya* seine Frage aufgeworfen hatte, ließ der russische Mathematiker *Abram Samoilowitsch Besikowitsch*, der damals in Kopenhagen lebte, eine Bombe explodieren. Er bewies, daß die Aufgabe keine Lösung hat. Genauer ausgedrückt, er zeigte, daß die Antwort auf *Kakeyas* Frage lautet: Es gibt keine Minimumausdehnung. Die Fläche kann beliebig verkleinert werden. Stellen Sie sich eine Linie vor, die sich von der Erde zum Mond erstreckt. Wir können sie um 360 Grad auf einer Fläche drehen, die so klein ist wie die Fläche einer Briefmarke. Wenn das zu groß ist, können wir sie reduzieren auf die Fläche der Nase Lincolns auf einer Briefmarke.

Besikowitsch's Beweis ist zu kompliziert, als daß ich ihn hier wiedergeben könnte und außerdem ist sein Feld der Rotation nicht das, was Topologen einfach verbunden nennen. Für Leser, die an einer viel einfacheren Aufgabe arbeiten möchten: Was ist die kleinste konvexe Fläche, in der eine Strecke der Länge 1 um 360 Grad rotiert werden kann? (Eine konvexe Fläche ist eine solche, bei der eine gerade Linie, die je zwei ihrer Punkte verbindet, ganz in der Fläche liegt. Quadrate und Kreise sind konvex; gleicharmige Kreuze und Mondsicheln sind es nicht.)

Anhang

Obgleich *Watts* der erste war, der Patente über das Vorgehen zum Bohren quadratischer Löcher mit Reuleaux'schen Dreiecks-Bohrern erwarb, war das Verfahren anscheinend doch schon früher bekannt. *Derek Beck* aus London schrieb mir, er habe einen Mann getroffen, der sich erinnerte, einen Bohrer zur Herstellung quadratischer Löcher benutzt zu haben, als er im Jahre 1902 Maschinenbaulehrling war. Dieser Bohrer sei damals allgemein in Gebrauch gewesen. Ich selbst habe jedoch nichts über die Geschichte der Technik vor den Watts'schen Patenten von 1917 erfahren können.

Antworten

Was ist die kleinste konvexe Fläche, in der eine Strecke der Länge 1 um 360 Grad gedreht werden kann? Antwort: ein gleichseitiges Dreieck mit der Höhe 1. (Die Fläche ist ein Drittel der Quadratwurzel aus 3.)

Jede Figur, in der die Strecke gedreht werden kann, muß offensichtlich einen Durchmesser mindestens gleich 1 haben. Von allen konvexen Figuren mit dem Durchmesser 1 hat das gleichseitige Dreieck mit der Höhe 1 die kleinste Fläche[1]. Man kann leicht erkennen, daß eine Strecke der Länge 1 tatsächlich in einem solchen Dreieck gedreht werden kann (siehe Bild 102). Bis 1963 hielt man die delta-artige Kurve für die kleinste einfach verbundene Fläche, die die Aufgabe löst; dann entdeckten *Malvin Bloom* und unabhängig von diesem *I. J. Schoenberg* noch kleinere Flächen[2].

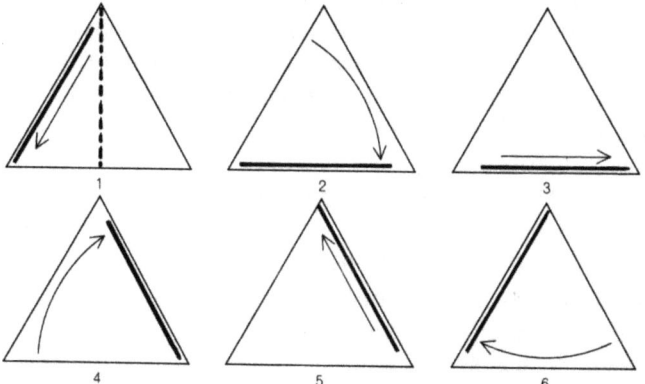

Bild 102 Die Lösung der Aufgabe des Nadel-Drehens

[1] Für einen Beweis wird der Leser verwiesen auf *I. M. Yaglom* und *V. G. Boltjanskii*, Convex Figures, pp. 221–22

[2] Siehe *H. S. M. Coxeter*, Twelfe Geometric Essays", Southern Illinois University Press, Carbondale und Edwardsville, 1968, p. 231

19. Rep-Tiles[1]): Ebene Wiederholungsfiguren

Nur drei reguläre Vielecke — das gleichseitige Dreieck, das Quadrat und das reguläre Sechseck — können zum Auslegen eines Fußbodens auf die Art verwendet werden, daß identische Formen in endloser Wiederholung den Boden bedecken. Aber es gibt eine unendliche Anzahl irregulärer Vielecke, mit denen diese Art des Auslegens ausgeführt werden kann; zum Beispiel mit jeder beliebigen Art von Dreieck und jeder vierseitigen Figur. Der Leser kann den folgenden Versuch machen: Zeichnen Sie ein irreguläres Viereck (es braucht nicht einmal konvex zu sein, was bedeutet, daß seine inneren Winkel nicht alle weniger als 180 Grad betragen müssen) und schneiden Sie aus Karton etwa zwanzig Kopien davon aus. Es ist eine nette Aufgabe, sie alle genau aneinanderzupassen wie ein Laubsäge-Rätsel, um die Fläche zu bedecken.

Es gibt noch eine ungewöhnlichere und weniger bekannte Art, eine Fläche auszulegen. Beachten Sie, daß jedes Trapez des Bildes 103 oben in vier kleinere Trapeze geteilt wurde, die genaue Wiederholungen des Originals darstellen. Die vier Wiederholungen können natürlich in gleicher Weise in vier noch kleinere Wiederholungen geteilt werden, und dies kann man unendlich oft fortführen. Um mit Hilfe einer solchen Figur eine ganze Ebene fliesenartig zu überdecken, müssen wir nur in umgekehrter Richtung unendlich oft vorgehen: Wir setzen vier Figuren zusammen, um ein größeres Modell zu bilden, von dem wieder vier zusammenpassen, um ein noch größeres zu ergeben. Der britische Mathematiker *Augustus De Morgan* faßte diese Situation in dem folgenden hübschen Scherzvers zusammen, dessen erste vier Zeilen einen früheren Scherzvers *Jonathan Swifts* abwandeln:

> Große Flöhe haben kleine Flöhe,
> Die sie kräftig beißen,
> Und die kleinen noch viel klein're Flöhe,
> Und so immer weiter.
>
> Die großen Flöhe haben leider
> Auch größere, die sie nicht schonen,
> Und die größern — es wird heiter —
> Immer noch größere bewohnen.

Bis vor kurzem war nur wenig bekannt über Vielecke mit der besonderen Eigenschaft, größere und kleinere Kopien ihrer selbst zu ergeben. 1962

---

[1]) unübersetzbares englisches Wortspiel, wörtlich: Wiederholungs-Fliesen, rep für replication = ebenbildliche Wiederholung, A.d.Ü.

wandte *Salomon W. Golomb*, der damals beim Jet Propulsion Laboratorium des kalifornischen Instituts für Technologie beschäftigt war und nun Professor für Elektrotechnik an der Universität von Süd-Kalifornien ist, seine Aufmerksamkeit „replicating figures" oder „rep-tiles", wie er sie nennt, zu. Das Resultat legte er in drei privat herausgegebenen Schriften nieder; sie bilden den Grundstein' für eine allgemeine Theorie der Vieleck-„Wiederholung". Diese Schriften, aus denen fast alles Folgende entnommen ist, sind eine unerschöpfliche Fundgrube für den Freizeitmathematiker.

In *Golombs* Terminologie ist ein Wiederholungs-Vieleck der Ordnung k eines, das in k Wiederholungen eingeteilt werden kann, die untereinander kongruent und dem Original gleich sind. Jedes der drei Trapeze in Bild 103 zum Beispiel hat die Wiederholungsordnung 4, abgekürzt mit rep-4. Vielecke mit rep-k existieren für jedes k; sie scheinen aber am seltensten zu sein, wenn k eine Primzahl und am häufigsten, wenn k eine gerade Zahl ist.

Nur zwei rep-2 Vielecke sind bekannt: Das rechtwinklig-gleichschenklige Dreieck und das Parallelogramm mit Seiten im Verhältnis von 1 zur Quadratwurzel aus 2 (siehe Bild 103 unten). *Golomb* fand einfache Beweise, daß diese beiden die einzigen möglichen rep-2 Dreiecke und Vierecke sind und daß es keine anderen konvexen rep-2 Vielecke gibt. Die Existenz konkaver rep-2 Vielecke wird für unwahrscheinlich gehalten, aber bis jetzt ist ihre Nicht-Existenz noch nicht bewiesen worden.

Die Innenwinkel des Parallelogramms können sich ändern, ohne seine rep-2 Eigenschaft zu beeinflussen. In seiner rechtwinkligen Form ist das rep-2

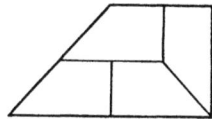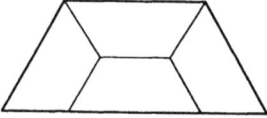

Drei Trapeze mit der Wiederholungsfolge 4

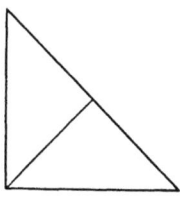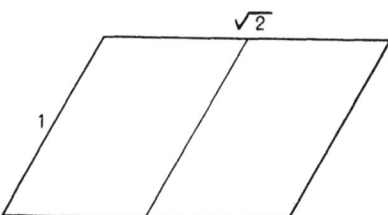

Bild 103

 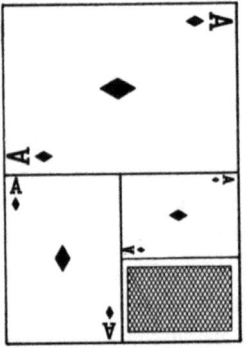

Bild 104

Ein Trick, eine Karte zu verkleinern, basierend auf dem rep-2 Rechteck

Parallelogramm fast so berühmt in der Geschichte der Kunst wie das „goldene Viereck", das ich in meinem „Second Scientific American Book of Mathematical Puzzles and Diversions" besprochen habe. Viele Künstler des Mittelalters und der Renaissance (*Albrecht Dürer* zum Beispiel) benützten es, um rechtwinklige Bilder einzurahmen. Eine Trickspielkarte, die manchmal von Straßenhändlern verkauft wird, verwendet dieses Rechteck, um das Karo-As in seiner Größe dreimal verkleinert erscheinen zu lassen (siehe Bild 104). Durch eine Handbewegung überspielt wird die Karte heimlich zur Hälfte gefaltet und umgedreht, um eine Karte aufzuzeigen, die genau halb so groß ist wie die ursprüngliche. Wenn jedes der drei kleineren Asse ein Rechteck gleich dem Original ist, kann man leicht zeigen, daß nur ein Rechteck von 1 mal Wurzel aus 2 für die Karte benutzt werden kann. Das rep-2 Rechteck wird auch für weniger frivole Zwecke gebraucht. Drucker, die die Größe der Seiten in Büchern verschiedenen Formats standardisieren wollen, finden, daß es in seiner Folio-, Quart- und Oktav-Form Seiten ergibt, die alle gleiche Rechtecke sind.

Das rep-2 Rechteck gehört zur Familie der Parallelogramme, die in Bild 105 oben gezeigt werden. Die Tatsache, daß ein Parallelogramm mit den Seiten 1 und $\sqrt{k}$ immer rep-k ist, beweist, daß ein rep-k Vieleck für jedes k existiert. Es ist das einzige bekannte Beispiel einer Familie von Figuren, die alle Wiederholungsordnungen aufweisen, versichert *Golomb*. Wenn k gleich 7 ist (oder jede Primzahl größer als 3, die die Form 4n - 1 hat), ist ein Parallelogramm dieser Familie das einzig bekannte Beispiel. Rep-3 und rep-5 Dreiecke existieren. Kann der Leser sie konstruieren?

Eine große Anzahl von rep-4 Figuren ist bekannt. Jedes Dreieck ist rep-4 und kann, wie in der zweiten Zeichnung des Bildes 105 oben gezeigt wird, geteilt werden. Unter den Vierecken ist jedes Parallelogramm rep-4, wie in

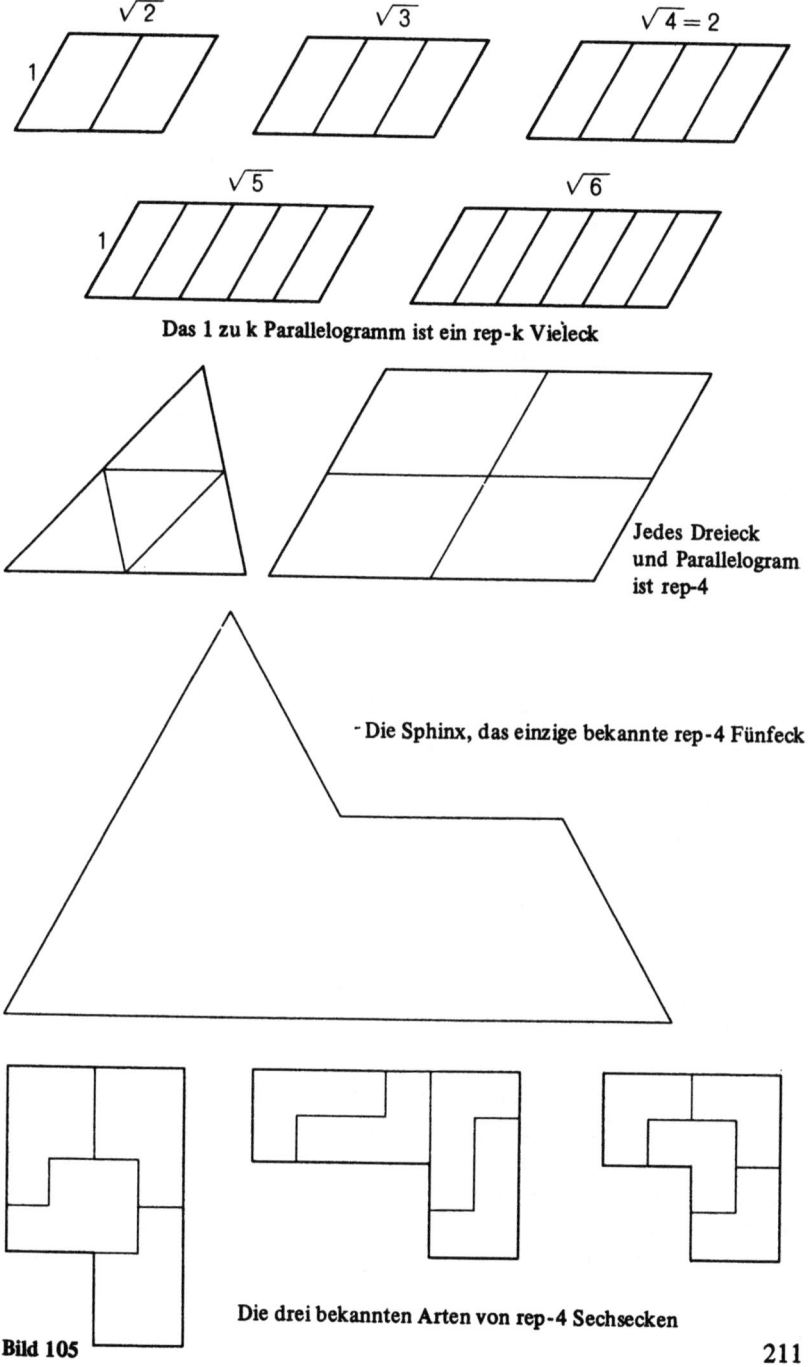

Bild 105

der gleichen Zeichnung gezeigt ist. Die drei Trapeze in der oberen Zeichnung des Bildes 103 sind die einzigen anderen Beispiele von rep-4 Vierecken, die bisher entdeckt wurden. Nur ein rep-4 Fünfeck ist bekannt: die Sphinxförmige Figur in der dritten Zeichnung von oben in Bild 105. *Golomb* war der erste, der ihre rep-4 Eigenschaft entdeckte. Es wird nur der Umriß der Sphinx gezeigt, so daß der Leser das Vergnügen hat zu versuchen, wie schnell er sie in vier kleinere Sphinxe aufteilen kann. (Der Name „Sphinx" wurde dieser Figur von *T. H. O'Bierne* aus Glasgow verliehen.)

Es gibt drei bekannte Variationen des rep-4 Sechsecks. Wenn irgendein Rechteck in vier gleiche Teile geteilt und ein Teil fortgeworfen wird, ist die verbleibende Figur ein rep-4 Sechseck. Das Sechseck rechts unten in Bild 105 zeigt die Teilung (Puzzlespielern wohlbekannt), wenn das Rechteck ein Quadrat ist. Die anderen beiden Beispiele von rep-4 Sechsecken (von denen jedes auf mehr als eine Weise geteilt werden kann) werden in der Mitte und links im gleichen Bild gezeigt.

Weitere Beispiele eines Standard-Vielecks mit der rep-4 Eigenschaft sind nicht bekannt. Es gibt jedoch „stellare" rep-4 Vielecke (ein „stellares" Vieleck besteht aus zwei oder mehr Vielecken, die an einzelnen Punkten zusammenhängen), von denen zwei Beispiele — von *Golomb* entdeckt — oben in Bild 106 gezeigt werden. Im ersten Beispiel kann ein Paar identischer Rechtecke für die Quadrate eingesetzt werden. Zusätzlich hat *Golomb* drei nichtpolygonale Figuren gefunden, die rep-4 sind, obgleich keine in einer bestimmten Anzahl von Schritten konstruierbar ist. Jede dieser Figuren (Bild 106, unten links) wird gebildet, indem man einem gleichseitigen Dreieck eine endlose Folge kleinerer Dreiecke — jedes ein Viertel der Größe des vorangegangenen — anfügt. In jedem Fall passen vier dieser Figuren so zusammen, daß sie eine größere Wiederholung ergeben, wie rechts in derselben Zeichnung dargestellt. Die Lücke in jeder Wiederholung kommt daher, daß das Original nicht mit einer unendlich langen Folge von Dreiecken gezeichnet werden kann.

Es ist eine seltsame Tatsache, daß jedes bekannte rep-4 Viereck des Standardtyps auch rep-9 ist. Das rep-4 Nevada-Form-Trapez des Bildes 107 kann auf verschiedene Arten in neun Wiederholungen geteilt werden, wovon nur eine gezeigt ist. (Kann der Leser jedes der anderen rep-4 Vielecke, nicht gerechnet die stellaren und unendlichen Formen, in neun Wiederholungen teilen?) Die Umkehrung ist auch wahr: Alle bekannten Standard rep-9 Vielecke sind auch rep-4.

Bild 106

Zwei stellare rep-4 Vielecke

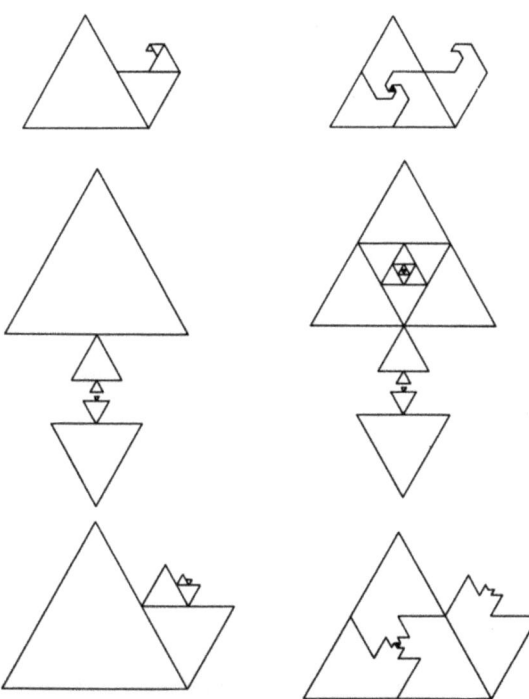

Zwei Beispiele von rep-4 nicht-polygonalen Figuren

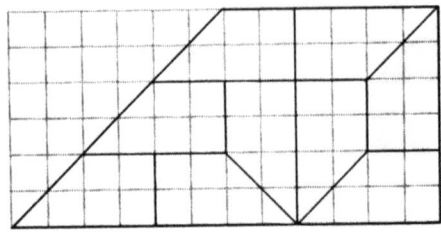

Bild 107
Jedes rep-4 Vieleck ist auch rep-9

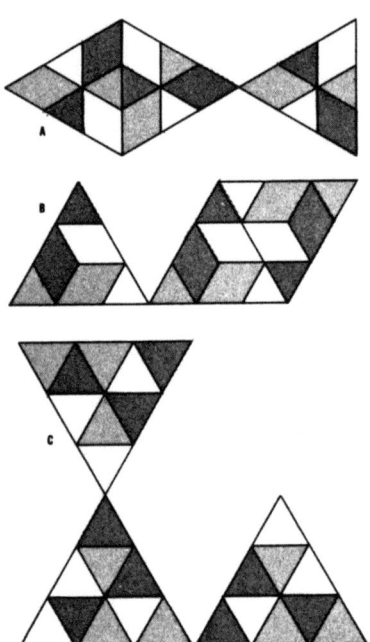

Bild 108
Stellare rep-9 Vielecke:
Der Fisch (A), Der Vogel (B)
und das Zeichen & (C)

Drei interessante Beispiele stellarer rep-9 Vielecke, entdeckt und benannt durch *Golomb*, werden in Bild 108 gezeigt. Keines dieser Vielecke ist rep-4. Jede Methode, ein 4 x 4 Schachbrett durch stufenförmige Linienziehung in vier kongruente Teile zu zerlegen (wie in Kapitel 16 besprochen), ergibt eine Figur, die rep-16 ist. Man muß nur vier der Quadrate zusammensetzen, um eine Wiederholung eines der Teile zu bekommen (Bild 109). In der gleichen Art kann ein 6 x 6 Schachbrett auf viele Arten geviertelt werden, um rep-36

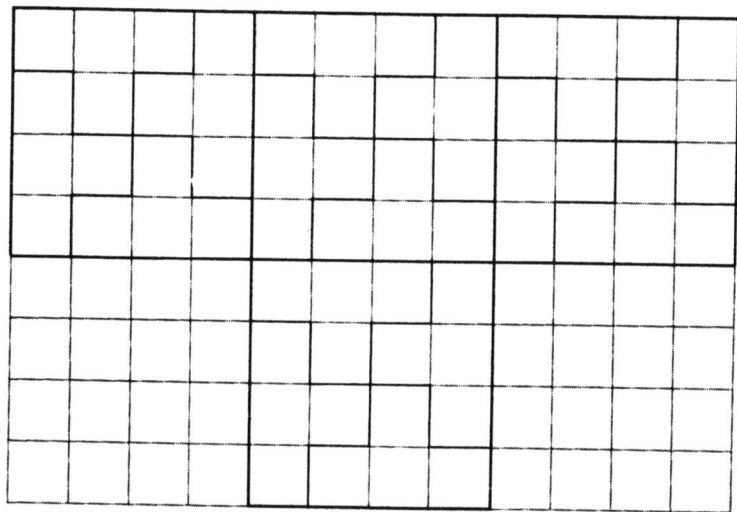

Bild 109 Ein rep-16 Achteck

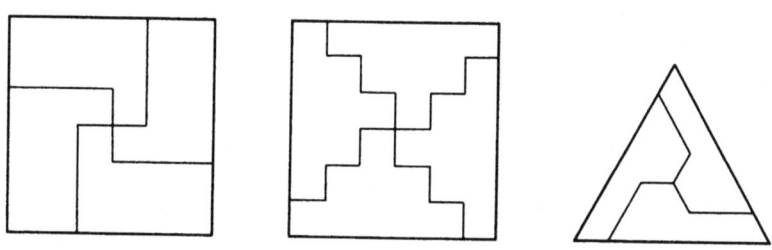

Bild 110 Drei rep-36 Vielecke

Figuren zu erhalten; ein gleichseitiges Dreieck kann nach dreieckigen Stufenlinien in rep-36 Vielecke geteilt werden (siehe Bild 110). Alle diese Beispiele illustrieren einen einfachen Lehrsatz, den *Golomb* wie folgt formuliert:
Stellen Sie sich eine Figur P vor, die in zwei oder mehr kongruente Figuren geteilt werden kann, die nicht notwendigerweise Wiederholungen von P sind. Nennen Sie die kleinere Figur Q. Die Anzahl solcher Figuren ist die „Häufigkeit", mit der Q die Figur P teilt. Zum Beispiel teilen die drei Sechsecke in Bild 110 das Dreieck mit einer Häufigkeit von 3, und kleine gleichseitige Dreiecke werden jedes Sechseck mit einer Häufigkeit von 12 teilen. Das Produkt dieser beiden Häufigkeiten (3 x 12) ergibt eine Wiederholungsordnung für beide, das Sechseck und das gleichseitige Dreieck: 36 der

Sechsecke können eine größere Figur gleicher Form bilden und 36 gleichseitige Dreiecke können ein größeres gleichseitiges Dreieck bilden. Förmlicher ausgedrückt: Wenn P und Q zwei Formen sind, von denen P Q mit einer Häufigkeit von s teilt und Q P mit einer Häufigkeit von t teilt, dann sind P und Q zwei Wiederholungsfiguren der Ordnung st (s x t). Natürlich kann jede Figur ebenso auch niedrigere Wiederholungsordnungen haben. Im gegebenen Beispiel ist das gleichseitige Dreieck außer rep-36 auch rep-4, rep-9, rep-16 und rep-25.

Wenn P und Q gleiche Figuren sind, folgert aus dem obigen Lehrsatz, daß die Figur, wenn sie eine Wiederholungsordnung von k hat, sie auch rep-k^2, rep-k^3, rep-k^4 und so weiter ist für alle Potenzen von k. Wenn eine Figur rep-s und rep-t ist, so wird sie auch gleicherweise rep-st sein.

Das Prinzip, das all diesen Sätzen zugrunde liegt, kann wie folgt dargelegt werden. Wenn P Q mit einer Häufigkeit von s, und Q R mit einer Häufigkeit von t, und R P mit einer Häufigkeit von u teilt, dann sind P und Q und R jeweils rep-stu. Zum Beispiel wird jede der Stufenfiguren in Bild 111 ein 3 x 4 Rechteck mit einer Häufigkeit von 2 teilen. Das 3 x 4 Rechteck seinerseits teilt ein Quadrat mit einer Häufigkeit von 12, und das Quadrat teilt jede der drei Originalformen mit einer Häufigkeit von 6. Folglich ist die Wiederholungsordnung jeder Stufenfigur gleich 2 x 12 x 6 oder 144. Es wird angenommen, daß keine der drei eine niedrigere Wiederholungsordnung hat.

Golomb hat festgestellt, daß jedes bekannte Vieleck mit rep-4, einschließlich der stellaren Vielecke, ein Parallelogramm mit der Häufigkeit 2 schneidet. In anderen Worten: Wenn irgendein bekanntes rep-4 Vieleck wiederholt wird, kann das Paar zu einem Parallelogramm zusammengestzt werden! Es wird angenommen, ist aber noch nicht bewiesen, daß dies für alle rep-4 Vielecke gilt.

Eine zu erwartende Ausdehnung der *Golomb'schen* Pionierarbeit über die Wiederholungstheorie (von der hier nur die allerelementarsten Aspekte dargestellt werden konnten) wird in die dritte oder sogar eine höhere Dimension reichen. Ein triviales Beispiel einer wiederholenden körperlichen Figur

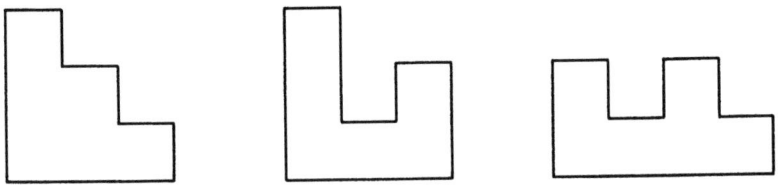

Bild 111 Drei rep-144 Vielecke

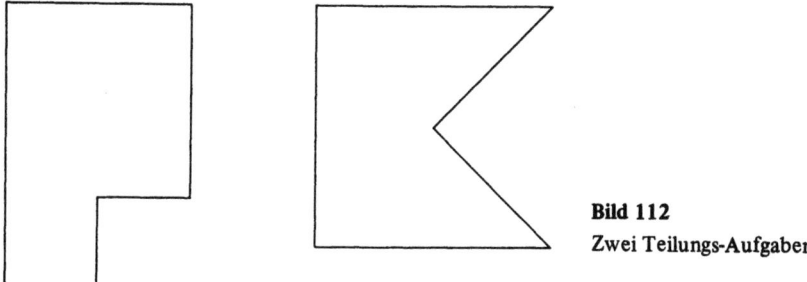

Bild 112
Zwei Teilungs-Aufgaben

ist der Würfel: Er ist offensichtlich rep-8, rep-27 und so weiter für jede Ordnung, die eine Kubikzahl ist. Andere triviale Beispiele entstehen, wenn man ebenen Wiederholungsfiguren eine bestimmte Dicke gibt, dann Lagen größerer Wiederholungen formt, die das Modell des Originalkörpers ausmachen. Weniger triviale Beispiele existieren gewiß; ein Studium derselben mag zu bedeutenden Resultaten führen.

In Anlehnung an die bereits gestellten Aufgaben folgen hier zwei ungewöhnliche Teilungsrätsel, die dem, was wir betrachtet haben, eng verwandt sind (siehe Bild 112).

Erst das leichtere: Kann der Leser das Sechseck links in zwei kongruente stellare Vielecke teilen? Schwieriger: Teilen Sie das Fünfeck rechts in vier kongruente stellare Vielecke. In keinem Fall sind die Vielecke der Originalfigur gleich.

Anhang

Die Annahme, daß die drei in Bild 111 gezeigten Vielecke in nicht weniger als 144 Wiederholungen geteilt werden können, hat sich nur für die beiden letzten als wahr erwiesen. *Mark A. Mandel* aus New York schrieb mir — damals war er 14 Jahre alt — und zeigte mir, wie das mittlere Vieleck in 36 Wiederholungen zerlegt werden kann. Lesern mag es Freude machen, die Muster zu suchen.

Ralph H. Hinrichs aus Phoenixville in Pennsylvanien entdeckte, daß bei Teilung des mittleren Sechsecks unten in Bild 105 in leicht geänderter Form (das Muster innerhalb jedes Rechtecks ist spiegelbildlich) die ganze Figur durch eine unendliche Anzahl affiner Transformationen eine unendliche Anzahl von rep-4 Sechsecken zu liefern vermag (der 90-Grad Außenwinkel nimmt dabei die Form jeden spitzen oder stumpfen Winkels an). Nur, wenn der Winkel 90 Grad beträgt, ist die Figur auch rep-9, womit die frühere Vermutung, alle rep-4 Standard-Vielecke seien rep-9 und umgekehrt, widerlegt ist.

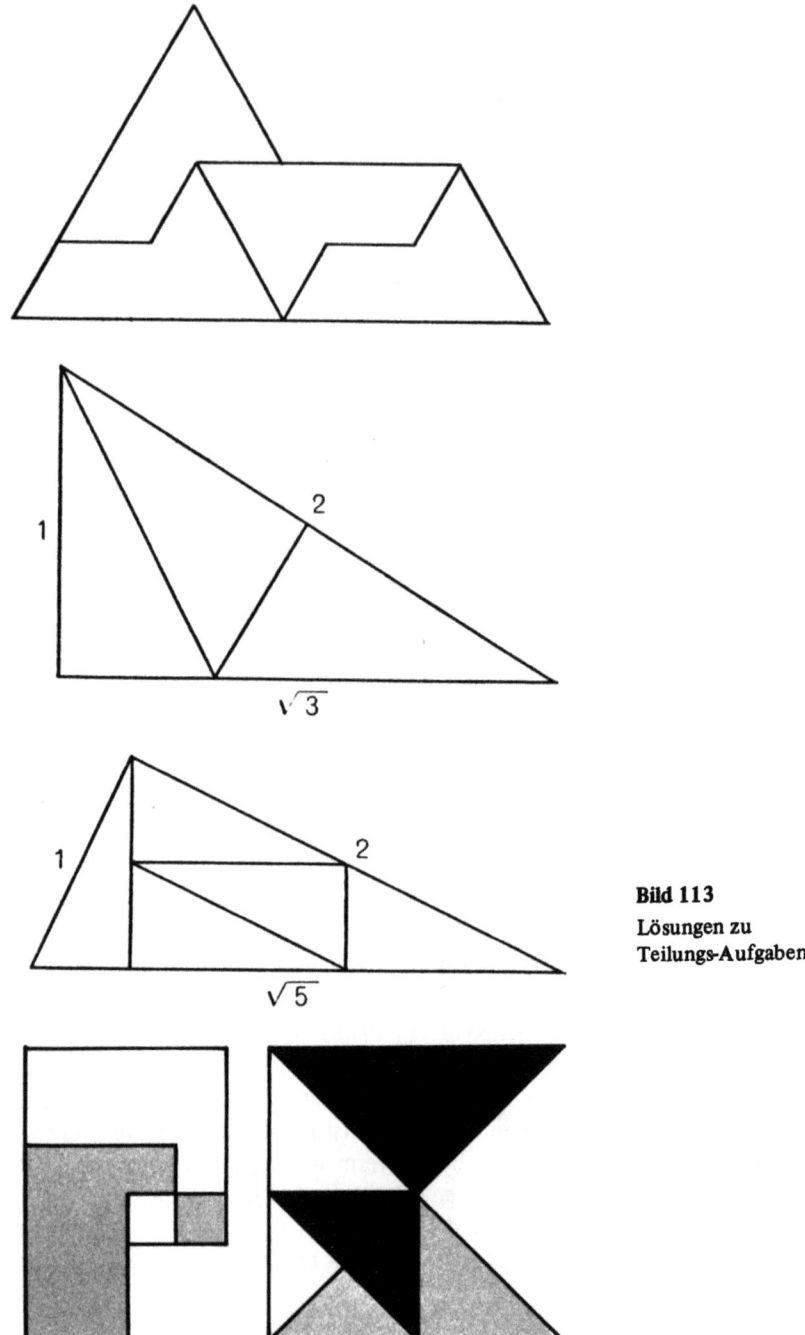

Bild 113
Lösungen zu
Teilungs-Aufgaben

Antworten

Die Aufgabe, die Sphinx zu teilen, wird in Bild 113 oben gezeigt. Die nächsten beiden Diagramme zeigen, wie rep-3 und rep-5 Dreiecke zu konstruieren sind. Die unterste Zeichnung gibt die Lösung für die beiden Teilungsaufgaben, die stellare Vielecke betreffen. Die erste davon kann auf unendlich viele Weisen durchgeführt werden; die hier gezeigte Lösung ist eine der einfachsten.

Die zweite Lösung ist ein Ladenhüter. *Sam Loyd* betont schon in seiner Rätsel-Kolumne in der Zeitschrift „Woman's Home Companion" im Oktober 1905, daß die Figur derjenigen, die in der linken unteren Ecke des Bildes 105 gezeigt wird, darin gleicht, daß beiden Figuren ein Viertel des Quadrates fehlt. Er schreibt, er habe ein Jahr gebraucht für den Versuch, die Mitra-Form in vier kongruente Teile zu schneiden, jedes einfach verbunden, es sei ihm aber nicht besser gelungen als mit der hier wiedergegebenen Lösung. Man findet sie in vielen alten Rätselbüchern lange vor *Loyds* Zeit.

20. Neunundzwanzig Fangfragen

Es folgt eine Sammlung von neunundzwanzig kurzen Aufgaben, die ich in der Hoffnung bringe, so viele Leser wie möglich hereinzulegen. Jede Aufgabe birgt irgendeinen Spaß. Nur ein paar sind mathematisch interessant. Der Leser wird jedoch dringend gebeten, nicht nach den Lösungen zu schielen, ehe er wenigstens einen halbwegs ernsthaften Versuch gemacht hat, so viele Fragen wie möglich zu beantworten.

1. Drei Navaho-Frauen sitzen Seite an Seite auf der Erde. Die erste Frau, die auf einem Ziegenfell sitzt, hat einen Sohn, der 140 Pfund wiegt. Die zweite Frau, die auf einem Hirschfell sitzt, hat einen Sohn, der 160 Pfund wiegt. Die dritte Frau, die 300 Pfund wiegt, sitzt auf dem Fell eines Flußpferdes. Welchen berühmten geometrischen Satz symbolisiert dies?

2. Ein müder Physiker ging eines Nachts um zehn Uhr zu Bett, nachdem er seinen Wecker auf Mittag des folgenden Tages gestellt hatte. Wieviele Stunden hatte er geschlafen, als die Uhr ihn weckte?

3. Joe wirft beim gewöhnlichen Würfeln eine Zahl, dann wirft Moe dieselbe Zahl. Wie groß ist die Wahrscheinlichkeit, daß Joe danach eine höhere Zahl als Moe werfen wird?

Bild 114
Ein Würfel wird von Moe und Joe geworfen

4. Was ist das genaue Gegenteil von „nicht innen"?

5. Auf ebenem Grund steht ein 10 Fuß hoher Pfosten in einem gewissen Abstand von einem 15 Fuß hohen Pfosten (siehe Bild 115). Wenn Linien zwischen der Spitze jedes Pfostens und dem unteren Ende des anderen gezogen werden, wie gezeigt, so schneiden sich die Linien 6 Fuß über dem Boden. Welcher Abstand liegt zwischen den Pfosten?

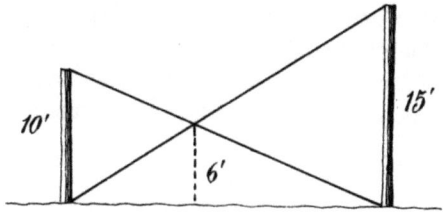

Bild 115
Wie groß ist der Abstand zwischen den Pfosten?

6. „Was kostet eines?"
„Zwanzig Cents", erwiderte der Verkäufer in dem Eisenwarengeschäft.
„Und wieviel kosten zwölf?"
„Vierzig Cents."
„OK. Ich möchte neunhundertundzwanzig haben."
„Das macht sechzig Cents."
Was kaufte der Kunde?

7. Ein Dreieck hat Seiten von 13, 18 und 31 cm. Wie groß ist die Fläche des Dreiecks?

8. Welches bekannte englische Wort wird von jedem Mathematiker am Institute for Advanced Study in Princeton, New Jersey (Institut für fortgeschrittene Studien, A.d.Ü.) immer falsch ausgesprochen?

9. John Kennedy wurde 1917 geboren. Er wurde 1960 Präsident. Sein Alter war 1963 46 Jahre und er war 3 Jahre im Amt. Die Summe dieser vier Zahlen ist 3 926. Charles de Gaulle ist 1890 geboren. Er wurde 1958 Präsident von Frankreich. 1963 war sein Alter 73 Jahre und er war 5 Jahre im Amt. Die Summe dieser vier Zahlen ist auch 3 926. Können Sie diese auffallende Übereinstimmung erklären?

10. Welcher Winkel wird von den zwei gestrichelten Linien auf dem Würfel in Bild 116 gebildet?

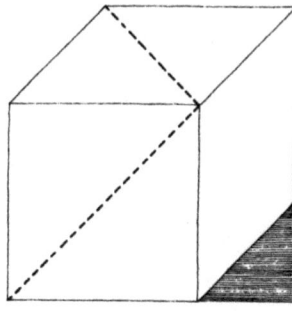

Bild 116
Welchen Winkel bilden die gestrichelten Linien?

11. Der Umfang eines Reservoirs ist ein genauer Kreis. Ein Fisch beginnt an einem Punkt des Umfangs und schwimmt genau nach Norden 600 Fuß, wo er den Umfang wieder berührt. Er schwimmt dann genau nach Osten, wo er den Umfang nach einer Strecke von 800 Fuß erreicht. Welchen Durchmesser hat das Reservoir?

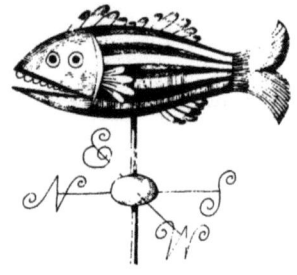

Bild 117
Die Messung des Durchmessers nach den Angaben, wie der Fisch schwimmt

12. Ein Statistiker machte mathematische Tests mit jedem Einwohner eines Orts von 6 000 Seelen und maß zur selben Zeit die Länge ihrer Füße. Er fand eine starke Beziehung zwischen mathematischer Fähigkeit und Fußgröße heraus. Erklären Sie.

13. Schreiben Sie eine einfache Formel mit nur einer Unbekannten x. Wenn irgendeine positive Größe für x eingesetzt wird, muß die Formel bestimmt eine Primzahl ergeben.

14. Ein Mann möchte auf einem großen dreieckigen Grundstück ein Haus bauen, dann drei gerade Straßen anlegen, von denen jede vom Haus zu einer Seite des Dreiecks führt und auf diese Seite im rechten Winkel auftritt. Das Dreieck ist gleichseitig. Wo sollte er sein Haus hinsetzen, um die Summe der drei Weglängen möglichst gering zu halten?

Bild 118
Das Dreiecksproblem des Bauherrn

15. Teile 50 durch $\frac{1}{2}$ und zähle 3 dazu. Was ist das Resultat?

16. Ein Topologe kaufte sieben doughnuts (ringförmige Krapfen, A.d.Ü.) und aß alle bis auf drei. Wieviele waren übrig?

17. Die gestrichelten Linien in Bild 119 sind Halbierende der beiden Basiswinkel eines Dreiecks. Sie schneiden sich in rechten Winkeln. *Leo Moser* von der Universität von Alberta fragt: Wenn die Basis des Dreiecks 10 Zoll beträgt, wie groß ist seine Höhe?

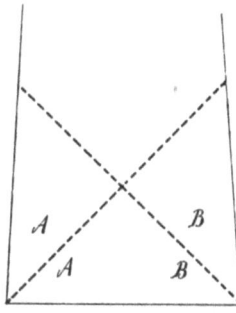

Bild 119
Wie groß ist die Höhe des Dreiecks?

18. Wieviele Monate haben 30 Tage?

19. Frau Schmidt möchte das Rauchen aufgeben, nachdem sie ihre letzten neun Zigaretten aufgeraucht hat. Sie kann eine neue Zigarette machen, wenn sie jeweils drei Stummel in ein Stück Zigarettenpapier einwickelt. Wieviele Zigaretten kann sie rauchen, wenn sie diesen Trick so oft wie möglich anwendet, bevor sie endgültig aufhört?

Bild 120
Frau Schmidt raucht ihre letzten Zigaretten

20. „Hier sind drei Pillen", sagte der Doktor zu Ihnen. „Nehmen Sie jede halbe Stunde eine." Sie tun es. Wie lange werden die Pillen reichen?

21. Einhundertsiebenunddreißig Spieler haben sich zu einem Ausscheidungs-Tennisturnier gemeldet. Alle Spieler werden für die erste Runde gepaart, aber da 137 eine ungerade Zahl ist, wird ein Spieler zur nächsten Runde weitergeschoben. Das Paaren setzt sich bei jeder Runde fort, auch das Weiterschieben des überzähligen Spielers. Der Ablauf wird so geplant, daß eine Mindestanzahl an Kämpfen benötigt wird, um den Sieger festzustellen; wieviele Kämpfe müssen ausgetragen werden?

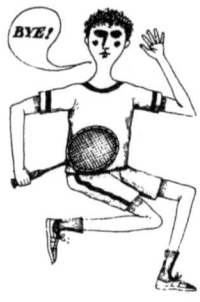

Bild 121
Ein Tennisspieler läuft zur nächsten Runde

22. Ein Fisch wiegt zwanzig Pfund zuzüglich der Hälfte seines Eigengewichts. Wieviel wiegt er?

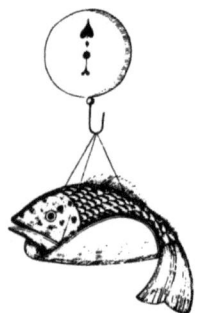

Bild 122
Ein Fisch wird gewogen

23. *D. G. Prinz*, ein Mathematiker bei Ferranti Ltd. in Manchester, England, entdeckte die folgende symmetrische Gleichung:

$$X = \frac{|||}{|||} = ||| \; |||$$

Bild 123

Welchen Wert hat x? (Anmerkung: Jede Folge von „III" kann in drei verschiedenen Arten interpretiert werden.)

24. Stellen Sie sechs Gläser in eine Reihe, wie in Bild 124. Die ersten drei Gläser sind mit Wasser gefüllt, die letzten drei sind leer. Bewegen Sie nur ein Glas und ändern Sie damit die Reihenfolge so, daß die leeren mit den vollen Gläsern abwechseln.

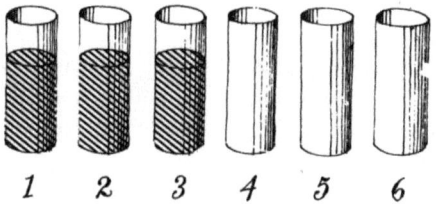

Bild 124
Bewegen Sie ein Glas, damit leere und volle Gläser abwechseln

25. Ein Rad hat zehn Speichen. Wieviele Zwischenräume sind zwischen den Speichen?

26. „Die Anzahl von Wörtern in diesem Satz ist neun." Der eben zitierte Satz ist offensichtlich wahr. Das Gegenteil einer wahren Behauptung ist gewöhnlich falsch. Geben Sie einen Satz, der das genaue Gegenteil des zitierten Satzes aussagt und dennoch wahr ist.

27. Zwei Mädchen wurden am selben Tag desselben Monats desselben Jahres denselben Eltern geboren und waren doch keine Zwillinge. Erklären Sie das!

28. Jemand sagt zu Ihnen: „Ich wette einen Dollar, daß ich, wenn Sie mir fünf Dollar geben, Ihnen dafür hundert Dollar geben werde". Wäre das eine gute annehmbare Wette?

Bild 125
Wie man vier Dollars verliert

29. *O. Henrys* berühmte Kurzgeschichte „Das Geschenk des Magi" fängt so an: „Ein Dollar und siebenundachtzig Cents. Das war alles. Und sechzig Cents davon waren in Pfennigen." Ist daran etwas mathematisch falsch?

Antworten
1. Die Squaw auf dem Flußpferd wiegt so viel wie die Söhne der Squaws auf den anderen beiden Fellen zusammen.
2. Zwei Stunden.
3. 5:12. Die Wahrscheinlichkeit, daß beide dieselbe Zahl werfen werden, ist 1:6, daher ist die Wahrscheinlichkeit, daß einer höher als der andere werfen wird, 5:6 oder 10:12. Dies wird halbiert, um die Wahrscheinlichkeit anzugeben, daß Joe eine höhere Zahl erreichen wird als Moe.
4. „Innen".
5. Jeder Abstand. Die Höhe des Schnittpunkts ist gleich dem Produkt der Höhen der beiden Pfosten geteilt durch ihre Summe.
6. Hausnummern.
7. Null.
8. „Falsch".
9. Jedes Datum, addiert zu der Anzahl von Jahren seit diesem Datum, ergibt das laufende Jahr. Zwei solche Summen ergeben zweimal das laufende Jahr.
10. Sechzig Grad. Wenn man die Enden der Linien verbindet, ergibt sich ein gleichseitiges Dreieck.
11. Eintausend Fuß. Der Fisch macht eine Wendung um 90 Grad. Ein rechter Winkel, mit seinem Scheitelpunkt am Umfang eines Kreises, schneidet den Umfang an den Endpunkten eines Durchmessers. Der Durchmesser ist demnach die Hypotenuse eines rechtwinkligen Dreiecks mit den Seiten 600 und 800 Fuß.
12. „Jedem" schloß Babies und Kinder ein.
13. Es gibt viele solche Formeln: $2 + 1^x$, $0^x + 3$, $2 + \frac{x}{x}$ und so weiter.
14. Irgendwohin. Die Summe der drei Wege ist in jedem Fall gleich der Höhe des Dreiecks.
15. 103
16. Drei
17. Unendlich. Die Winkel α und β addieren sich auf 90 Grad. Die beiden Basiswinkel des Dreiecks (2α und 2β) addieren sich auf 180 Grad. Deshalb

muß der Scheitelwinkel des Dreiecks 0 Grad sein, die Seiten des Dreiecks sind also parallel und treffen sich im Unendlichen.

18. Alle außer Februar.

19. Dreizehn. *Pierre Basset, Ekkehard Künzell* und *Mel Stover* waren drei Leser, die meinten, daß Frau Schmidts Prozedur eine unentschuldbare Verschwendung des allerletzten Stummels darstelle. Es wäre besser gewesen, sagte jeder, sie hätte mit einem Vorrat von zehn Zigaretten begonnen. Nach dem Verbrauch von vierzehn Zigaretten hätte sie zwei Stummel übrigbehalten. Sie hätte einen dritten Stummel in einem Aschenbecher finden, ihre fünfzehnte und letzte Zigarette rauchen und den Stummel zurücklegen können, wo sie ihn gefunden hatte.

20. Eine Stunde.

21. Da 136 Spieler ausgeschieden werden müssen, sind 136 Kämpfe nötig.

22. Vierzig Pfund.

23. $X = \frac{111}{3} = 37$.

In dem Bruch ist der Zähler über dem Strich eine Zahl des Dezimalsystems, die III unter dem Strich eine Römische Zahl. Die nächste III ist ebenfalls eine Römische Zahl und die letzte III ist eine Zahl des Binär-Systems.

Zwei Leser, *Frieda Herman* und *Joel Herskowitz*, schlugen jeder eine andere Auslegung vor. Ein senkrechter Strich auf jeder Seite einer reellen Zahl zeigt den absoluten Wert dieser Zahl an; das heißt, ihren Wert ohne Rücksicht auf ein Vorzeichen. Die Gleichung kann demnach bedeuten, daß x gleich dem absoluten Wert von 1 ist, geteilt durch den absoluten Wert von 1, was hinwiederum dem absoluten Wert von 1, multipliziert mit dem absoluten Wert von 1, entspricht.

24. Nehmen Sie das zweite Glas, füllen Sie seinen Inhalt in das fünfte Glas und stellen Sie das zweite Glas zurück.

25. Zehn.

26. „Die Anzahl von Wörtern in diesem Satz ist nicht neun."

27. Sie waren zwei von Drillingen.

28. Nein. Er kann Ihre fünf Dollar nehmen, sagen: „Ich verliere" und Ihnen seinen einen Dollar geben. Sie gewinnen die Wette, aber verlieren vier Dollar.

29. Nein. Zur Zeit, als *O. Henry* diese Geschichte schrieb, waren in den vereinigten Staaten noch drei-Cent-Stücke in Umlauf. (Sie wurden noch 1889 geprägt.) Zwei-Cent-Stücke wurden 1873 fallengelassen, blieben aber noch viele Jahre danach in Umlauf. Ein zwei-Cent-Stück oder vier drei-Cent-Stücke würden O. Henrys Behauptung bestätigen.

Unterhaltsame Mathematik

„Ein guter mathematischer Scherz ist immer besser als ein Dutzend mittelmäßiger gelehrter Abhandlungen."
Dieser Satz des englischen Mathematikers Littlewood kann als Motto für die hier angezeigten Mathematicals gelten, die alle der Unterhaltung und dem Vergnügen dienen, das eine so strenge Wissenschaft wie die Mathematik durchaus zu bieten vermag. Daneben ist der pädagogische Wert der Unterhaltungsmathematik heutzutage überall anerkannt.
Einer der populärsten Autoren auf diesem Gebiet ist **Martin Gardner,** der in der bekannten Zeitschrift "Scientific American" diese Kolummne betreut. Von ihm sind im Verlag Vieweg folgende Bücher erschienen:

Martin Gardner
Mathematisches Labyrinth

Neue Probleme für die Knobelgemeinde. (Martin Gardner's Sixth Book of Mathematical Games from Scientific American, dt.) (Aus dem Engl. übers. von R. Heersink und B. Kunisch). 1979. VI, 255 S. DIN C 5. Kart.

Mathematische Rätsel und Probleme

Mit einem Vorwort von. R. Sprague. (Mathematical Puzzles and Diversions from „Scientific American", dt.) (Aus dem Engl. übers. von Patrick P. Weidhaas). Mit 89 Abb., 4. Aufl. 1979. VIII, 158 S. DIN C 5. Kart.

Mathematische Knobeleien

(New Mathematical Diversions, dt.) (Aus d. Engl. übers. von E. Bubser.) Mit 128 Abb. 1973. VIII, 204 S. DIN C 5. Gbd.

MIX
Papier aus verantwortungsvollen Quellen
Paper from responsible sources
FSC® C105338

If you have any concerns about our products,
you can contact us on
ProductSafety@springernature.com

In case Publisher is established outside the EU,
the EU authorized representative is:
**Springer Nature Customer Service Center GmbH
Europaplatz 3, 69115 Heidelberg, Germany**

Printed by Libri Plureos GmbH
in Hamburg, Germany